Finanzmathematik
Übungsbuch

1

Andreas Pfeifer

Finanzmathematik Übungsbuch

Mit Formelsammlung

Über 170 Aufgaben zur Finanzmathematik
mit Lösungen und ausführlichen Zwischenschritten

Verlag
Harri
Deutsch

Prof. Dr. Andreas Pfeifer ist Professor für Finanz- und Wirtschaftsmathematik an der Hochschule Darmstadt (University of Applied Sciences).
E-Mail: andreas.pfeifer@h-da.de

Wissenschaftlicher Verlag Harri Deutsch GmbH
Gräfstraße 47
60486 Frankfurt am Main
E-Mail: verlag@harri-deutsch.de
www.harri-deutsch.de

Bibliographische Information Der Deutschen Nationalbibliothek
Die Deutsche Nationalbibliothek verzeichnet diese Publikation in der Deutschen Nationalbibliographie; detaillierte bibliographische Daten sind im Internet über <http://dnb.d-nb.de> abrufbar.

ISBN   978-3-8171-1839-7

Dieses Werk ist urheberrechtlich geschützt.
Alle Rechte, auch die der Übersetzung, des Nachdrucks und der Vervielfältigung des Buches – oder von Teilen daraus –, sind vorbehalten. Kein Teil des Werkes darf ohne schriftliche Genehmigung des Verlages in irgendeiner Form (Fotokopie, Mikrofilm oder ein anderes Verfahren) reproduziert oder unter Verwendung elektronischer Systeme verarbeitet werden. Zuwiderhandlungen unterliegen den Strafbestimmungen des Urheberrechtsgesetzes.
Die Informationen in diesem Werk wurden sorgfältig unter Verwendung von Quellen, die wir für zuverlässig halten, erstellt. Trotzdem können Fehler nicht ausgeschlossen werden. Für fehlerhafte Angaben, Hinweise, Ratschläge und deren Folgen werden weder eine juristische Verantwortung noch irgendeine Haftung übernommen. Die dargestellten Informationen dienen nicht als Anlageberatung oder Empfehlung für irgendwelche finanziellen Geschäfte.
Eingetragene Warenzeichen sind nicht besonders gekennzeichnet. Deshalb ist den Bezeichnungen nicht zu entnehmen, ob sie freie Warennamen sind bzw. ob Patente oder Gebrauchsmuster vorliegen.

1. Auflage 2009
© Wissenschaftlicher Verlag Harri Deutsch GmbH, Frankfurt am Main, 2009
Druck: fgb • freiburger graphische betriebe   <www.fgb.de>
Printed in Germany

Vorwort

Das vorliegende Übungsbuch enthält über 170 Aufgaben[1] zur Finanzmathematik mit allen Lösungen und ausführlichen Herleitungen. Sie finden neben Aufgaben zur „klassischen Finanzmathematik", wie beispielsweise zu Zinsberechnungen, auch über 50 Aufgaben zur Bewertung derivativer Finanzprodukte und zum Value-at-Risk. Eine kompakte Zusammenstellung der wichtigsten Sätze und Formeln der Finanzmathematik hilft bei der Bearbeitung. Zum Abschluss finden Sie drei Tests zur Überprüfung Ihrer Kenntnisse.

Aufgaben: Am Anfang (Kapitel 1 bis 6) stehen die Aufgaben aus dem Gebiet der klassischen Finanzmathematik, also zur Zins- und Zinseszinsrechnung, zum Äquivalenzprinzip, zur Renten- und Tilgungsrechnung und zur Abschreibung. Danach (Kapitel 7 bis 9) folgen Aufgaben zur Bewertung festverzinslicher Wertpapiere, zu Investmentfonds und zur Portfoliooptimierung. Den Abschluss (Kapitel 10 und 11) bilden viele Aufgaben zu Derivaten, das heißt unter anderem Aufgaben zu Optionen, Futures, Forwards, FRAs, Swaps, Caps und zum Value-at-Risk.

Tests: Anhand dreier Tests mit Aufgaben zu den Kapiteln 1 bis 6, 7 bis 9 sowie 10 und 11 können Sie Ihre Kenntnisse überprüfen.

Lösungen: Der umfangreichste Teil dieses Buches enthält die Lösungen zu allen Aufgaben und Tests mit ausführlichen Darstellungen der Lösungswege, wobei das Folgende zu beachten ist:

Mit Zwischenresultaten wird in der Regel ungerundet weitergerechnet, auch wenn die Zwischenresultate gerundet dargestellt werden. Endergebnisse bei Prozentsätzen werden in der Regel mit drei Nachkommastellen angegeben, auch wenn z. B. nach der Preisangabenverordnung nur zwei Stellen gefordert werden.

Manchmal werden Endergebnisse in Euro statt mit zwei mit viel mehr Nachkommastellen angegeben. Dadurch ist leichter festzustellen, wenn Sie die Aufgaben selbst lösen, ob Ihr Ergebnis mit der Musterlösung übereinstimmt.

Bei den Lösungen wird in einigen Fällen auf Sätze verwiesen, die Sie in der Formelsammlung dieses Buches finden.

---

[1] Die in diesem Buch aufgeführten Aufgaben sind nicht die Aufgaben aus meinem Lehrbuch Praktische Finanzmathematik, das auch im Verlag Harri Deutsch erschienen ist, sondern andere, neue Aufgaben.

Formelsammlung: Dieser Teil enthält wichtige Sätze und Formeln, die bei der Lösung der Aufgaben hilfreich sind. Die Einteilung entspricht der Kapiteleinteilung meines Lehrbuches „Praktische Finanzmathematik". Die Nummerierung der Sätze in diesem Buch und im Lehrbuch ist bis auf einige wenige Sätze in Kapitel 10 weitestgehend identisch.

Das Stichwortverzeichnis ermöglicht den schnellen Zugriff auf die Sie interessierenden Themen der Formelsammlung.

Webseite zum Buch: Auf der Internetseite http://www.harri-deutsch.de/1839.html finden Sie

- Aktualisierungen und – sofern nötig – Verbesserungen zu diesem Buch
- Tabellenkalkulationsblätter zu den drei Tests für die Software-Programme Microsoft Excel und OpenOffice Calc[2]
- Die drei Tests als druckbare PDF-Dateien, die von Dozenten in ihrem Unterricht als Kursunterlagen verteilt werden dürfen.

Wenn Sie mir Hinweise auf Fehler oder Ungenauigkeiten geben, bin ich Ihnen dankbar und werde um eine schnelle Antwort bestrebt sein.

Groß-Zimmern, im Januar 2009   Andreas Pfeifer

---

[2] Open Office ist eine kostenlos erhältliche Software mit Textverarbeitung, Tabellenkalkulation und anderen insgesamt als Bürosoftware bezeichneten Programmen. Das Modul OpenOffice Calc dient zur Durchführung von Kalkulationen und Berechnungen und ist für die Lösung finanzmathematischer Fragestellungen gut geeignet.

Inhaltsübersicht

Teil I: Aufgaben 1

1 Grundlagen 1
    1.1 Rechnen 1
    1.2 Anlagemöglichkeiten 2
    1.3 Folgen und Summen 2

2 Zinsrechnung 4
    2.1 Prozentrechnung 4
    2.2 Einfache Zinsen 6
    2.3 Zinseszinsen, einschließlich unterjähriger und stetiger Verzinsung ... 9
    2.4 Gemischte Verzinsung 11

3 Äquivalenz und Effektivverzinsung 12
    3.1 Äquivalenz 12
    3.2 Effektivverzinsung 13
    3.3 Investitionsrechnung 14
    3.4 Unterschiedliche Zinssätze, Diskontierungsfaktoren 14

4 Rentenrechnung 16

5 Abschreibung 18

6 Tilgungsrechnung 21
    6.1 Verzinsliche Wertpapiere 21
    6.2 Darlehen 22

7 Bewertung festverzinslicher Wertpapiere 25
    7.1 Barwert, Rendite, Arbitrage 25
    7.2 Duration, Konvexität und andere Kennzahlen 27

8 Investmentfonds 29

9 Grundlagen der Portfoliotheorie 30

10 Derivative Finanzprodukte 34
    10.1 Finanzmärkte 34
    10.2 Variabel verzinsliche Anleihen 34
    10.3 Futures / Forwards 35
    10.4 Optionen 37
    10.5 Forward-Rate-Agreement (FRA) 42

    10.6 Caps, Floors und Collars 42
    10.7 Swaps 44
    10.8 Weitere Finanzprodukte 45

  11 Value-at-Risk 47

Teil II: Tests 51

  Test 1 (zu den Kapiteln 1 bis 6) 51

  Test 2 (zu den Kapiteln 7 bis 9) 54

  Test 3 (zu den Kapiteln 10 bis 11) 56

Teil III: Lösungen 58

  Lösungen zu den Aufgaben 58

  Lösungen zum Test 1 154

  Lösungen zum Test 2 162

  Lösungen zum Test 3 165

Teil IV: Formelsammlung 168

  1 Grundlagen 168

  2 Zinsrechnung 168

  3 Äquivalenz und Effektivverzinsung 172

  4 Rentenrechnung 174

  5 Abschreibung 178

  6 Tilgungsrechnung 179

  7 Bewertung festverzinslicher Wertpapiere 183

  8 Investmentfonds 187

  9 Grundlagen der Portfoliotheorie 188

  10 Derivative Finanzprodukte 191

  11 Value-at-Risk 200

  12 Verteilungen 202

Stichwortverzeichnis zur Formelsammlung 207

Teil I: Aufgaben

1 Grundlagen

1.1 Rechnen

Aufgabe 1.1.1:
Berechnen Sie ohne Taschenrechner:

a) $\dfrac{-37-9}{6-\dfrac{1}{4}}$
b) $2^2 \cdot 2^{-4}$
c) $2^{-4} \cdot 2^6 \cdot 4^{-1}$

d) $\dfrac{2^{11} \cdot 3^8 \cdot 4^{-3}}{3^7 \cdot 4^5 \cdot 2^{-1}}$
e) $\dfrac{(1+0{,}04)^{\frac{5}{2}}}{(1+0{,}04)^{\frac{5}{2}-1}} - 1$
f) $\sqrt{16} \cdot \sqrt[3]{8} \cdot 27^{\frac{1}{3}}$

Berechnen Sie (mit Taschenrechner):

g) $1000\,€ \cdot \dfrac{(1+0{,}1)^4}{(1+0{,}1)^2 - 1{,}01}$
h) $\dfrac{(1+0{,}1)^5 - 1}{(1+0{,}1)^2 - \dfrac{1}{1-0{,}2}}$

Aufgabe 1.1.2:
Berechnen Sie

a) $\ln(0{,}8)$
b) $\ln(1{,}2)$
c) $\ln(e)$
d) $\ln(e^3 \cdot e^2)$

e) $\log_{10}(1000)$
f) $\log_{10}(2000)$
g) $-\ln(0{,}7)/\ln(1{,}3)$

Hinweis: Nicht bei allen dieser Aufgaben ist ein Taschenrechner erforderlich.

Aufgabe 1.1.3:
Berechnen Sie x:

a) $2(x-9) - 6(3-x) - 4 = 0$
b) $\dfrac{27}{1-x} = 15 \cdot 4^{\frac{1}{2}}$

c) $\sqrt[2]{(1+0{,}1) \cdot (1+x)} - 1 = 0{,}09$
d) $x \cdot (1+0{,}1)^4 = 31.104\,€$

e) $x \cdot (1+0{,}04)^{12} = 342{,}14\,€ \cdot (1+0{,}04)^4$

Aufgabe 1.1.4:
Lösen Sie folgende Gleichungen nach x auf:

a) $1.000\,€\,(1+x)^4 = 2.000\,€$
b) $x - 3^{\frac{3}{2}} = 5^{\frac{1}{3}}$

c) $120\,€\,(1+0{,}1)^x = 240\,€$
d) $10 = \dfrac{1-(1+0{,}05)^{-x}}{0{,}05}$

1.2 Anlagemöglichkeiten

Aufgabe 1.2.1:
Nennen Sie Kriterien, die bei einer Geldanlage wichtig sind. Welches Kriterium ist für Sie am wichtigsten?

Aufgabe 1.2.2:
a) Was ist unter Bonität zu verstehen?
b) Was ist unter Liquidität zu verstehen?
c) Was ist ein Investmentfonds?

1.3 Folgen und Summen

Aufgabe 1.3.1:
Frau Maier spart jeden Tag einen bestimmten Geldbetrag. Sie beginnt am 1. Januar mit 4 € und erhöht den Betrag täglich um einen Euro.
a) Wie viel Euro spart Frau Meier am letzten Tag des Monats Januar?
b) Wie viel Euro hat Frau Meier am Jahresende insgesamt gespart? (Berechnung ohne Zinsen, Jahr mit 365 Tagen)

Aufgabe 1.3.2:
Der Student Peter Spar spart jeden Tag einen bestimmten Geldbetrag. Er beginnt am 1. Januar mit 5 € und erhöht den Betrag jeden Tag um 3 Euro.
a) Welchen Betrag spart er am 15. Februar?
b) Wie viel Euro hat er bis einschließlich 15. Februar gespart?
c) Wie viel Euro hat er am Jahresende gespart? (Berechnung ohne Zinsen, Jahr mit 365 Tagen)

Aufgabe 1.3.3:
Gegeben ist die Folge: 4, 12, 36, 108, 324, ...
a) Ist diese Folge eine arithmetische oder eine geometrische Folge?
b) Erstellen Sie eine Formel für die Folgenglieder a_k, k = 1, 2, 3, ..., d.h., wenn Sie in dieser Formel für k die Zahl 4 einsetzen, müssen Sie 108 erhalten.
c) Berechnen Sie die Summe der ersten 30 Folgenglieder.

Aufgabe 1.3.4:
Gegeben sei die Folge 16, 8. 4, 2, 1, ½, ¼ ...
a) Stellen Sie eine Formel für die Folgenglieder auf.
b) Ab welchem Folgenglied sind die Glieder der Folge kleiner als 0,001?
c) Wie viele Folgenglieder müssen mindestens addiert werden, damit die Summe größer als 31,5 ist?

Aufgabe 1.3.5:
Herr Großspur spart jeden Monat einen bestimmten Geldbetrag. Im ersten Monat spart er 3 Euro. Jeden Monat erhöht er den Geldbetrag, den er spart, auf das Doppelte. Nach wie vielen Monaten hat er eine Million Euro gespart? Berechnung ohne Zinsen.

1 Grundlagen

Aufgabe 1.3.6:
Dozent Zügig möchte eine Tafel Schokolade unter seinen Kursteilnehmern aufteilen. Da er von gleichen Anteilen nichts hält, gibt er dem ersten Teilnehmer die Hälfte der Tafel. Dem zweiten gibt er ein Viertel der Tafel, dem dritten ein Achtel, dem vierten ein Sechzehntel, dem fünften Teilnehmer ein Zweiunddreißigstel usw.
a) Für wie viele Teilnehmer reicht die Tafel Schokolade?
b) Dozent Zügig hat 24 Teilnehmer in seinem Kurs. Er verteilt die Schokolade nach obiger Regel. Wie groß ist der Anteil an der Tafel Schokolade, der für den Dozenten Zügig nach der Aufteilung übrig bleibt?

Discere necesse est!

(Lateinisch) Lernen ist notwendig!

„Ihr sollt euch nicht Schätze sammeln auf Erden, wo sie die Motten und der Rost fressen, und wo Diebe einbrechen und stehlen. Sammelt euch aber Schätze im Himmel, wo sie weder Motten noch Rost fressen und wo die Diebe nicht einbrechen und stehlen. Denn wo dein Schatz ist, da ist auch dein Herz."

Die Bibel, Matthäus 6, 19-21

Genie ist
ein Prozent Inspiration und
neunundneunzig Prozent Transpiration.

Thomas Alva Edison,
amerikanischer Erfinder, 1847 - 1931

2 Zinsrechnung

2.1 Prozentrechnung

Aufgabe 2.1.1:
a) Der Verkaufspreis für einen Schreibtisch wurde um 10% gesenkt. Der Schreibtisch kostet jetzt 270 €.
Wie viel Euro hat der Schreibtisch vor der Preissenkung gekostet?
b) Studentin Fina hat im vorigen Jahr 5% ihres Einkommens gespart. Dieses Jahr sinkt ihr Einkommen um 10%. Sie will trotzdem weiterhin 5% ihres Einkommens sparen. Voriges Jahr hat sie 500 € gespart.
Wie viel Euro spart sie in diesem Jahr?
c) Die Dabau AG hat einen Auslandsumsatz von 25% am Gesamtumsatz (Inlandsumsatz + Auslandsumsatz). Der Vorstand prognostiziert: Der Gesamtumsatz steigt im nächsten Jahr um 10%. Der Auslandsumsatzanteil erhöht sich im nächsten Jahr sogar auf 40% des Gesamtumsatzes.
Um wie viel Prozent steigt nach der Prognose des Vorstands der Auslandsumsatz im nächsten Jahr?

Aufgabe 2.1.2:
Die Mehrwertsteuer betrug 2006 16% und wurde 2007 auf 19% erhöht?
a) Um wie viel Prozent hat sich die Mehrwertsteuer erhöht?
b) Ein Unternehmen, das von 2006 auf 2007 die Nettopreise nicht erhöht hat, aber die Mehrwertsteuererhöhung an die Kunden weitergab, musste die Preise erhöhen. Wie viel kostete bei diesem Unternehmen 2007 ein Artikel, der 2006 50 € (einschließlich Mehrwertsteuer) kostete?

Aufgabe 2.1.3:
Die Firma Dabau steigerte den Umsatz des Jahres 2000 in den folgenden 5 Jahren um jeweils 8% (gegenüber dem jeweiligen Vorjahr). Danach gab es zwei Jahre lang keine Steigerung mehr. Der Umsatz im Jahr 2000 betrug 20 Millionen Euro.
a) Wie hoch war der Umsatz im Jahr 2007?
b) Um wie viel Prozent ist der Umsatz von 2000 bis 2007 (insgesamt) gestiegen?
c) Um wie viel Prozent ist der Umsatz von 2000 bis 2007 durchschnittlich pro Jahr gestiegen?
d) Welche Umsatzsteigerung müsste die Firma 2008 erreichen, damit die Gesamtsteigerung in den acht Jahren seit 2000 50% wäre?

Die Zehn Gebote Gottes sind deshalb so klar und verständlich, weil sie ohne Mitwirkung einer Sachverständigenkommission zustande gekommen sind.

Charles de Gaulle, franz. Politiker, 1890 - 1970

2 Zinsrechnung

Aufgabe 2.1.4:
Anleger können Aktien direkt kaufen. Sie können aber auch Investmentfonds kaufen, die selbst in Aktien anlegen. Die folgende Tabelle gibt die Zahl der Aktionäre und Aktienfondsbesitzer in Deutschland an.

	1997	1998	1999	2000	2001	2002	2003	2004	2005
nur Aktien	3,3	3,6	3,5	3,5	3,1	2,9	3,0	2,7	2,7
Aktien und Fonds	0,6	0,9	1,5	2,7	2,6	2,1	2,1	1,9	2,0
nur Fonds	1,7	2,3	3,2	5,6	7,2	6,5	6,1	5,9	6,1
Gesamtzahl	5,6	6,8	8,2	11,8	12,9	11,5	11,1	10,5	10,8

	2006	2007
nur Aktien	2,4	2,2
Aktien und Fonds	1,9	1,6
nur Fonds	6,1	6,4
Gesamtzahl	10,4	10,1

Anzahl in Millionen. Quelle: Deutsches Aktieninstitut

a) Die Gesamtzahl ergibt sich aus der Addition der drei einzelnen Angaben. Im Jahr 2003 ergibt aber 3,0 + 2,1 + 6,1 nicht 11,1. Woran könnte dies liegen?
b) Um wie viel Prozent ist die Gesamtzahl der Aktien- und Fondsbesitzer pro Jahr (bezogen auf das Vorjahr) jeweils gestiegen?
c) Um wie viel Prozent ist die Gesamtzahl der Aktien- und Fondsbesitzer in den Jahren 1997 bis 2005 gestiegen?
d) Um wie viel Prozent pro Jahr ist die Gesamtzahl der Aktien- und Fondsbesitzer durchschnittlich in den Jahren 1997 bis 2005 gestiegen?

Aufgabe 2.1.5:
Bei der Bürgermeisterwahl in Kleindorf gab es drei Kandidaten bei 300 Wahlberechtigten. Kandidat A erhielt 65 Stimmen, Kandidat B 55 Stimmen und Kandidat C 31 Stimmen. 9 Wähler hatten ungültig gewählt, und 140 Personen sind nicht zur Wahl gegangen. Ungültige Stimmen und Nichtwähler gehen bei der Berechnung der Prozentanteile für die einzelnen Kandidaten nicht ein.
a) Wie viel „Prozent" haben die drei Kandidaten erzielt?
b) Wenn von den 140 Nichtwählern 14 Personen zur Wahl gegangen wären und den Kandidaten B gewählt hätten, wie sähe dann die prozentuale Aufteilung aus?
c) Hätten neben den 140 Nichtwählern noch weitere 66 Personen, jeweils 22 Wähler jedes Kandidaten, nicht gewählt, wie wäre dann die prozentuale Aufteilung gewesen?

2.2 Einfache Zinsen

Aufgabe 2.2.1:
a) Frau Andres legt 400 € für 5 Monate an. Der Zinssatz beträgt 3%. Wie hoch ist das Endkapital bei einfachen Zinsen?
b) Frau Bechtold legt 400 € an. Sie erhält nach neun Monaten bei einfachen Zinsen 412 € ausbezahlt. Wie hoch ist der gezahlte Zinssatz?
c) Frau Chirac zahlte auf ein Sparkonto 300 € ein, das mit 3% (linear) verzinst wurde. Sie erhielt ein Endkapital einschließlich Zinsen von 308,25 € zurück. Wie lange hatte sie ihr Kapital angelegt?

Aufgabe 2.2.2:
a) Frau Spar legt 400 € vom 10.03.2004 bis 15.06.2004 bei 3% (einfachen) Zinsen an. Berechnen Sie den Zinsbetrag bei der Zinstage-Methode
   i) actual/actual kalenderjährlich   ii) 30E/360   iii) 30/360
   iv) actual/360   v) actual/365.
b) Herr Großspur legt 400 € vom 10.04.2006 bis 31.10.2006 bei 3% (einfachen) Zinsen an. Berechnen Sie den Zinsbetrag bei der Zinstage-Methode
   i) actual/actual kalenderjährlich   ii) 30E/360   iii) 30/360
   iv) actual/360   v) actual/365.

Aufgabe 2.2.3:
Frau Fina N. Zen leiht sich am 23.08. einen Betrag von 4.000 Euro und muss am 28.12. 4.050 Euro zurückzahlen. Welcher Zinssatz liegt bei einfachen Zinsen und der Zinstage-Methode 30E/360 vor?

Aufgabe 2.2.4:
Berechnen Sie den Zinsbetrag bei einer Anlage von 2.000 € und einem Zinssatz von 3,6%. Anlagezeitraum vom 16.1.2006 (Einzahlung) bis 16.3.2006 (Auszahlung).

Zinsbetrag $_{actual/360}$ = _____ = _____

Zinsbetrag $_{30/360}$ = _____ = _____

Zinsbetrag $_{30E/360}$ = _____ = _____

Zinsbetrag $_{actual/actual\ kalenderj.}$ = _____ = _____

Aufgabe 2.2.5:
a) Nach welcher Zinstage-Methode werden variabel verzinsliche Anleihen (Floating-Rate-Notes) standardmäßig meist verzinst?

2 Zinsrechnung

b) Gegeben ist die folgende Anleihe mit variabler Verzinsung (Floating-Rate-Note), bei der alle drei Monate – am 8.2., 8.5., 8.8. und 8.11. eines jeden Jahres – die Zinsen nach dem Referenzzinssatz EURIBOR gezahlt werden:

Dabau AG
Zinssatzbekanntmachung

€ 1.000.000,00

Anleihe der Dabau AG mit variablem Zins

Der Zinssatz wurde gemäß Anleihebedingungen für die nächste Periode festgelegt und beträgt 2,9% p.a. für die Zeit vom 8.8.2006 bis zum 7.11.2006 einschließlich (▬ Zinstage). Zahlbar am 8.11.2006.
Pro Nennwert von 10.000 € wird ein Zinsbetrag in Höhe von ▬ € fällig.

Im August 2006   Der Vorstand
                                                 der Dabau-Bank

---

Berechnen Sie die Zahlen (Zinstage und Zinsbetrag) an den beiden schwarz markierten Stellen.

c) Alternativ hätten Sie am 8.8.2006 für 10.000 € bei der Dabau-Bank eine Festgeldanlage (Zinstage-Methode 30/360) mit dem höheren Zinssatz von 2,95% durchführen können. Wie hoch wäre bei dieser Alternative der Zinsbetrag am 8.11.2006?

Aufgabe 2.2.6:
Gegeben ist die folgende Anleihe mit variabler Verzinsung (Floating-Rate-Note) nach actual/360:

Schlapp AG
EUR 10.000.000,00 Hypothekenpfandbriefe
mit variablem Zinssatz von 2006/2016, R. 567
ISIN DE0008150815

Gemäß §3 der Anleihebedingungen wurde der Zinssatz wie folgt festgesetzt:
Zinsperiode: 12.1.2006 bis 12.7.2006 (exkl., xxx Tage)
Zinssatz: 3,1500 %
Zinsbetrag: EUR 0,015xxxx je nominal EUR 1,00
Zinstermin: 12.7.2006

Darmstadt, im Januar 2006   GROSS-Bank AG, Darmstadt

Berechnen Sie die Zinstage und den genauen Zinsbetrag.

Aufgabe 2.2.7:
Gegeben ist die folgende Anleihe mit variabler Verzinsung (Floating-Rate-Note):

FUSS 123 AG

€ 30.000.000,00

Pfandbrief mit variablem Zinssatz von 2003/2008

Nach Maßgabe der Emissionsbedingungen geben wir bekannt, dass der Nominalzinssatz für die Zinsperiode vom 3. September 2003 bis zum 2. Dezember 2003 mit 2,161% p.a. festgelegt wurde. Bei 91 Tagen entspricht dies 0,54625%. Demnach wird am 3. Dezember 2003, dem betreffenden Zinstermin, pro Schuldverschreibung im Nennwert von € 1.000,00 ein Zinsbetrag in Höhe von € 5,46 fällig.

Im August 2003   A-Bank, Neudorf

Überprüfen Sie die Zinstage und den Zinsbetrag.

Aufgabe 2.2.8:
Berechnen Sie die Länge des Jahres vom 14.1.2008 bis zum 31.12.2008 nach den folgenden Zinstage-Methoden: 30/360, 30E/360, actual/365, actual/360 und actual/actual kalenderjährlich. Berechnen Sie jeweils das Endkapital bei 3% Zins und einer Anlage von 2.000 €.

Aufgabe 2.2.9:
2007 wurden die Freibeträge bei Kapitalerträgen gekürzt. Der in den Freistellungsaufträgen für 2006 von den Sparern angegebene Betrag, der von der Zinsabschlagsteuer befreit werden soll, wurde von den Banken 2007 automatisch gekürzt, sofern der Anleger keinen neuen Freistellungsauftrag für seine Konten erteilt hat.
Wurden die Anleger nicht selbst aktiv, reduzierten die Kreditinstitute alle vor Jahresbeginn 2007 erteilten Freistellungsaufträge automatisch um 56,37% des freigestellten Betrages. Weshalb 56,37%? Erklären Sie das Zustandekommen dieser Zahl.

Hinweis: Klären Sie dazu, wie hoch die Freibeträge und Werbungskostenpauschbeträge 2006 und 2007 waren.

Aufgabe 2.2.10:
Sie kaufen eine festverzinsliche Anleihe am 21.5. (Valutatag) im Nennwert von 600 €. Das festverzinsliche Wertpapier hat einen Kurs von 95 und jährliche Zinszahlung mit einer Nominalverzinsung von 4% am 10.4. eines jeden Jahres.
a) Berechnen Sie den Kaufpreis. Nehmen Sie dazu an, dass kein Schaltjahr berücksichtigt werden muss. Die Zinsberechnungsmethode ist actual/actual.
b) Am 1. Juni (Valutatag) verkaufen Sie das Wertpapier zum Kurs von 94,98. Welchen Verkaufspreis haben Sie erzielt?

Aufgabe 2.2.11:
Sie kauften am 21.5. (Valutatag) eine festverzinsliche Anleihe im Nennwert von 5.000 €

und 4% Nominalverzinsung zum Kurs von 99. Das festverzinsliche Wertpapier hat halbjährliche Zinszahlungen am 10.4. und 10.10. eines jeden Jahres.
a) Berechnen Sie den Kaufpreis. Nehmen Sie dazu an, dass kein Schaltjahr berücksichtigt werden muss. Die Zinsberechnungsmethode ist actual/actual, ICMA.
b) Am 1.6. (Valutatag) verkauften Sie das Wertpapier zum Kurs von 98. Welchen Verkaufspreis erzielten Sie?

Aufgabe 2.2.12:
Ein verzinsliches Wertpapier im Nennwert von 1.000 € wird am 6.9.2006 (Zinslaufbeginn) emittiert und hat eine Laufzeit von fünf Jahren, also bis zum 6.9.2011. Die Zinsen werden halbjährlich grundsätzlich am 6.3. und 6.9. eines jeden Jahres nach der Methode actual/360 gezahlt.
Wann und in welcher Höhe werden die Zinsen gezahlt, wenn die Geschäftstage-Methode adjusted following (following und nicht fix) verwendet wird? Nehmen Sie an, dass nur Samstage und Sonntage keine Bankarbeitstage sind. Der Nominalzinssatz sei 3%.

2.3 Zinseszinsen, einschließlich unterjähriger und stetiger Verzinsung

Aufgabe 2.3.1:
Ein Kapital von 20.000 € wird fünf Jahre lang mit 4%, danach sieben Jahre mit 5% und anschließend noch drei Jahre lang mit 6% verzinst.
a) Wie hoch ist das Endkapital nach 15 Jahren?
b) Zu welchem durchschnittlichen Zinssatz ist das Kapital angelegt?

Aufgabe 2.3.2:
Stellen Sie eine allgemeine Formel auf, die angibt, wann sich ein Kapital bei exponentieller Verzinsung verzehnfacht hat.
Was ergibt sich speziell bei einem Kapital von 5.000 € und einem Zinssatz von 6%?

Aufgabe 2.3.3:
Ein Kapital von 5.000 €, angelegt bei der A-Bank, ergab nach 10 Jahren ein Endkapital von 6.998,67 €. Ein anderes Kapital von 4.500 €, angelegt bei der B-Bank, war nach acht Jahren auf 5.980,83 € angewachsen. Welche Bank zahlte den höheren Zinssatz p.a.?

Aufgabe 2.3.4:
Die Sparkasse in Grozi verzinst Festgelder mit einer Laufzeit von zwei Monaten zurzeit mit 3% (nominell). Nach jeweils zwei Monaten werden die Zinsen dem Kapital „zugeschlagen". Dieses Kapital wird automatisch wieder für zwei Monate mit dem dann gültigen Zinssatz für zwei Monate angelegt (genannt prolongiert), wenn der Kunde nichts anderes angibt. Sie legen 20.000 € auf diese Art und Weise für anderthalb Jahre an.
a) Wie hoch ist das Endkapital, wenn sich der Zinssatz im Laufe der Zeit nicht ändert?
b) Wie hoch ist der effektive Jahreszinssatz?
c) Frau Maier hat auch die Möglichkeit, das Geld jeweils nur für einen Monat anzulegen. Der Nominalzins beträgt dann allerdings nur 2,97%. Was würden Sie Frau Meier unter der Annahme, dass sich die Zinsen nicht ändern, empfehlen?

Aufgabe 2.3.5:
Frau Zen zahlt zu Beginn des Jahres 2007 10.000 € auf ein Sparbuch mit Sonderzinsvereinbarung ein, um das Kapital vier Jahre lang anzulegen. Im ersten Jahr (also 2007) wird das Sparbuch mit 1%, im 2. Jahr mit 2%, im 3. Jahr mit 3% und im 4. Jahr mit 4% verzinst. Wie hoch ist die Rendite (durchschnittliche Verzinsung) dieser vierjährigen Anlage? Geben Sie das Ergebnis in Prozent mit 3 Nachkommastellen an.

Aufgabe 2.3.6:
Frau Zen zahlt kauft eine Nullkupon-Anleihe im Nennwert von 1.000 € mit einer Laufzeit von drei Jahren zu einem Preis von 861,37 €. Am Ende der Laufzeit erhält Frau Zen den Nennwert.
a) Welcher jährlichen Verzinsung entspricht diese Geldanlage?
b) Wenn Frau Zen mit der Nullkupon-Anleihe eine jährliche Verzinsung von mindestens 6% erzielen möchte, welchen maximalen Kaufpreis wäre sie bereit zu zahlen?

Aufgabe 2.3.7:
Frau Zen hat die Möglichkeit, ein Kapital in Höhe von 10.000 € für zehn Jahre anzulegen. Der Zinssatz beträgt bei jährlicher Verzinsung entweder 6% bei nachschüssiger Verzinsung oder 5,9% bei vorschüssiger Verzinsung.
Welche Verzinsung sollte Frau Zen wählen?

Aufgabe 2.3.8:
Finanzierungsschätze der Bundesrepublik Deutschland wurden im September 2006 bei einer Laufzeit von einem Jahr und vorschüssiger Verzinsung mit einem Zinssatz von 3,15% (genannt Abschlagszinssatz) ausgegeben. Bei einer Laufzeit von zwei Jahren betrug der Abschlagszinssatz 3,19%.
Welchen Prozentsätzen bei einer nachschüssigen Verzinsung entsprechen die angegebenen Zinssätze?

Aufgabe 2.3.9:
Frau Zen hat einen Wechsel über 2.000 € zwei Monate vor Fälligkeit bei der Bank eingereicht. Der Diskontsatz beträgt 5%.
a) Wie hoch ist der Auszahlungsbetrag?
b) Wie hoch ist der äquivalente nachschüssige Zinssatz?
c) Wie hoch müsste der Diskontsatz sein, damit die Bank einen äquivalenten nachschüssigen Zinssatz von 6% erzielt?

Aufgabe 2.3.10:
a) Wie hoch ist der Zinssatz, wenn sich das Kapital bei stetiger Verzinsung in zehn Jahren verdoppelt?
b) Berechnen Sie den diskreten Jahreszinssatz (= Zinssatz bei exponentieller Verzinsung), wenn der stetige Zinssatz
   (i) 5%   (ii) 3% p.Q.   (iii) 0,01% pro Stunde   ist.

Aufgabe 2.3.11:
Ein radioaktives Produkt besitzt eine Halbwertszeit (= Zeit, bis zu der die Hälfte zerfallen ist) von 40 Tagen. Wie viel Prozent des Produktes sind nach 3.000 Minuten noch vorhanden?

2.4 Gemischte Verzinsung

Aufgabe 2.4.1:
Wie lange muss ein zu Jahresbeginn angelegtes Kapital von 20.000 € bei einem Zinssatz von 8% auf einem Sparbuch mit kalenderjährlicher Verzinsung angelegt sein, um ein Endkapital von 35.817 € zu ergeben?

Aufgabe 2.4.2:
Ein Kapital ist zu Jahresbeginn 2007, also am 1.1.2007, 0.00 Uhr auf einem Konto zu 8% mit kalenderjährlicher Verzinsung und der Zinstage-Methode 30E/360 angelegt worden.
a) Wann, d.h. bis zu welchem Tag, hat sich das Kapital verdoppelt?
b) Wann, d.h. bis zu welchem Tag, hat sich das Kapital verdoppelt, wenn das Kapital nicht kalenderjährlich, sondern jährlich, immer Mitte des Jahres, verzinst wird?

Aufgabe 2.4.3:
Wie viel Kapital müssen Sie bei kalenderjährlicher Verzinsung von 3% Mitte des Jahres anlegen, wenn Sie nach drei Jahren ein Endkapital (einschl. Zinsen) von 2.000 € besitzen wollen?
( ) 1.829,00 €
( ) 1.829,88 €
( ) 1.830,22 €
( ) 1.831,22 €.

Aufgabe 2.4.4:
In der Praxis wird bei jeder Zinszahlung gerundet. Bei kaufmännischer Rundung ergibt sich nach drei Jahren bei Einzahlung von 1.829,88 € Mitte des Jahres und 3% kalenderjährlicher Verzinsung ein Endkapital von
( ) 1.999,99 €
( ) 2.000,00 €
( ) 2.000,01 €
( ) 2.000,02 €.

Aufgabe 2.4.5:
a) Studentin Andrea A. zahlt Ende Juni 2007 1.000 € auf ein Sparbuch ein. Ende September 2007 hebt sie 400 € ab. Wie hoch ist das Endkapital einschl. Zinsen am Jahresende 2009, wenn das Sparbuch kalenderjährlich mit 2% verzinst wird?
b) Studentin Barbara B. zahlt Anfang Juni 2007 500 € auf ein Sparbuch (30E/360) ein. Ende Oktober 2007 hebt sie 200 € ab. Wie hoch ist das Endkapital einschl. Zinsen am Jahresende 2008, wenn das Sparbuch kalenderjährlich mit 4% verzinst wird?
c) Studentin Claudia C. zahlt Ende April 2004 600 € auf ein Sparbuch ein. Anfang August 2004 hebt sie 500 € ab. Wie hoch ist das Endkapital einschl. Zinsen am Jahresende 2005, wenn das Sparbuch kalenderjährlich mit 2% verzinst wird (30E/360)?
d) Studentin Doris D. zahlt Ende April 2004 600 € auf ein Sparbuch mit kalenderjährlicher Verzinsung von 2% (30E/360) ein. Anfang August 2004 hebt sie 500 € ab. Wie hoch ist das Endkapital einschl. Zinsen Ende Juni 2006, wenn das Sparbuch aufgelöst wird?

3 Äquivalenz und Effektivverzinsung

3.1 Äquivalenz

Aufgabe 3.1.1:
Der Zahlungsstrom A besteht aus einer Zahlung von 4.000 € in einem Monat und einer Zahlung von 5.000 € in einem Jahr. Der Zahlungsstrom B besteht aus drei Zahlungen von jeweils 3.000 € in zwei, vier und neun Monaten.
a) Sind diese Zahlungsströme zum heutigen Zeitpunkt (also t = 0) bei Verwendung linearer Verzinsung mit i = 3% äquivalent?
b) Sind diese Zahlungsströme zum heutigen Zeitpunkt (also t = 0) bei Verwendung exponentieller Verzinsung mit i = 3% äquivalent?
c) Lösen Sie die Aufgaben a) und b) zum Bezugszeitpunkt t = ½ Jahr.

Aufgabe 3.1.2:
Frau Klein erhält Ende Juli 2008 eine Rechnung über 5.000 €, die sie sofort mit Abzug von 2% Skonto bezahlen kann. Sie kann aber auch erst in zwei Monaten ohne Abzug bezahlen. Ihr Girokonto ist leider auf Null. Sie darf aber ihr Konto überziehen, allerdings bei 12% Kreditzinsen. Was ist für Frau Klein besser? Nehmen Sie an, dass ihr Girokonto quartalsweise abgerechnet wird, d.h. Ende März, Ende Juni, Ende September und Ende Dezember. Zinstage-Methode: 30E/360.

Also: Kontostand: 0 €. Dann kommt die Rechnung. Bei sofortiger Bezahlung mit Skonto ergibt sich auf dem Girokonto ein Kontostand Anfang Oktober 2008 von

_____ = _____

Der Vorteil sofortiger Bezahlung mit Skonto (gegenüber der Bezahlung nach zwei Monaten ohne Skonto) beträgt Anfang Oktober 2008:

_____ €

Aufgabe 3.1.3:
Sie gewinnen bei einem Wettbewerb bei der A-Bank den 1. Preis: Ein zinsloses Darlehen über eine Million Euro in zehn Jahren für ein Jahr.
Sie freuen sich; aber mit einer Million in zehn Jahren, die Sie für ein Jahr behalten dürfen, bevor Sie die Million wieder zurückgeben müssen, können Sie leider nichts anfangen. Jetzt brauchen Sie das Geld.
Sie gehen deshalb zur A-Bank. Die Bank bietet Ihnen an, statt des Darlehens sofort 30.000 Euro bar auf die Hand zu zahlen. Sie erklärt, dass dies möglich ist, weil die Bank Geld aufnehmen und Geld anlegen kann. Bevor Sie das Angebot annehmen, gehen Sie zur B-Bank und fragen dort nach, welchen Wert das Darlehen besitzt. Die B-Bank bietet Ihnen 37.000 Euro. Kann das Darlehen überhaupt 37.000 Euro wert sein?
Berechnen Sie dazu zunächst den Barwert des Gewinns in Abhängigkeit des Zinssatzes.

Hinweis: Rechnen Sie mit einem einheitlichen Zinssatz für Geldaufnahme und Geldanlage.

3 Äquivalenz und Effektivverzinsung

3.2 Effektivverzinsung

Aufgabe 3.2.1:
a) Sie kaufen Ende Januar ein Wertpapier für 200 € und verkaufen es Ende Dezember für 220 €.
   a1) Berechnen Sie den effektiven Jahreszinssatz (Rendite) nach der Preisangabenverordnung (PAngV).
   Lösung: Die Gleichung für den Effektivzinssatz lautet

   i_{eff} = _____ = _____

   a2) Berechnen Sie den effektiven Zinssatz (Rendite) nach Braess/Fangmeyer.
   Lösung: Die Gleichung für den Effektivzinssatz lautet

   i_{eff} = _____ = _____

b) Studentin Britta B. leiht sich 1.000 €. Nach drei Monaten zahlt sie 200 € und nach weiteren drei Monaten (also nach sechs Monaten) zahlt sie 900 € zurück. Damit ist ihre Schuld vollständig zurückgezahlt. Stellen Sie die Gleichung für den effektiven Jahreszinssatz (Rendite)
   b1) nach der Preisangabenverordnung PAngV auf.
   b2) nach Braess/Fangmeyer auf.

Aufgabe 3.2.2:
Studentin Andrea A. zahlte 800 € Ende April 2005 auf ein Sparbuch mit kalenderjährlicher Verzinsung ein. Ende August 2005 hob sie 500 € ab.
a) Wie hoch war das Endkapital einschließlich Zinsen am Jahresende 2008, wenn das Sparbuch kalenderjährlich mit 3% (unter Anwendung der Zinstage-Methode 30E/360) verzinst wurde?
b) Stellen Sie die Gleichung für den effektiven Zinssatz nach Preisangabenverordnung (PAngV) auf, wenn Studentin Andrea A. das Endkapital Ende 2008 abhebt.

Aufgabe 3.2.3:
Sie haben eine Nullkupon-Anleihe (= Zerobond) im Nennwert von 1.000 € für 760 € gekauft. Die Restlaufzeit der Anleihe beträgt 4,5 Jahre. Die Rückzahlung erfolgt zum Nennwert.
a) Berechnen Sie den Effektivzinssatz (Rendite) nach der deutschen PAngV.
b) Stellen Sie die Gleichung für den Effektivzinssatz (Rendite) nach Braess/Fangmeyer auf. (Nur Gleichung!)

Aufgabe 3.2.4:
Sie kaufen zum Kurs von 96 ein festverzinsliches Wertpapier im Nennwert von 100 € mit einer Restlaufzeit von zehn Jahren und einer Nominalverzinsung von 4% bei jährlicher Zinszahlung. Nach zwei Jahren und drei Monaten verkaufen Sie das Wertpapier zum Kurs von 97. (Rechnen Sie vereinfachend mit der Zinstage-Methode 30E/360.)
a) Berechnen Sie die Rendite (exponentielle Methode).
b) Berechnen Sie die Rendite nach Braess/Fangmeyer.

Weitere Aufgaben zur Berechnung des effektiven Zinssatzes finden Sie in Abschnitt 6.

3.3 Investitionsrechnung

Aufgabe 3.3.1:
Die Investition A kostet 50.000 € und erbringt in zwei Jahren 10.000 € und nach weiteren vier Jahren 74.000 €.
Die Alternative, die Investition B, kostet auch 50.000 €, erbringt aber erst nach drei Jahren 10.000 €. Und nach insgesamt fünf Jahren erhalten Sie 70.000 €.
a) Berechnen Sie für beide Investitionen den Kapitalwert bei i = 10%.
b) Berechnen Sie für beide Investitionen den internen Zinssatz (IRR). Warum gibt es bei diesen Investitionen jeweils genau einen internen Zinssatz?

Aufgabe 3.3.2:
Eine Investition von 10.000 € erbringt nach dem ersten Jahr 26.000 € und kostet allerdings nach dem zweiten Jahr noch 15.000 €.
a) Ist die Investition bei einem Kalkulationszinssatz von 10% vorteilhaft?
b) Berechnen Sie alle internen Zinssätze.

3.4 Unterschiedliche Zinssätze, Diskontierungsfaktoren

Aufgabe 3.4.1:
Eine Bank gewährt folgende Festgeldkonditionen (angegeben ist der nominelle Jahreszinssatz):
A) Anlage für 1 Monat: 4,010% p.a.
B) Anlage für 2 Monate 4,020% p.a.
C) Anlage für 3 Monate: 4,024% p.a.

a) Welche Geldanlage bietet den höchsten effektiven Zinssatz nach der PAngV?

A: _____ i_{eff} = _____   = _____

B: _____ i_{eff} = _____   = _____

C: _____ i_{eff} = _____   = _____

3 Äquivalenz und Effektivverzinsung

b) Der höchste effektive Zinssatz ist bei Anlage ___ .

Sie wollen 2.000 € für 3 Monate anlegen. Sie entscheiden sich aber zunächst für die obige Festgeldanlage für 2 Monate Laufzeit. Wie hoch muss der Zinssatz i für monatliche Anlagen (= Anlage für einen Monat) in 2 Monaten mindestens sein, damit diese Entscheidung besser ist, als das Geld sofort für 3 Monate anzulegen?

c) Welche Bezeichnung (Name) hat der gesuchte Zinssatz?

d) Stellen Sie die Gleichung für diesen Zinssatz auf:

e) Berechnen Sie den gesuchten Zinssatz:

Lösung:

Aufgabe 3.4.2:
Berechnen Sie für die Zinssätze i = 2%, 4%, 6%, 8%, 10% und 12% jeweils die Diskontierungsfaktoren d(0, t) und stellen Sie die Faktoren für t = 0 bis 20 [Jahre] graphisch dar. Verwenden Sie die exponentielle Verzinsung.

Aufgabe 3.4.3:
Gegeben sind die folgenden Zinssätze p.a. in Abhängigkeit der Zeit:

	Laufzeit t in Jahren									
	1	2	3	4	5	6	7	8	9	10
$i_{0,t}$	3,0%	3,5%	4,0%	4,0%	4,5%	5,1%	5,0%	5,0%	5,0%	6,0%

a) Berechnen Sie die Diskontierungsfaktoren und stellen Sie diese graphisch dar.
b) Könnte der Zinssatz für eine Laufzeit von 6 Jahren auch bei 5,9% liegen? (Die anderen Zinssätze bleiben wie in der obigen Tabelle angegeben.)
c) Berechnen Sie alle (impliziten) Forward-Zinssätze und alle Forward-Diskontierungsfaktoren.

4 Rentenrechnung

Wenn bei Aufgaben konkrete Datumsangaben fehlen, soll die Betrachtung zu Beginn einer vollen Zinsperiode starten.

Aufgabe 4.1:
Auf ein Sparbuch mit jährlicher Verzinsung zahlen Sie, sofort beginnend,
a) jährlich 120 € ein,
b) monatlich 10 € ein,
c) vierteljährlich 30 € ein.
Wie hoch ist bei einem Zinssatz von 6% jeweils das Endkapital nach 20, 30 und 50 Jahren?

Aufgabe 4.2:
Sie zahlen nachschüssig jedes Jahr 1.200 € auf ein Sparkonto ein. Das Sparkonto wird jährlich verzinst.
a) Wann sind Sie bei einem Zinssatz von 7% Millionär?
b) Wie hoch müsste der Zinssatz sein, damit Sie nach 20 Jahren Millionär sind?
c) Wie ändern sich die Ergebnisse von a) und b), wenn Sie statt jährlich 1.200 € monatlich 100 € nachschüssig einzahlen?

Aufgabe 4.3:
Sie zahlen am Ende eines jeden ungeraden Monats (d.h. Jan., März, Mai, ...) beginnend Ende Januar 2006 jeweils 200 € auf ein Sparkonto (i = 5%) ein. Wie groß ist Ihr Guthaben einschließlich Zinsen zu Jahresbeginn 2030? Der Zinszuschlag erfolgt am Jahresende, innerhalb des Jahres gilt die lineare Verzinsung.
Hinweis: Die Formeln aus der Formelsammlung für die Berechnung der Ersatzrente können nicht verwendet werden! Weshalb?

Aufgabe 4.4:
Sie zahlen 40 Jahre lang, sofort beginnend, alle zwei Jahre 1.500 € auf ein Konto, das jährlich mit 4% verzinst wird.
a) Wie hoch ist der Endwert?
b) Wie hoch ist der Barwert? Welche Bedeutung hat der Barwert?

Aufgabe 4.5:
Sie wollen zur Altersvorsorge sparen und zahlen deshalb jährlich 200 € auf ein Konto ein. Sie beginnen sofort und zahlen insgesamt dreißigmal ein. Die Verzinsung sei 7%. Somit bauen Sie ein kleines Vermögen auf. Nach 30 Jahren entnehmen Sie dann Ihrem Vermögen jährlich einen gleich bleibenden Betrag (Rente).
Wie groß ist Ihre jährliche Rente, wenn sie (bei Kapitalverzehr) genau 15 Jahre gezahlt werden soll? Auch während der Auszahlungsphase soll eine Verzinsung von 7% angenommen werden.

Ergänzung: Wenn die Auszahlungen statt 15 Jahre auch 30 Jahre lang – also genau so lange wie die Einzahlungen – erfolgen sollen, wie hoch wäre dann die Rente?

4 Rentenrechnung

Aufgabe 4.6:
Welcher Betrag muss 30 Jahre lang monatlich nachschüssig eingezahlt werden, um dann anschließend 30 Jahre lang monatlich eine Rente von 1.500 € erhalten zu können? Der Zinssatz beträgt 6%. Die Verzinsung erfolgt monatlich.

Aufgabe 4.7:
Berechnen Sie bei Aufgabe 4.1 das Endkapital nach 20 Jahren, wenn die Sparrate jedes Jahr um 3% erhöht wird.

Aufgabe 4.8:
Frau Müller eröffnet für Ihre Tochter ein Sparkonto, auf das sie bei der Geburt ihrer Tochter genau 2.000 € einzahlt. Danach zahlt sie jeden Monat 200 € ein. Ab dem 10. Geburtstag erhöht sie den Betrag auf monatlich 300 €. Am 18. Geburtstag ihrer Tochter zahlt Frau Müller nichts ein, sondern übergibt das Sparkonto ihrer Tochter. Wie hoch ist das Endkapital einschließlich Zinsen bei jährlicher Verzinsung? Der Zinssatz beträgt in den ersten 15 Jahren 6%, danach 4%.
Hinweis: Da keine Datumsangaben vorliegen, wird angenommen, dass die erste Einzahlung zu Beginn eines Jahres erfolgt.

Aufgabe 4.9:
Herr Groß zahlt sieben Jahre lang monatlich (am Ende eines jeden Monats) 250 € auf sein Sparkonto ein. Am Ende des siebten Jahres erhält er zusätzlich eine Prämie von 10% auf die eingezahlten Beträge. Anschließend steht das Kapital zur freien Verfügung. Die Zinsen betragen 3% jährlich (lineare Verzinsung innerhalb des Jahres).
a) Wie hoch ist das Endkapital (einschließlich Zinsen und Prämie) nach sieben Jahren?
b) Welchen Zinssatz müsste Herr Groß erhalten, um ohne Prämie bei den gleichen Einzahlungen das gleiche Endkapital wie in a) zu erreichen?

Aufgabe 4.10:
Sie sparen ab sofort monatlich r Euro auf einem Sparkonto, das jährlich mit dem Zinssatz i verzinst wird. Den Sparbetrag erhöhen Sie alle zwei Jahre um den Steigerungssatz s.
Ermitteln Sie eine Formel für das Endkapital nach n Jahren. Wählen Sie der Einfachheit halber für n eine gerade Zahl.

Aufgabe 4.11:
Eine Stiftung zahlt ab 1.1.2009 jährlich 200.000 € „auf ewige Zeit" aus.
a) Welches Stiftungskapital muss dafür am 1.1.2009 vorhanden sein? Der Zinssatz ist 5%.
b) Welches Stiftungskapital muss dafür am 1.1.2009 vorhanden sein, wenn Sie mit i = 5% für die ersten zehn Jahre und i = 8% anschließend rechnen?

Aufgabe 4.12:
Phill Geyts verfügt am 1.1.2009 über einen Betrag von einer Million Euro, den er zinsgünstig anlegen und in Form einer ewigen Rente an begabte Studierende ausschütten will. Das Kapital kann zu einem Zinssatz von 5%, ab 1.1.2015 sogar zu einem Zinssatz von 10% angelegt werden. Die Auszahlung an Studierende erfolgt jährlich, wobei die erste Rate erst am 1.1.2012 ausgezahlt werden soll.
Wie hoch ist die jährliche Ausschüttung, wenn stets der gleiche Betrag ausgezahlt werden soll?

5 Abschreibung

Aufgabe 5.1:
Ein Wirtschaftsgut mit einem Neuwert von 20.000 € wird in 12 Jahren auf den Schrottwert von 2.000 € abgeschrieben.
a) Das Wirtschaftsgut wird linear abgeschrieben. Berechnen Sie den jährlichen Abschreibungsbetrag und den Buchwert nach 5 Jahren.
b) Das Wirtschaftsgut wird geometrisch-degressiv abgeschrieben. Wie hoch ist der Abschreibungsprozentsatz? Berechnen Sie den Buchwert nach 5 Jahren.

Aufgabe 5.2:
Mit welchem Prozentsatz i muss ein Wirtschaftsgut mit einer Nutzungsdauer von 20 Jahren geometrisch-degressiv x Jahre lang abgeschrieben werden, damit der Buchwert nach x Jahren der gleiche wie bei der linearen Abschreibung ist?[1]
Es wird angenommen: Der Restwert nach der Nutzungsdauer ist bei der linearen Abschreibung Null.
Geben Sie die allgemeine Formel für i an und berechnen Sie anschließend i für x = 5.

Aufgabe 5.3:
Ein Wirtschaftsgut mit Anschaffungskosten K_0, einer Nutzungsdauer von N Jahren und einem Restwert K_N kann mit einem Abschreibungssatz von i geometrisch-degressiv abgeschrieben werden. Ab welchem Jahr n müsste auf lineare Abschreibung umgestellt werden, damit höhere Abschreibungsbeträge entstehen?
a) Stellen Sie die Ungleichung zur Bestimmung von n auf.
b) Zeigen Sie mit der in Aufgabenteil a) ermittelten Ungleichung, dass im Spezialfall, wenn der Restwert Null ist, der Wechsel auf lineare Abschreibung erfolgt, wenn zum ersten Mal gilt: $n > N + 1 - \dfrac{1}{i}$.

Hinweis:
Beim Übergang von der Absetzung für Abnutzung in fallenden Jahresbeträgen zur Absetzung in gleichen Jahresbeträgen bemisst sich die Absetzung für Abnutzung vom Zeitpunkt des Übergangs an nach dem dann noch vorhandenen Restwert und der Restnutzungsdauer des Wirtschaftsgutes.

Aufgabe 5.4:
a) Ein Wirtschaftsgut mit Anschaffungskosten von 20.000 € und einer Nutzungsdauer von 25 Jahren soll linear abgeschrieben werden. Der Restwert ist Null. Berechnen Sie den Barwert der Steuerersparnis. (Die Steuerersparnis erfolgt jeweils am Jahresende.) Der Steuersatz soll 25% betragen und der Kalkulationszinssatz 5%.
b) Ein Wirtschaftsgut mit Anschaffungskosten von 20.000 € und einer Nutzungsdauer von 25 Jahren soll geometrisch-degressiv mit einem jährliche Abschreibungssatz von 10% abgeschrieben werden.[1] Berechnen Sie den Barwert der Steuerersparnis. (Die Steuer-

---

[1] Ohne Berücksichtigung eventuell vorhandener steuerlicher Höchstgrenzen.

ersparnis erfolgt jeweils am Jahresende.) Der Steuersatz soll 25% betragen und der Kalkulationszinssatz 5%.

Aufgabe 5.5:
Die MATH AG kauft 2007 eine Maschine für 50.000 € mit einer Nutzungsdauer von vier Jahren. Der Restwert ist Null. Die Anlage soll erst geometrisch-degressiv und dann linear so "hoch" wie möglich abgeschrieben werden. Der Steuersatz der MATH AG beträgt 25%. Berechnen Sie die Steuerersparnis bezogen auf den Kauftermin, wenn mit einem Zinssatz von 5% gerechnet wird. Erstellen Sie dazu eine Abschreibungstabelle.
Verwenden Sie: Der maximale geometrisch-degressive Abschreibungssatz ist 2007 das 3-fache des linearen, aber maximal 30%. Die Steuerersparnis aus der Abschreibung erfolgt jeweils am Jahresende.

Jahr	Wert zu Beginn des Jahres	Abschreibung im Jahr	Buchwert am Jahresende	Steuervorteil durch AfA
1				
2				
3				
4				

Aufgabe 5.6:
Die MATH AG kaufte zu Beginn des Jahres 2005 eine Maschine für 15.000 € mit einer Nutzungsdauer von 25 Jahren. Der Restwert nach 25 Jahren ist Null. Die Maschine soll erst geometrisch-degressiv und dann linear so "hoch" wie möglich abgeschrieben werden. Der Steuersatz der MATH AG beträgt 10%.
Verwenden Sie: Der maximale geometrisch-degressive Abschreibungssatz ist das Zweifache des linearen, aber maximal 20%. Die Steuerersparnis aus der Abschreibung erfolgt jeweils am Jahresende.
a) Wie hoch ist der Satz i, mit dem zunächst geometrisch-degressiv abgeschrieben wird?
b) Über wie viele Jahre wird zunächst geometrisch-degressiv abgeschrieben?
c) Vervollständigen Sie die beiden ersten Zeilen der Abschreibungstabelle:

Jahr k	Buchwert zu Jahresbeginn	AfA_k	Steuervorteil im Jahr k
1	15.000 €		
2			

d) Berechnen Sie die letzte Abschreibung AfA_{25}.
e) Berechnen Sie den Barwert der Steuerersparnis bei einem Kalkulationszinssatz von 4%. Berücksichtigen Sie der Einfachheit halber nur die ersten 12 Jahre, d.h., die Steuerersparnis für die Jahre 13 bis 25 wird nicht berücksichtigt und somit vernachlässigt. Berechnen Sie die Lösung mit Summenformeln, also ohne alle Steuervorteile zunächst für jedes Jahr einzeln ausgerechnet zu haben.

f) Berechnen Sie den Barwert der gesamten Steuerersparnis bei einem Kalkulationszinssatz von 4%.
Berechnen Sie die Lösung mit Summenformeln, also ohne alle Steuervorteile zunächst für jedes Jahr einzeln ausgerechnet zu haben.

Aufgabe 5.7:
Ein Wirtschaftsgut mit Anschaffungskosten von 50.000 € soll in 6 Jahren auf den Schrottwert von 8.000 € arithmetisch-degressiv abgeschrieben werden.
Arithmetisch-degressive Abschreibung heißt: Die Abschreibungsbeträge bilden eine fallende arithmetische Folge. Ist der letzte Abschreibungsbetrag zusätzlich noch gleich dem jährlichen Minderungsbetrag, heißt die Abschreibung digitale Abschreibung.
a) Ermitteln Sie eine allgemeine Formel für die ersten beiden Abschreibungsbeträge bei der digitalen Abschreibung und berechnen Sie anschließend die beiden Abschreibungsbeträge bei den oben angegebenen Zahlenwerten.
b) Erstellen Sie bei den obigen Zahlenwerten einen vollständigen Abschreibungsplan bei Anwendung der digitalen Abschreibung.

Gute Vorsätze sind Schecks,
auf eine Bank gezogen, bei der man kein Konto hat.
Oscar Wilde,
irischer Schriftsteller, 1854 - 1900

6 Tilgungsrechnung

6.1 Verzinsliche Wertpapiere

Aufgabe 6.1.1:
Die GUT-Bank bietet Ihnen ein festverzinsliches Wertpapier mit einer Nominalverzinsung von 7% und einer Laufzeit von 6 Jahren an, bei dem die Zinsen jährlich nachträglich gezahlt werden. Die Rückzahlung erfolgt mit 104% des Nennwerts, also zum Nennwert plus 4% Aufgeldsatz. Der Kurs des Wertpapiers beträgt 108.
a) Sie planen, das Wertpapier zu kaufen und es bis zum Ende der Laufzeit zu behalten. Stellen Sie die Gleichung für die Rendite auf und berechnen Sie die Rendite.
b) Sie kaufen das Wertpapier zu einem Kurs von 108 und behalten es bis zum Ende der Laufzeit. Sie müssen aber von den Zinsen 25% Steuern zahlen. Stellen Sie die Gleichung für die Rendite nach Steuern auf und führen Sie zur Lösung dieser Gleichung zwei Iterationen durch.
Es soll angenommen werden, dass die Steuern sofort nach Erhalt der Zinsen gezahlt werden. Der Kursverlust soll steuerlich nicht berücksichtigt werden.
c) Sie kaufen das Wertpapier zu einem Kurs von 108. Nach einem Jahr nach Auszahlung der Zinsen verkaufen Sie das Wertpapier zu einem Kurs von 105.
  c1) Berechnen Sie die Rendite ohne Berücksichtigung von Steuern.
  c2) Stellen Sie die Gleichung für die Rendite nach Steuern bei einem Steuersatz von 25% auf und berechnen Sie die Rendite. Berücksichtigen Sie, dass auf alle Erträge Steuern zu zahlen sind und dass realisierte Kursverluste steuerlich mit Erträgen verrechnet werden sollen.

Aufgabe 6.1.2:
Ein Unternehmen bietet Ihnen ein festverzinsliches Wertpapier im Nennwert von 1.000 € mit einer Nominalverzinsung von 6,75% und einer Laufzeit von 5 Jahren an, bei dem die Zinsen jährlich nachträglich gezahlt werden. Die Rückzahlung erfolgt zum Nennwert. Der Kurs des Wertpapiers beträgt 102.
a) Sie planen, das Wertpapier zu kaufen und es bis zum Laufzeitende zu behalten.
  a1) Schätzen Sie die Rendite nach dem Bankenverfahren.
  a2) Berechnen Sie die Rendite (vor Steuern).
b) Sie kaufen das Wertpapier zu einem Kurs von 102. Nach 2 Jahren (nach Auszahlung der Zinsen) verkaufen Sie das Wertpapier zu einem Kurs von 98,60. Sie müssen von Zinserträgen 20% Steuern zahlen. (Es soll angenommen werden, dass die Steuern sofort nach Erhalt der Zinsen gezahlt werden; Kursgewinne bzw. -verluste sollen nicht berücksichtigt werden.) Berechnen Sie den Effektivzins.
c) Sie kaufen das Wertpapier zu einem Kurs von 102. Nach acht Monaten verkaufen Sie das Wertpapier zu einem Kurs von 101.
  c1) Berechnen Sie den (jährlichen) Effektivzinssatz vor Steuern nach der PAngV und nach Braess/Fangmeyer.
  c2) Sie müssen von Zinserträgen 20% Steuern zahlen. Berechnen Sie den Effektivzinssatz nach Steuern nach der PAngV und nach Braess/Fangmeyer. Dabei soll angenommen werden, dass die Steuern sofort nach Erhalt der Zinsen gezahlt werden. Kursgewinne bzw. –verluste sollen steuerlich nicht berücksichtigt werden.

Aufgabe 6.1.3:
Ein Unternehmen bietet Ihnen ein festverzinsliches Wertpapier im Nennwert von 1.000 € mit einer Nominalverzinsung von 6,75% und einer Laufzeit von 5 Jahren an, bei dem die Zinsen jährlich nachträglich gezahlt werden. Die Rückzahlung erfolgt zum Nennwert. Der Kurs des Wertpapiers beträgt 102. Sie kaufen das Wertpapier und behalten es bis zum Laufzeitende.
a) Wie hoch ist der Barwertvorteil, wenn Sie am Markt für sichere Anlagen 4% Zinsen bekommen?
b) Was bedeutet dieser Barwertvorteil?

Weitere Aufgaben
zu festverzinslichen Wertpapieren finden Sie in den Aufgaben zu Kapitel 7.

6.2 Darlehen

Aufgabe 6.2.1:
Sie möchten eine Eigentumswohnung zum Gesamtpreis von 200.000 € kaufen. Da Sie nur 50.000 € Eigenkapital haben, benötigen Sie ein Darlehen. Die Darmstädter GUT-Bank gibt Ihnen ein Annuitätendarlehen mit einem Nominalzinssatz von 4% und einem anfänglichen Tilgungssatz von 2%. Die Zinsfestschreibung beträgt fünf Jahre. Das Darlehen wird zu 96% ausgezahlt, das Disagio beträgt also 4%. Um das Darlehen zurückzuzahlen, leisten Sie monatliche, nachschüssige Zahlungen. Es soll mit sofortiger Zins- und Tilgungsverrechnung gerechnet werden.
a) Berechnen Sie die Höhe der monatlichen Zahlung.
b) Wie hoch ist die Restschuld am Ende der Zinsbindung?
c) Am Ende der Zinsfestschreibung, also nach fünf Jahren, erhalten Sie bei der Bank für die Restschuld ein neues Darlehen, unter den gleichen Konditionen (gleicher Zinssatz, gleicher anfänglicher Tilgungssatz, gleiches Disagio, gleiche Zinsbindung) wie das alte Darlehen. Wie hoch ist dann Ihre monatliche Zahlung?

Statt das erste Darlehen fünf Jahre unverändert zurückzuzahlen, zahlen Sie nach drei Jahren eine Sondertilgung von 46.306,88 € zusätzlich zu den turnusmäßigen Raten.
d) Wie groß ist die Restschuld am Ende der (ersten) Zinsbindung (nach insgesamt fünf Jahren), wenn die Sondertilgung geleistet und die bisherige Annuität beibehalten wird?

Aufgabe 6.2.2:
Die Darmstädter SCHLE-Bank gibt Ihnen ein Annuitätendarlehen von 120.000 € mit einem Nominalzinssatz von 9% und einem anfänglichen Tilgungssatz von 1%. Um das Darlehen zurückzuzahlen, leisten Sie monatliche, nachschüssige Zahlungen. Die Zinsfestschreibung beträgt fünf Jahre. Es soll mit sofortiger Zins- und Tilgungsverrechnung gerechnet werden.
a) Wie hoch ist die Restschuld am Ende der Zinsbindung?

b1) Wie hoch ist der Auszahlungskurs des Darlehens, wenn die SCHLE-Bank eine Rendite (= effektiver Jahreszins) nach der Preisangabenverordnung (PAngV) von 10% erzielen möchte?

b2) Wie hoch ist der Auszahlungskurs des Darlehens, wenn die SCHLE-Bank eine Rendite (= effektiver Jahreszins) von 10 % erzielen möchte? Dabei soll die Rendite aber nicht nach der PAngV, sondern innerhalb des Jahres soll mit einfachen Zinsen gerechnet werden. Wählen Sie als Bezugszeitpunkt das Ende der Zinsbindung.

Es wird vereinbart, dass Sie nach drei Jahren eine Sondertilgung von 60.000 € zusätzlich zur turnusmäßigen Rate leisten können.

c) Wie groß ist die Restschuld am Ende der Zinsbindung, wenn die Sondertilgung geleistet und die bisherige Annuität beibehalten wird?

d) Wie hoch ist bei Sondertilgung die zukünftige monatliche Zahlung (also nach 3 Jahren) anzusetzen, wenn am Ende der Zinsbindung die Darlehensschuld genau 50.000 € betragen soll?

Aufgabe 6.2.3:
Familie Maier will bei einem Kaufhaus eine Schrankwand für 998 € auf Raten kaufen und den Ratenkredit in 24 gleichen Monatsraten zurückzahlen. Die Konditionen des Versandhauses sind in der unten stehenden Tabelle angegeben. Neben dem Pro-Monats-Zinssatz sind keine Bearbeitungskosten zu zahlen.

a) Berechnen Sie die Höhe der monatlichen Zahlung.
b) Stellen Sie die Gleichung für den effektiven Zinssatz nach der Preisangabenverordnung (PAngV) auf.
c) Geben Sie eine grobe Schätzung für diesen Effektivzinssatz an. Keine große Rechnung, nur Angabe einer einfachen Multiplikation.
d) Wie hoch ist der Effektivzinssatz nach der PAngV? Starten Sie mit den Schätzungen 15% und 17%. Geben Sie den Effektivzinssatz in Prozent mit zwei Dezimalstellen an.

Monatsraten	2	3	6	12	24	30	36	48
Zinssatz in % pro Monat bei Bestellwert unter 500 €	0,9	0,9	0,8	0,8	0,8	0,9	0,9	0,9
Zinssatz in % pro Monat bei Bestellwert ab 500 €	0,70	0,70	0,67	0,67	0,67	0,67	0,67	0,67

e) Neben dem Pro-Monats-Zinssatz sind zusätzlich Bearbeitungskosten von 1% bei Abschluss des Ratenvertrages fällig. Berechnen Sie jetzt die zu zahlende Monatsrate.

Aufgabe 6.2.4:
Eine Bank bietet einen Kredit, der in 36 Monatsraten nachschüssig zurückzuzahlen ist, und zwar 35 Raten zu 200 € und eine letzte, 36. Rate (also 3 Jahre nach Kreditauszahlung) von 432,74 €. Der effektive Jahreszinssatz nach der PAngV ist mit 15% angegeben. Wie hoch ist der Auszahlungsbetrag für diesen Kredit?

Aufgabe 6.2.5:
Frau Müller erhält von Ihrer Bank folgendes Schreiben: Mit einem Kredit können Sie jetzt schnell Ihren finanziellen Spielraum erweitern. Wählen Sie Ihren gewünschten Kreditbetrag von 1.000 € bis 50.000 €. Die Rückzahlung erfolgt dann (nachschüssig) in gleichbleibenden, monatlichen Raten. Die günstigen Zinsen betragen derzeit nur 0,367% pro Monat. Das entspricht bei einer Laufzeit von beispielsweise 72 Monaten einem effektiven Jahreszins von 8,99% (inklusive einem Bearbeitungsentgelt). Und so könnte Ihr Kredit zum Beispiel aussehen:

Kreditbetrag: 10.000 € (= Auszahlung);
Laufzeit: 72 Monate; 72 Raten zu je: 1xx,4x €;
effektiver Jahreszins: (PAngV): 8,99%.

a1) Leider ist der Betrag für die Ratenhöhe nicht lesbar. Berechnen Sie aus den gegebenen Angaben diese Ratenhöhe.
a2) Wie hoch wäre die jährliche Rate, wenn nicht monatlich, sondern jährlich nachträglich 6 Jahre lang zurückgezahlt wird, aber der gleiche effektive Jahreszins von 8,99% nach der PAngV beibehalten werden soll?

Aufgabe 6.2.6:
Sie benötigen genau 68.400 € für einen Wohnungskauf. Die Darmstädter GUT-Bank gibt Ihnen ein Annuitätendarlehen mit folgenden Konditionen: Nominalzinssatz: 4%; anfänglicher Tilgungssatz: 1%; Disagiosatz: 5% (d.h. Auszahlung: 95%). Um das Annuitätendarlehen zurückzuzahlen, leisten Sie monatliche, nachschüssige Zahlungen.
a) Berechnen Sie die Höhe Ihrer monatlichen Zahlung.
b) Nach wie vielen Jahren wäre das Darlehen bei monatlicher (also sofortiger) Zins- und Tilgungsverrechnung vollständig zurückbezahlt, wenn der Zinssatz für die gesamte Laufzeit festgeschrieben wäre?
c) Leider ist die Zinsbindung nur 6 Jahre. Wie hoch ist die Restschuld am Ende der Zinsbindung bei monatlicher (also sofortiger) Zins- und Tilgungsverrechnung?
d) Wie hoch wäre die Restschuld am Ende der 6-jährigen Zinsbindung bei sofortiger Zins- und vierteljährlicher Tilgungsverrechnung?
e) Die Bank rechnet mit sofortiger Zins- und Tilgungsverrechnung. Am Ende der Zinsbindung, also nach 6 Jahren, zahlen Sie zusätzlich 17.126,65 € zurück. Über den Rest nehmen Sie ein neues Annuitätendarlehen auf, da Sie die Restschuld nicht vollständig zurückzahlen können. Die neuen Konditionen sind:
Nominalzinssatz 5%, kein Disagio, Zinsfestschreibung über die gesamte Laufzeit, sofortige Zins- und Tilgungsverrechnung. Anfänglicher Tilgungssatz mindestens 1%.
Die monatliche Zahlungshöhe ändern Sie nicht; d.h., die monatliche Zahlung, die Sie für den neuen Kredit leisten, ist also die gleiche wie in a) berechnet. Wie hoch ist der neue anfängliche Tilgungssatz und nach wie vielen Jahren insgesamt ist das Darlehen zurückgezahlt?

Aufgabe 6.2.7:
Sie erhalten am 1.1.2008 ein Annuitätendarlehen über 200.000 € mit einer Laufzeit von 20 Jahren, jährlichen nachschüssigen Rückzahlungen und einem Zinssatz von 7%. Für den 1.1.2015 ist eine zusätzliche Sondertilgung von 40.000 € vorgesehen. Wie hoch ist die Annuität?

7 Bewertung festverzinslicher Wertpapiere

7.1 Barwert, Rendite, Arbitrage

Aufgabe 7.1.1:
Gegeben sind die Spot-Rates aus der nachstehenden Abbildung und eine festverzinsliche Anleihe im Nennwert von 10.000 € mit einer Laufzeit von 8 Jahren, jährlichen Zinszahlungen und einem Kupon von 6%.

Laufzeit in Jahren	1	2	3	4	5	6	7	8
Spot-Rate	3,0%	3,5%	4,0%	4,5%	5,0%	5,5%	6,0%	6,5%

a) Berechnen Sie den Barwert der Anleihe bei Anwendung der obigen Spot-Rates.
b) Berechnen Sie den Barwert der Anleihe bei einem einheitlichen Zinssatz von 5% für alle Laufzeiten.
c) Sie kaufen diese Anleihe zum Kurs von 99. Wie groß ist die Rendite, wenn Sie das Wertpapier bis zum Laufzeitende behalten?
d) Sie kaufen diese Anleihe nicht zum Kurs von 99, sondern warten noch zwei Monate; dann ist der Kurs 98,50.
Wie hoch ist der Kaufpreis und wie hoch ist die Rendite (bei exponentieller Verzinsung) beim späteren Kauf (also beim Kauf nach zwei Monaten), wenn Sie das Wertpapier dann wiederum bis zum Laufzeitende behalten?

Aufgabe 7.1.2:
Gegeben ist eine festverzinsliche Anleihe mit jährlichen Zinszahlungen und 6% Nominalverzinsung, einem Nennwert von 1.000 €, einer Laufzeit von 3,25 Jahren und einer Rückzahlung zu 100% des Nennwerts. Die Anleihe hat einen Kurs von 102.
a) Wie hoch ist die Rendite (exponentielle Methode)?
b) Wie hoch darf der Kurs maximal sein, um eine Rendite (nach der exponentiellen Methode) von mindestens 5% zu erzielen?
c) Wie hoch ist die Rendite (exponentielle Methode), wenn halbjährliche Zinszahlungen vorliegen? Stellen Sie zunächst die Gleichung für die Rendite auf.

Aufgabe 7.1.3:
Peter Spargut hat in seinem Wertpapierdepot die folgenden festverzinslichen Anleihen:

Anleihe	Nennwert	Laufzeit (Jahre)	Zinssatz	Aktueller Kurs	Rendite
A	100.000 €	1	5,5%	100,00	5,500%
B	100.000 €	1	4,0%	99,00	6,051%
C	300.000 €	2	6,0%	100,00	5,750%
D	400.000 €	3	3,0%	90,00	6,796%
E	400.000 €	3	8,0%	103,20	6,785%

Alle Anleihen haben jährliche Zinszahlungen und werden am Laufzeitende zum Nennwert zurückgezahlt.
a) Bestimmen Sie den (aktuellen) Wert des Depots von Peter Spargut.
b) Berechnen Sie für alle Anleihen (jeweils für den Nennwert 100 €) die Zahlungsströme.
c) Überprüfen Sie, ob die angegebenen Renditen korrekt sind.
d) Peter Spargut hat weitere 100.000 € zur Verfügung, die er überwiegend in eine Anleihe mit dreijähriger Laufzeit investieren möchte. Welche der Anleihen D oder E würden Sie ihm bei Betrachtung des Spot-Rate-Kriteriums bzw. des Rendite-Kriteriums empfehlen? Warum?
e) Peter Spargut besitzt die nach dem Spot-Rate-Kriterium schlechtere Anleihe D im Nennwert von 400.000 €. Er verkauft deshalb die Anlage D komplett und kauft dafür Anlage E hinzu und zusätzlich kauft bzw. verkauft er weitere Anlagen, so dass er in Zukunft genauso viel Geld aus seinem Wertpapierdepot erhält wie vorher.
Geben Sie ein theoretisches Kauf-/Verkaufsbeispiel für Arbitrage an. Wie hoch ist der „Free Lunch"?
f) Warum lässt sich der theoretische Plan meist nicht realisieren?

Aufgabe 7.1.4:
Gegeben sind die Daten aus der Tabelle von Aufgabe 7.1.3. Jetzt sollen noch Steuern berücksichtigt werden: Alle Kapitalerträge sind zu versteuern.[1] Der Steuersatz soll 25% betragen.
a) Berechnen Sie für alle Anleihen (jeweils für den Nennwert 100 €) die Zahlungsströme nach Steuern.
b) Welche Kaufempfehlung (nach Steuern) ist nach dem Kriterium
   i) der maximalen Rendite
   ii) der maximalen Spot-Rate
   zu geben, wenn Herr Spargut eine Anleihe mit dreijähriger Restlaufzeit erwerben will?
c) Herr Spargut besitzt die nach b) schlechtere Anleihe (nach Spot-Rate-Kriterium) im Nennwert von 400.000 €. Ist es empfehlenswert, eine Umschichtung vorzunehmen, wenn Transaktionskosten für Kauf und Verkauf in Höhe von 0,1% des Maximums aus dem Nennwert und dem Kauf- bzw. Verkaufspreis (ohne Stückzinsen) entstehen?
Geben Sie ein in der Praxis durchführbares Beispiel an, wenn handelbare Nennwerte bei jeder der Anleihen Vielfache von 100 € sind.

Aufgabe 7.1.5:
Zur Auswahl stehen vier festverzinsliche Anleihen mit folgender Zahlungsmatrix (Keine Berücksichtigung von Gebühren!):

---

[1] Das heißt: Die Steuer auf Zinserträge ist sofort bei Auszahlung der Zinsen zu zahlen. Steuern auf Kursgewinne sind dann zu zahlen, wenn sie entstehen. Das bedeutet, Steuern sind beim Verkauf bzw. bei der Einlösung am Laufzeitende zu zahlen, wenn der Kaufpreis niedriger ist als der Verkaufspreis bzw. die Rückzahlung. Beachten Sie, dass Kursverluste mit Kursgewinnen und Zinsen verrechnet werden können.

7 Bewertung festverzinslicher Wertpapiere

Anlage	heute	Zeitpunkt 1	Zeitpunkt 2
A1	-100 €	110,00 €	0 €
B1	–120 €	131,00 €	0 €
A2	–110 €	11,00 €	121,00 €
B2	–115 €	16,50 €	132,25 €

( ) Es gibt Arbitrage
( ) Es gibt keine Arbitrage
( ) Zur Arbitrageberechnung muss ein zusätzlicher Zinssatz gegeben sein.

Für die <u>maximal</u> erzielbaren Spot-Rates gilt:

( ) Spot-Rate $i_{0,1}$ = 10% ( ) Spot-Rate $i_{0,1}$ = 15% ( ) Spot-Rate $i_{0,1}$ = 20%
( ) Spot-Rate $i_{0,2}$ = 10% ( ) Spot-Rate $i_{0,2}$ = 15% ( ) Spot-Rate $i_{0,2}$ = 20%.

Aufgabe 7.1.6:
Gegeben sind die Spot-Rates für Laufzeiten von einem und von zwei Jahren mit 4% und 6%. Berechnen Sie für alle Zeiten im Intervall [1; 2] die Diskontierungsfaktoren
a) mit linearer Interpolation der Zinssätze,
b) mit exponentieller Interpolation der Diskontierungsfaktoren.

7.2 Duration, Konvexität und andere Kennzahlen

Aufgabe 7.2.1:
a) Sie kaufen eine Nullkupon-Anleihe zum Kurs von 88,90 mit einer Laufzeit von drei Jahren im Nennwert von 1.000 €. Berechnen Sie die Duration und die Konvexität.
b) Berechnen Sie die Duration einer Anleihe im Nennwert von 10.000 €. Die Laufzeit der Anleihe beträgt 2 Jahre, die Nominalverzinsung ist 5%, der Marktzinssatz liegt bei 4%. Die Anleihe wird am Laufzeitende zum Nennwert zurückgezahlt.

Aufgabe 7.2.2:
Sei C_A bzw. C_B die Konvexität des Zahlungsstroms einer Anlage A bzw. einer Anlage B bei dem gleichen Marktzinssatz. Beweisen Sie:

Für die Konvexität des Portfolios aus beiden Anlagen gilt:

$C_P = a \cdot C_A + (1 - a) \cdot C_B$,

wobei a der Barwertanteil der Anlage A am Portfolio ist, also der Barwert der Anlage A geteilt durch den Barwert des Portfolios aus beiden Anlagen.

Aufgabe 7.2.3:
Berechnen Sie mit Valuta 7.3.2007 beim Marktzinssatz von 5% die Duration, die modifizierte Duration, die Konvexität, die Dollar-Duration und den Basispunktwert einer festverzinslichen Anleihe (Kupon 6% bei jährlicher Zinszahlung; Gesamtlaufzeit vom 16.1.2006 bis 16.1.2015; Rückzahlung zum Nennwert).

Hinweise:
- Verwenden Sie die Zinstage-Methode actual/actual und zum Diskontieren die exponentielle Methode.
- Bei der Berechnung von zwei der fünf auszurechnenden Größen ist eine zusätzliche Angabe notwendig. Welche? Wählen Sie diese Angabe sinnvoll.

Aufgabe 7.2.4:
Berechnen Sie mit Valuta 7.3.2007 die Duration und die modifizierte Duration der festverzinslichen Anleihe (Kupon 6%, jährliche Zinszahlung; Gesamtlaufzeit der Anleihe vom 16.1.2006 bis 16.1.2015; Rückzahlung zum Nennwert). Der Kurs der Anleihe sei 104.

Hinweis:
Verwenden Sie die Zinstage-Methode actual/actual und zum Diskontieren die exponentielle Methode.

Aufgabe 7.2.5:
Sie besitzen drei Anleihen jeweils im (Bar-)Wert von 7 Millionen Euro. Die Anleihe A hat eine Duration von 3 Jahren, die Anleihe B von 5 Jahren und die Anleihe C von 10 Jahren.
a) Berechnen Sie die Duration des Portfolios.
b) Der Marktzinssatz ist 5%. Wie hoch ist näherungsweise der Barwert des Portfolios, wenn sich der Marktzinssatz um 0,2% auf 5.2% erhöhen würde?
c) Sie möchten das Portfolio umstrukturieren und eine Duration von 8 Jahren erzielen. Sie wollen deshalb einen Teilbestand <u>einer</u> Anleihe verkaufen und <u>eine</u> von den beiden anderen Anleihen hinzukaufen.
(i) Welche Anleihen und in welchem Wert (Barwert) müssen Sie verkaufen bzw. hinzukaufen? Der Barwert des Portfolios von 21 Millionen Euro darf sich dabei nicht ändern.
(ii) Wie hoch ist der Wert der jeweiligen Anleihen im Portfolio nach der Umstrukturierung?

Die Phönizier erfanden das Geld.
Aber warum so wenig?
Johann Nepomuk Nestroy,
österreichischer Schriftsteller und Schauspieler, 1801 - 1862

8 Investmentfonds

Aufgabe 8.1:
Sie investieren zehn Jahre lang jährlich, sofort beginnend, 1.800 € in einen Investmentfonds. (Die erworbenen Anteile sind auf drei Dezimalstellen zu runden.) Der Kurs steigt von 50 € auf 90 € in zehn Jahren, siehe unten stehende Tabelle.
a) Wie groß ist das Endkapital?
b) Wie groß ist die Rendite des Anlegers?
c) Wie groß ist die (durchschnittliche) Rendite des Fondsmanagers?

Jahr	Wert je Fondsanteil in Euro zu Beginn des Jahres
1	50,00 €
2	58,00 €
3	60,00 €
4	54,00 €
5	59,00 €
6	72,00 €
7	83,00 €
8	69,00 €
9	75,00 €
10	94,00 €
11	90,00 €

Wert eines Fondanteils jeweils zu Beginn des Jahres

Aufgabe 8.2:
Sie haben bei einer Investition dei Wahl zwischen zwei Fonds, die die Gelder in die gleichen Aktien anlegen. Fonds A hat ein Ausgabeaufschlag von 4% und jährliche Verwaltungskosten von 0,5%. Beim Investmentfonds B wird kein Ausgabeaufschlag verlangt, aber 1,25% jährliche Verwaltungskosten. Jährlich steigt der Wert der Aktien im Fonds um 10%. Keine Rücknahmekosten!
a) Zeigen Sie, dass bei einer Haltedauer von sechs Jahren der Fonds mit Ausgabeaufschlag günstiger ist.
b) Wie hoch ist die Rendite der Fonds bei einer Haltedauer von zehn Jahren?

Mit dem Bezahlen wird man das meiste Geld los.

Wilhelm Busch,
dt. Dichter und Maler, 1832 - 1908

9 Grundlagen der Portfoliotheorie

Aufgabe 9.1:
Kreuzen Sie jeweils die richtige Antwort an.

a) In der unten stehenden Abbildung sind die Rendite und das Risiko von fünf Anlagen (A, B, C, D, E) angegeben. Wenn Sie für alle Mischungen (Anteile jeweils nicht negativ) aus diesen fünf Anlagen die Rendite und das Risiko berechnen und dann die effiziente Linie ermitteln, kann sich eine Kurve ungefähr
( ) wie Kurve K1 ergeben
( ) wie Kurve K2 ergeben
( ) wie Kurve K3 ergeben.

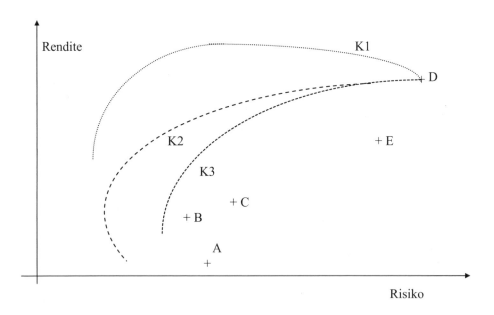

b) Die Varianz der Rendite einer börsennotierten Aktie beträgt 0,012. Sie wurde aus monatlichen Renditen ermittelt. Die (jährliche) Volatilität der Aktie beträgt somit (gerundet auf eine Nachkommastelle)

( ) 131,5%   ( ) 42,9%   ( ) 37,9%   ( ) 11,0%   ( ) 4,2%   ( ) 1,2%   ( ) 0,4%

c) Welche Kennzahl der vier folgenden Kennzahlen ist im Allgemeinen unsinnig?
( ) Standardabweichung
( ) Mittelwert + Standardabweichung
( ) Mittelwert + Varianz
( ) Mittelwert + 2 · Standardabweichung.

Aufgabe 9.2:
Herr Maier hat sich aufgrund des geschätzten Risiko-Rendite-Profils entschieden, <u>nur</u> die Aktien von VW und Lufthansa zu kaufen. Bei einem Zeithorizont von einem Jahr erwartet Herr Maier eine Rendite von 10% für VW und für Lufthansa von 20%. Aufgrund von Daten der Vergangenheit geht er von einer Korrelation von 0,6 aus. Die 250-Tage-Volatilitäten betragen bei VW 40% und bei Lufthansa 50%.
a) Herr Maier hat 80% seines Geldes in VW-Aktien und 20% in Lufthansa-Aktien angelegt. Wie hoch sind die erwartete Rendite und das Risiko?
b) Wie viel Prozent (der Aktienanlage) muss Herr Maier in VW-Aktien anlegen, um ein Portfolio mit minimaler Volatilität zu besitzen? Wie groß ist dabei die erwartete Rendite?
c) Herr Maier hat noch die Möglichkeit, eine risikolose Anlage zu wählen, die eine sichere Rendite von 2% liefert. Bestimmen Sie das Portfolio aus den drei Anlagemöglichkeiten mit minimaler Volatilität.

Aufgabe 9.3:
Beweisen Sie die folgenden Behauptungen:
Gegeben sind von n Anlagen die Erwartungswerte und die Varianz-Kovarianz-Matrix. Sei μ der Erwartungswertvektor der n Renditen, Cov die Kovarianzmatrix der Renditen und e der Vektor mit Einsen. Die Summe der Anlageanteile ist 1.

Ist die Kovarianzmatrix Cov invertierbar, folgt mit

$x = \mu^T \cdot Cov^{-1} \cdot \mu$, $y = \mu^T \cdot Cov^{-1} \cdot e = e^T \cdot Cov^{-1} \cdot \mu$ und $z = e^T \cdot Cov^{-1} \cdot e$:

a) Für ein Portfolio P aus diesen n Anlagen mit minimaler Varianz bei gegebener erwarteter Rendite μ_0 gilt:

$$Var(R_p) = \frac{z\mu_0^2 - 2y\mu_0 + x}{xz - y^2}.$$

Dies wird erreicht mit den Anteilen

$$a = \frac{z\mu_0 - y}{xz - y^2} \cdot Cov^{-1} \cdot \mu + \frac{x - \mu_0 y}{xz - y^2} Cov^{-1} \cdot e.$$

b) Die minimal erreichbare Varianz (bei nicht festgelegter Rendite) beträgt

$$\sigma_{min}^2 = \frac{1}{z},$$

wobei

$$\mu_{min} = \frac{y}{z}$$

und die Anteile $a_{min\,var} = \dfrac{Cov^{-1} \cdot e}{z}$.

Aufgabe 9.4:
In der unten stehenden Tabelle sind bereinigte Kurs- bzw. Indexwerte vom 24.11.1998 bis 11.1.1999 (31 Börsentage) aufgeführt.

Datum	Kurse/Preise	
	BASF	DAX
24.11.1998	66,70	4958,82
25.11.1998	66,10	4944,37
26.11.1998	65,90	5051,63
27.11.1998	65,75	5121,48
30.11.1998	64,20	5022,70
01.12.1998	61,00	4781,73
02.12.1998	59,75	4691,69
03.12.1998	60,70	4787,08
04.12.1998	60,80	4775,23
07.12.1998	59,50	4713,96
08.12.1998	60,40	4699,34
09.12.1998	60,00	4663,68
10.12.1998	60,45	4642,69
11.12.1998	59,10	4536,20
14.12.1998	59,60	4522,86
15.12.1998	60,50	4574,50
16.12.1998	59,50	4663,45
17.12.1998	59,85	4723,81
18.12.1998	58,50	4629,23
21.12.1998	60,10	4780,93
22.12.1998	62,50	4825,38
23.12.1998	63,90	4951,77
28.12.1998	64,90	5044,77
29.12.1998	64,50	5031,87
30.12.1998	63,60	5002,39
04.01.1999	32,90	5252,36
05.01.1999	32,90	5253,91
06.01.1999	34,10	5443,62
07.01.1999	33,00	5323,21
08.01.1999	32,90	5392,84
11.01.1999	31,75	5270,60

Quelle: Deutsche Börse AG
www.boerse-frankfurt.de

a) Berechnen Sie (unter Verwendung logarithmierter Renditen) jeweils die (jährlichen) Volatilitäten, die Kovarianz und die Korrelation.
b) Wie groß ist der Betafaktor von BASF?

Hinweise:
Beachten Sie, dass die Kurse im Jahre 1998 in DM angegeben wurden (1,95583 DM = 1 Euro).

Verwenden Sie 250 Handelstage pro Jahr;

$$\text{Beta}_{\text{Aktie}} = \frac{\text{Kovarianz}_{\text{Aktie und DAX}}}{\text{Varianz}_{\text{DAX}}}.$$

9 Grundlagen der Portfoliotheorie

Aufgabe 9.5:
Gegeben sind die nachfolgenden jährlichen Datenwerte.
a) Ermitteln Sie die logarithmierten Renditen und berechnen Sie damit jeweils den Erwartungswert und das Risiko.
b) Berechnen Sie die Varianz-Kovarianz-Matrix.
c) Berechnen Sie die Beta-Faktoren (Beta-Werte).

		Kurse/Preise		
Jahr	Index	Schwank AG	Steiger AG	Enormi AG
1	500	32	25	12
2	534	30	26	8
3	610	21	28	10
4	700	25	30	4
5	760	26	32	10
6	610	23	32	20
7	820	42	34	40
8	740	54	33	50
9	930	70	37	30
10	950	59	39	40
11	1000	45	41	65
12	1210	40	46	70
13	1250	39	46	90

Daten zur Aufgabe 9.5

Der Mathematik-Student flirtet mit seiner netten Kommilitonin:
„Wollen wir gemeinsam lernen? Wir könnten dich und mich addieren, die Kleider subtrahieren, das Bett teilen und uns multiplizieren."

10 Derivative Finanzprodukte

10.1 Finanzmärkte

Aufgabe 10.1.1:
a) Wann wird bei einem Termingeschäft der Preis des Geschäfts festgelegt?
b) Welche Arten von Termingeschäften gibt es?
c) Welche Motive gibt es für den Abschluss eines Termingeschäftes?
d) Was bedeutet OTC?

Aufgabe 10.1.2:
Welche der folgenden Aussagen sind richtig?
a) Termingeschäfte sind im Gegensatz zu Kassageschäften oft nicht auf Erfüllung ausgerichtet.
b) Der Kassapreis ist in der Regel identisch mit dem Preis eines Termingeschäfts.
c) Termingeschäfte sind nur etwas für Spekulanten.
d) OTC bedeutet On The Counter.

10.2 Variabel verzinsliche Anleihen

Aufgabe 10.2.1:
a) Berechnen Sie den Barwert eines Floaters im Nennwert von 10 Millionen Euro mit einer Restlaufzeit von 15 Monaten und jährlicher Zinszahlung nach dem 12-Monats-EURIBOR. Der Zinssatz für risikolose Anlagen betrug und beträgt für alle Laufzeiten 4%.
b) Berechnen Sie den Barwert eines Floaters im Nennwert von 10 Millionen Euro mit einer Restlaufzeit von 15 Monaten und jährlicher Zinszahlung nach dem 12-Monats-EURIBOR plus einem Spread von 0,3%. Der Zinssatz für risikolose Anlagen betrug und beträgt für alle Laufzeiten 4%.

Aufgabe 10.2.2:
Die A-Bank besitzt einen mit Valuta am 14.12.2005 abgeschlossenen Floater mit einer Laufzeit von fünf Jahren und halbjährlichen Zinszahlungen nach dem 6-Monats-EURIBOR im Nennwert von 10 Millionen Euro.
a) Berechnen Sie den Barwert dieses Floaters am 14.2.2007.
Der für die laufende Zinsperiode gefixte Zinssatz liegt bei 3%, der aktuelle 2-Monats-EURIBOR (also am 14.2.2007) betrage 2,9%, der aktuelle 4-Monats-EURIBOR 3,1% und der aktuelle 6-Monats-EURIBOR 3,3%.
b) Wie hoch wäre der Barwert des Floaters, wenn nicht mit der Zinstage-Methode actual/360, sondern nur monatsgenau (Methode 30/360) gerechnet würde?

Aufgabe 10.2.3:
Ermitteln Sie den Barwert eines Floaters flat im Nennwert von einer Million Euro mit einer Laufzeit von 24 Monaten und vierteljährlicher Zinszahlung. Der Zinssatz beträgt 4% für

alle Laufzeiten. Verwenden Sie die Zinstage-Methode 30E/360.
Stellen Sie den Barwert des Floaters im Verlauf der Laufzeit für die ersten fünf Monate graphisch dar, wenn der Zinssatz bei 4% (für alle Laufzeiten) bleibt.

Aufgabe 10.2.4:
Sie besitzen ein Portfolio aus einer festverzinslichen Anleihe und einem Floater, jeweils im Nennwert von 1.000 €. Beide Wertpapiere haben eine Restlaufzeit von 3 Jahren und 3 Monaten.
Festverzinsliche Anleihe: Kupon 8%, jährliche Zinszahlung, Rückzahlung zum Nennwert.
Floater-Verzinsung: 12-Monats-EURIBOR flat, jährliche Zinszahlung. Beim letzten Fixing war der 12-Monats-EURIBOR 5%.
Die aktuelle Spot-Rate sei 6% für alle Laufzeiten.
a) Berechnen Sie den Barwert der festverzinslichen Anleihe
   (i) unter Verwendung der exponentiellen Verzinsung bei allen Laufzeiten,
   (ii) unter Verwendung der linearen Verzinsung bei Laufzeiten bis zu einem Jahr und der exponentiellen Verzinsung bei Laufzeiten über einem Jahr.
b) Berechnen Sie die Duration der festverzinslichen Anleihe
   (i) unter Anwendung der exponentiellen Verzinsung und
   (ii) unter Anwendung linearer Verzinsung bei Laufzeiten bis zu einem Jahr und der exponentiellen Verzinsung bei Laufzeiten über einem Jahr.
c) Berechnen Sie den Barwert des Floaters.
d) Nach drei Monaten (nach Auszahlung der Zinsen) ist der aktuelle Zinssatz (= Spot-Rate = EURIBOR = Marktzinssatz) für alle Laufzeiten von 6% auf 8% gestiegen. Berechnen Sie den Wert der beiden Anlagen unter diesen Bedingungen.

10.3 Futures / Forwards

Aufgabe 10.3.1:
Welche Aussage ist richtig?
a) Der Forward-Preis gibt die Kaufkosten des Forwards an.
b) Futures werden sowohl außerbörslich als auch an organisierten Börsen gehandelt.
c) Bei einem Future fallen vor dem Fälligkeitstag keine Zahlungen an.
d) Margin-Konten werden bei Kauf von Financial-Futures geführt.

Aufgabe 10.3.2:
Der Zinssatz für 3-monatige risikolose Anlagen in US-Dollar betrage 5% und in Euro 4%. Berechnen Sie den fairen EUR/USD-Terminkurs eines Devisen-Forwards mit einer Laufzeit von 3 Monaten. Der aktuelle EUR/USD-Kurs betrage 1,21. Ermitteln Sie den fairen Swapsatz für diesen Forward.

Aufgabe 10.3.3:
a) Berechnen Sie den fairen Forward-Kurs einer Aktie für eine Laufzeit von 6 Monaten, wenn der aktuelle Kurs der Aktie bei 60 € liegt und in 3 Monaten eine Dividende von 2 € gezahlt wird. Der risikolose Zins für 3 Monate beträgt 3% und für 6 Monate 3,5%.
b) Sie haben diesen obigen Forward mit fairem Forward-Kurs gekauft. Unmittelbar nach

Auszahlung der Dividende betrage der Aktienkurs 59 €. Berechnen Sie zu dieser Zeit den Wert des Forwards, wenn der 3-Monats-Zins (zu dieser Zeit) bei 3,1% und der 6-Monats-Zins bei 3,6% liegen.

Aufgabe 10.3.4:
Gegeben ist der Zinssatz für risikolose Anlagen von 3% für alle Laufzeiten. Der aktuelle Kurs einer dividendenlosen Aktie beträgt 55 €.
a) Berechnen Sie den Wert eines Forwards mit einer Restlaufzeit von drei Monaten und einem Terminpreis (Ausübungspreis, Forward-Preis, Basispreis) von 50 € auf diese Aktie.
b) Wie hoch ist der Wert, wenn es sich statt um einen Forward um einen Future handelt?

Aufgabe 10.3.5:
Der aktuelle Kassapreis für eine Feinunze Gold (ca. 31,1 g) sei 600 €. Der risikolose (exponentielle) Zinssatz ist 4%. Die Lagerkosten je Feinunze betragen 2 € je Jahr und werden nachträglich fällig.
a) Berechnen Sie den fairen Terminpreis für einen Forward mit einer Laufzeit von einem Jahr.
b) Der einjährige Terminpreis für Gold beträgt 630 € je Feinunze. Zeigen Sie, wie Arbitrage möglich ist. Geben Sie eine genaue Vorgehensweise an, um sie zu erzielen.

Aufgabe 10.3.6:
a) Berechnen Sie den Future-Kurs am 15.12.2006 (Valutatag) eines Futures mit Laufzeit bis zum 12.3.2007 auf eine Bundesanleihe (Nominalverzinsung von 3,5%, jährliche nachträgliche Zinszahlung, Laufzeit bis 4.1.2016; Kurs 105). Der risikolose Zinssatz zur Finanzierung sei 3,8% (= Repo-Satz).
Verwenden Sie immer bei Zinsberechnungen die Zinstage-Methode actual/actual.
b) Erhöhen oder senken die bis zur Fälligkeit noch auflaufenden Stückzinsen den fairen Kurs eines Futures auf eine Anleihe?
c) Die obige Bundesanleihe ist eine Cheapest-to-deliver-Anleihe (CTD) für den Euro-Bund-Future mit Fälligkeit 12.3.2007. Wie kann mit Hilfe von a) und dem Konvertierungsfaktor (Konversionsfaktor) dieser Anleihe der faire Future-Kurs des Euro-Bund-Futures ermittelt werden?

Aufgabe 10.3.7:
Grundlage des Bund-Futures ist eine fiktive 6%ige Anleihe. Wird eine konkrete Bundesanleihe geliefert, ist es nötig, eine Umrechnung des Bund-Future-Kurses in den Kurs der tatsächlich lieferbaren Anleihe vorzunehmen. Dazu ist ein Preisfaktor (Konvertierungsfaktor, Konversionsfaktor) zu berechnen.
Es sei c der Nominalzinssatz der physisch lieferbaren Anleihe. Die Restlaufzeit (in Jahren) der Anleihe am Future-Liefertag sei RZ.
Zeigen Sie:

$$\text{Preisfaktor} = \frac{c}{0{,}06} \cdot 1{,}06^{RZ^*-RZ} + (1-\frac{c}{0{,}06}) \cdot 1{,}06^{-RZ} - c\,(RZ^*-RZ),$$

wobei RZ* die kleinste ganze Zahl ist, die größer oder gleich RZ ist.
(Verwenden Sie bei der Barwertberechnung die exponentielle Verzinsung.)

10.4 Optionen

Wenn nichts anderes angegeben ist, haben alle Optionen bei den folgenden Aufgaben ein Bezugsverhältnis von 1 : 1.

Aufgabe 10.4.1:
Sie kaufen die folgenden drei At-the-money-Optionen mit gleicher Laufzeit auf den gleichen Basiswert:
2 Puts mit Basispreis 40 € zum Preis von je 2 € und
1 Call mit Basispreis 40 € zum Preis von 3 €.
a) Erstellen Sie das Gewinn-Verlust-Diagramm (in Abhängigkeit des Aktienkurses) bei Fälligkeit für die Call-, die Put- und die Gesamt-Position. Geben Sie die Steigungen der jeweiligen Kurven an.
b) Welche Kursentwicklung des Basiswertes erwarten Sie für die Gesamtposition?

Aufgabe 10.4.2:
Sie kaufen eine Kaufoption A mit Basispreis 80 € und einer Laufzeit von fünf Monaten auf die Dabau-Aktie. Diese Option ist genau at-the-money. Um den Kauf zu finanzieren, entschließen Sie sich, selbst Kaufoptionen B auf die Dabau-Aktie mit gleicher Laufzeit und einem höheren Ausübungspreis, nämlich von 90 €, zu schreiben. Für eine gekaufte Kaufoption A verkaufen Sie gleichzeitig drei Kaufoptionen B. Die Gesamtposition bildet einen so genannten Ratio-Call-Spread.
a) Stellen Sie das Auszahlungsprofil (Payoff) der Gesamtposition bei Fälligkeit graphisch dar.
b) Wie hoch ist die Auszahlung bei Fälligkeit bei einem Aktienkurs von 110 €?
c) Wie hoch ist die maximal mögliche Auszahlung bei Fälligkeit?
d) Welche Entwicklung des Aktienkurses der Dabau-Aktie erwarten Sie, wenn Sie einen solchen Ratio-Call-Spread eingehen?

Aufgabe 10.4.3:
Sei $S = S(t_0)$ der aktuelle Aktienkurs, X der Basispreis, $T - t_0$ die Laufzeit der Option.
a) Zeigen Sie mit Arbitrageüberlegungen, dass für den fairen Preis C einer europäischen Kaufoption auf eine dividendenlose Aktie gilt:
$S \geq C \geq \max\{S - X \cdot d(t_0, T); 0\}$.
b) Zeigen Sie, dass für den fairen Preis C einer europäischen Kaufoption auf eine Aktie mit einer Dividendenzahlung von D zum Zeitpunkt t_1 ($t_0 < t_1 < T$) gilt:
$C \geq \max\{S - X \cdot d(t_0, T) - D \cdot d(t_0, t_1); 0\}$.
c) Zeigen Sie, dass für den fairen Preis P einer europäischen Verkaufsoption auf eine dividendenlose Aktie gilt:
$X \cdot d(t_0, T) \geq P \geq \max\{X \cdot d(t_0, T) - S; 0\}$.
d) Zeigen Sie, dass für den fairen Preis P einer europäischen Verkaufsoption auf eine Aktie mit einer Dividendenzahlung von D zum Zeitpunkt t_1 ($t_0 < t_1 < T$) gilt:
$P \geq \max\{X \cdot d(t_0, T) + D \cdot d(t_0, t_1) - S; 0\}$.

Aufgabe 10.4.4:
Beweisen Sie, dass eine vorzeitige Ausübung einer amerikanischen Plain-Vanilla-Kaufoption auf eine dividendenlose Aktie vor dem Verfalltag nicht optimal ist.

Verwenden Sie: Sei $S = S(t_0)$ der aktuelle Aktienkurs, $X > 0$ der Basispreis, $T - t_0$ die Laufzeit der Option. Die Spot-Rates seien alle größer als Null.

Aufgabe 10.4.5:
Kreuzen Sie die korrekten Antworten an:
(a) Der Wert einer amerikanischen Kaufoption ist immer mindestens so hoch wie ihr innerer Wert.
(b) Der Wert einer europäischen Kaufoption ist immer mindestens so hoch wie ihr innerer Wert.
(c) Der Wert einer amerikanischen Verkaufsoption ist immer mindestens so hoch wie ihr innerer Wert.
(d) Der Wert einer europäischen Verkaufsoption ist immer mindestens so hoch wie ihr innerer Wert.

Aufgabe 10.4.6:
Der Kurs einer Aktie beträgt 50 €. In sechs Monaten ist er entweder 45 € oder 60 €. Der risikolose stetige Zinssatz ist 6%.
a) Berechnen Sie den fairen Wert einer europäischen Verkaufsoption mit 6-monatiger Laufzeit und Basispreis 48 € auf diese Aktie. Leiten Sie dazu unter Verwendung stetiger Verzinsung den fairen Wert mit Hilfe von Arbitrageüberlegungen her.
b) Berechnen Sie den fairen Wert einer europäischen Kaufoption mit 6-monatiger Laufzeit und Basispreis 48 € auf diese Aktie.
c) Zeigen Sie an diesem Zahlenbeispiel, ob die Put-Call-Parität (vgl. Satz 10.4.3 der Formelsammlung)

$$PV_{Put} = PV_{Call} + X \cdot d(t_0, T) - S$$

auch im diskreten Zwei-Zustands-Modell gilt.

Aufgabe 10.4.7:
Die Aktie der Dabau AG notiert mit 50 €, der risikolose Zinssatz ist 5% (exponentielle Verzinsung). Der Basispreis einer europäischen Kaufoption ist 48 €, die Laufzeit beträgt drei Monate. Der Aktienkurs fällt pro Monat um 5% oder steigt um 10%.
Berechnen Sie mit dem Binomialmodell den fairen Preis der europäischen Kaufoption, wenn Sie die Laufzeit in drei Perioden einteilen.

Aufgabe 10.4.8:
Der Kurs einer Aktie betrage 60 €, die Volatilität 20% und der stetige risikolose Zinssatz 3%.
a) Berechnen nach dem Black/Scholes-Modell den fairen Preis einer europäischen Kaufoption mit Basispreis 70 € und einer Laufzeit von 5 Monaten. In den nächsten 5 Monaten fallen keine Dividenden an.
b) Welche Aussage gilt für den fairen Preis, wenn die Kaufoption aus Teilaufgabe a) eine amerikanische Option ist?

10 Derivative Finanzprodukte 39

Aufgabe 10.4.9:
Gegeben sind die Daten folgender vier europäischer Optionen auf eine Aktie:

Name	Art	Basispreis	Laufzeit
A	Call	50 €	6 Monate
B	Put	50 €	6 Monate
C	Call	60 €	8 Monate
D	Call	50 €	9 Monate

Der risikolose stetige Zinssatz ist 4%. Die Volatilität des Basiswertes ist 25% und der aktuelle Kurs des Basiswertes ist 60 €. Während der Laufzeit wird keine Dividende gezahlt.

a) Berechnen Sie für Optionen A und B jeweils den inneren Wert, den Zeitwert, das Aufgeld, den Break-Even-Punkt und den (einfachen) Hebel sowie den fairen Preis und das Delta im Black/Scholes-Modell mit einem Taschenrechner.
b) Erstellen Sie jeweils für Puts und Calls ein EDV-Programm (z.B. mit MS-Excel oder mit OpenOffice Calc) zur Berechnung der in der folgenden Tabelle angegebenen Größen. Die Eingangsparameter sollen variabel sein.

Gegebene Daten der Optionen:

Name	A	B	C	D
Art	Call	Put	Call	Call
aktueller Aktienkurs	60 €	60 €	60 €	60 €
Basispreis	50 €	50 €	60 €	50 €
Laufzeit	6 Monate	6 Monate	8 Monate	9 Monate
Volatilität	25%	25%	25%	25%
risikoloser stetiger Zins	4%	4%	4%	4%
Dividendenrendite	0%	0%	0%	0%

Zu berechnende Größen:

Name	A	B	C	D
d_1				
$N(d_1)$				
d_2				
$N(d_2)$				
fairer Preis				
innerer Wert				
Zeitwert				
Aufgeld				
Break-Even-Punkt				
einfacher Hebel				
Delta				
Gamma				
Omega				
Vega				

Aufgabe 10.4.10:
Ermitteln Sie das Verhalten des Optionspreises nach Black/Scholes einer Kauf- bzw. einer Verkaufsoption für folgende Fälle:
a) Laufzeit der Option $(T - t_0) \to 0$.
b) Basispreis $K \to 0$.

Aufgabe 10.4.11:
Als Cash-or-Nothing-Option wird eine Option bezeichnet, die ab einer gewissen Kursschwelle c (auch Barriere oder Strike genannt) bei Ausübung der Option eine vorher definierte feste Auszahlung a liefert. Sollte die Kursschwelle nicht überschritten (beim Call) bzw. nicht unterschritten (beim Put) werden, verliert der Anleger sein eingesetztes Kapital.
Als Asset-or-Nothing-Call wird eine Option bezeichnet, die als Auszahlung den Kurs des Basiswertes liefert, wenn der Kurs des Basiswertes oberhalb einer gewissen Kursschwelle c liegt. Ansonsten verfällt die Option.
Als Asset-or-Nothing-Put wird eine Option bezeichnet, die als Auszahlung den Wert des Basiswertes liefert, wenn der Kurs unterhalb einer Barriere (Strike) c liegt. Ansonsten verfällt die Option.
a) Geben Sie die Auszahlungsprofile bei Fälligkeit der vier Optionen formelmäßig und graphisch an.
b) Zeigen Sie, dass sich eine einfache europäische Option (Plain-Vanilla-Option) mit Basispreis X durch Kombinationen von europäischen Cash-or-Nothing- bzw. Asset-or-Nothing-Optionen darstellen lässt.

Aufgabe 10.4.12:
Zeigen Sie durch Arbitrageüberlegungen: Für den fairen Preis PV_{Put} einer europäischen Verkaufsoption und dem fairen Preis PV_{Call} einer europäischen Kaufoption auf die gleiche Aktie mit gleichen Ausstattungsmerkmalen gilt:

$$PV_{Put} = PV_{Call} + X \cdot e^{-r_c t} - S \cdot e^{-r_d t} \quad \text{(Put-Call-Parität)},$$

wobei X der Basispreis und S der aktuelle Aktienkurs, r_c der stetige Zinssatz für risikolose Anlagen, r_d die stetige Dividendenrendite und t die Laufzeit der Optionen ist.

Aufgabe 10.4.13:
Beweisen Sie:
a) Für das Delta einer Verkaufsoption gilt im Black/Scholes/Merton-Modell:

$$\text{Delta} = [N(d_1) - 1] \cdot e^{-r_d \cdot t}.$$

b) Für das Rho_d einer Verkaufsoption gilt im Black/Scholes/Merton-Modell:

$$\text{Rho}_d = S \cdot t \cdot e^{-r_d \cdot t} \cdot N(-d_1).$$

Hinweis: Verwenden Sie, dass für eine europäische Kaufoption auf eine Aktie mit stetiger Dividendenrendite und einer Laufzeit t beim Black/Scholes/Merton-Modell
Delta = $N(d_1) \cdot e^{-r_d \cdot t}$ und $\text{Rho}_d = -S \cdot t \cdot e^{-r_d \cdot t} \cdot N(d_1)$ gilt,
und benutzen Sie die Put-Call-Parität:

$$PV_{Put} = PV_{Call} + X \cdot e^{-r_c t} - S \cdot e^{-r_d t} \quad \text{(vgl. Aufgabe 10.4.12)}.$$

10 Derivative Finanzprodukte

Aufgabe 10.4.14:
Gegeben sei die Aktie der Dabau AG mit einem Kurs von 50, einer erwarteten Rendite von 10% und einer Volatilität von 40%. Es gelte die Modellannahme
dS = 0,1 · S · dt + 0,4 · S · dW.
a) Welche Verteilung ergibt sich für den Aktienkurs in neun Monaten?
b) Berechnen Sie den Erwartungswert und die die Standardabweichung des Aktienkurses in neun Monaten.
c) Zwischen welchen Werten liegt der Aktienkurs in neun Monaten mit Wahrscheinlichkeit 99,9%?

Aufgabe 10.4.15:
Der Kurs S(t) einer Aktie entwickelt sich gemäß dS = 0,15 S dt + 0,4 S dW, wobei W ein Wiener-Prozess ist. Der aktuelle Aktienkurs ist 22 €.
a) Welche Verteilung hat der Aktienkurs in drei Monaten?

S(¼) ist _____ verteilt

mit den Parametern

_____ = _____

und _____ = _____ .

b) Zwischen welchen Werten liegt der Aktienkurs in drei Monaten mit einer Wahrscheinlichkeit von 90%?
c) Eine Bank möchte eine europäische Kaufoption (Call) auf die obige Aktie mit einer Laufzeit von drei Monaten und dem Ausübungskurs 47 € herausbringen. Mit welcher Wahrscheinlichkeit wird die Kaufoption bei Fälligkeit am Laufzeitende ausgeübt?
d) Wie Aufgabe c), nur Verkaufsoption: Eine Bank möchte eine europäische Verkaufsoption auf die obige Aktie mit einer Laufzeit von drei Monaten und dem Ausübungskurs 47 € herausbringen. Mit welcher Wahrscheinlichkeit wird die Verkaufsoption bei Fälligkeit ausgeübt?

Aufgabe 10.4.16:
Zeigen Sie:
Wenn die Zufallsvariable X lognormalverteilt ist mit den Parametern μ und σ^2, dann ist
$$Y = \frac{1}{X}$$
auch eine lognormalverteilte Zufallsvariable. Bestimmen Sie die Parameter dieser Verteilung.

Früher war die Zukunft viel besser.
               Valentin Ludwig Frey, genannt Karl Valentin,
                          deutscher Komiker, 1882 - 1948

10.5 Forward-Rate-Agreement (FRA)

Aufgabe 10.5.1:
Gegeben sind folgende Spot-Rates:

Laufzeit in Monaten	1	2	3	4	5	6	7
Spot-Rate	3,1%	3,2%	3,3%	3,4%	3,5%	3,6%	3,7%

a) Berechnen Sie die impliziten Forward-Zinssätze und Forward-Diskontierungsfaktoren.
b) Ein Unternehmen schließt ein Forward-Rate-Agreement ab. Die Zinsen beziehen sich auf einen Nennwert von einer Million Euro für einen in drei Monaten beginnenden zweimonatigen Zeitraum. Wie hoch ist der faire FRA-Satz?

Aufgabe 10.5.2:
Der EURIBOR beträgt 2,9% bei einer Laufzeit von 3 Monaten, 3,1% bei einer Laufzeit von 6 Monaten, 3,3% bei einer Laufzeit von 9 Monaten und 3,5% bei einer Laufzeit von 12 Monaten. Betrachtet werden soll ein FRA mit einer Vorlaufzeit von 9 Monaten und einem Zinslauf von 3 Monaten. Das FRA wird mit Valuta 7.3.2007 abgeschlossen. Der 7.12.2007 und der 7.3.2008 sind Bankarbeitstage. Sie kaufen dieses FRA im Nennwert von einer Million Euro zum fairen FRA-Satz.
a) Wie hoch ist der faire FRA-Satz bei taggenauer Berechnung, gerundet in Prozent mit drei Nachkommastellen?
b) Sie haben das obige FRA zum fairen FRA-Satz, der in Prozent auf drei Dezimalstellen gerundet wurde, gekauft. Wie groß ist der Barwert des FRA am 7.6.2007, wenn sich die obigen Zinssätze für den EURIBOR nicht verändert haben?
c) Wie hoch ist der Ausgleichsbetrag, den Sie bei Fälligkeit des FRA erhalten, wenn sich die obigen Zinssätze für den EURIBOR nicht verändert haben?
Hinweis: Beachten Sie, dass das Jahr 2008 ein Schaltjahr war.

10.6 Caps, Floors und Collars

Aufgabe 10.6.1:
Ein Zinscollar besteht aus dem Kauf eines Caps (Cap-Holder) und dem Verkauf eines Floors (Floor-Writer) mit identischen Laufzeiten, Nominalbeträgen und Referenzzinssätzen. Für einen speziellen Collar liegen folgende Daten vor:
– Der Referenzzinssatz ist der EURIBOR.
– Die Zinsuntergrenze liegt bei 4%.
– Die Zinsobergrenze liegt bei 8%.
– Die Prämie (Preis) für den Cap und auch für den Floor beträgt jeweils 0,25% des Nominalbetrages.

a) Stellen Sie den Gewinn (in % des Nominalbetrages) in Abhängigkeit des EURIBOR graphisch dar.
b) Leiten Sie aus der Graphik ab, aus welchem Grund jemand diesen Collar erwirbt.

10 Derivative Finanzprodukte

Aufgabe 10.6.2:
Berechnen Sie den Barwert des folgenden Caplets im Nennwert von einer Million Euro. Folgende Daten liegen vor:
Zinsobergrenze: 7%. Vorlaufzeit: 1 Jahr. Absicherungszeit: 1 Jahr.
Aktueller stetiger Zinssatz für eine Laufzeit von 2 Jahren: 5%.
Einjähriger Forward-Zinssatz (in einem Jahr): 6%.
Volatilität des Forward-Zinssatzes: 20%.

Aufgabe 10.6.3:
a) Berechnen Sie den Wert eines Caps im Nennwert von 10 Millionen Euro mit einer Zinsgrenze von 6% und einer Laufzeit von 6 Jahren. Die Zahlungen erfolgen jährlich. Vereinfachend soll mit ganzen Jahren gerechnet werden, d.h., auf eine genaue Zinstage-Berechnung wird verzichtet.
Gegeben sind folgende Diskontierungsfaktoren in Abhängigkeit der Zeit:

t in Jahren	1	2	3	4	5	6
Diskontierungsfaktor d(0, t)	0,96	0,92	0,87	0,82	0,77	0,72

Die Volatilität des Forward-Zinssatzes beträgt 25% (für alle Laufzeiten).

b) Berechnen Sie den Barwert eines Floors mit Zinsgrenze 2% im Nennwert von zehn Millionen Euro. Verwenden Sie die gleichen Daten wie beim Cap in Aufgabenteil a.

Aufgabe 10.6.4:
Es wird ein Cap im Nennwert von zehn Millionen Euro mit Zinsobergrenze 4% betrachtet, der am 19.11.2003 (Valutatag) beginnt und eine Laufzeit von vier Jahren hat. Halbjährlich, beginnend am 19.5.2003 wird geprüft, ob die Zinsobergrenze überschritten wird oder nicht. Die Forward-Volatilität sei 20% für alle Caplets. Gegeben sind außerdem die Diskontierungsfaktoren, die aus Spot- und Swap-Rates ermittelt wurden:

Jahre	Datum	Diskontierungsfaktor
0	19.11.03	1,000000000000000
0,5	xx.05.04	0,989010010869220
1	xx.11.04	0,976714316759848
1,5	xx.05.05	0,962311790940213
2	xx.11.05	0,945641417796717
2,5	xx.05.06	0,928586713631803
3	xx.11.06	0,909574437247486
3,5	xx.05.07	0,890632352593609
4	xx.11.07	0,870765176997855

a) Berechnen Sie für alle Caplets die Laufzeit nach der Geschäftstage-Methode „following" unter Berücksichtigung, dass Samstage und Sonntage Bankfeiertage sind.
b) Berechnen Sie unter Berücksichtigung der Zinstage-Methode actual/360 die halbjährlichen Forward-Geldmarktzinssätze aus den angegebenen Diskontierungsfaktoren.

c) Berechnen Sie die Barwerte aller Caplets unter Berücksichtigung, dass die Laufzeiten der im Cap enthaltenen Optionen nach der Zinstage-Methode actual/365 berechnet werden. Vervollständigen Sie dazu die folgende Tabelle:

Jahre	Datum	d	halbj. Forward-Zinssatz	$t_{actual/365}$	d_1	d_2	$N(d_1)$	$N(d_2)$	Barwert der Caplets
0	19.11.03								
0,5									
1									
1,5									
2									
2,5									
3									
3,5									
4									

d) Berechnen Sie den Barwert des Caps.

10.7 Swaps

Aufgabe 10.7.1:
a) Erläutern Sie, was ein Plain-Vanilla-Zinsswap ist.
b) Wann kann es für ein Unternehmen sinnvoll sein, einen Zinsswap abzuschließen?
c) Was ist der Unterschied zwischen der Swap-Rate und der Par-Yield?

Aufgabe 10.7.2:
Zwei Unternehmen beabsichtigen Kredite aufzunehmen. Die Konditionen für Kredite sind in der folgenden Tabelle angegeben.

	Kredit zu festen Zinsen	Kredit zu variablen Zinsen
Unternehmen A	8%	EURIBOR + 1,125%
Unternehmen B	6,5%	EURIBOR + 0,375%

Die Unternehmen haben jeweils zwei Angebote: Ein Festsatzkredit oder ein Kredit zu variablen Zinsen.
Das Unternehmen A hat die Absicht, einen Kredit zu festen Zinsen aufzunehmen. Die Zinskosten dafür betragen 8%. Die Absicht des Unternehmens B ist es, einen Kredit zu variablen Zinsen aufzunehmen. Die Zinskosten dafür sind: EURIBOR plus 0,375%, vgl. obige Tabelle.

Sind durch andere Darlehensaufnahmen und durch einen Swap (zwischen den beiden Unternehmen) Einsparungen für die beiden Unternehmen möglich? Geben Sie ein Beispiel an, bei dem das Unternehmen A insgesamt Festsatzzinsen und das Unternehmen B variable Zinsen zahlt, aber beide Unternehmen weniger zahlen, als wenn sie direkt den Festsatzkredit bzw. den Kredit mit variablen Zinsen aufgenommen hätten.

10 Derivative Finanzprodukte

Aufgabe 10.7.3:
Gegeben sind folgende Spot-Rates in Abhängigkeit der Laufzeit in Jahren:

Lauf-zeit	¼	½	1	2	3	4	5	6	7	8
Spot-Rate	3,5%	3,75%	4,00%	4,25%	4,50%	4,75%	5,00%	5,25%	5,50%	5,75%

a) Wie hoch ist der faire Swapsatz eines Swaps mit jährlicher Zinszahlung und einer Laufzeit von drei Jahren?

b) Berechnen Sie den Wert eines Long-Payer-Swaps mit einem Swap-Zinssatz von 5% auf der Festzinsseite und dem 1-Jahres-EURIBOR auf der variablen Seite. Die Laufzeit des Swaps betrage drei Jahre und der Nominalwert eine Million Euro.

Aufgabe 10.7.4:
Wie hoch ist der faire Swapsatz eines Swaps mit dreijähriger Laufzeit und halbjährlicher Zinszahlung auf der Festsatzseite?
Verwenden Sie die Spot-Rates aus Aufgabe 10.7.3 und ermitteln Sie die nicht angegebenen Spot-Rates mit einfacher linearer Interpolation aus den gegebenen Spot-Rates.

Aufgabe 10.7.5:
Die Dabau Bank hat mit der Solvent AG einen Währungsswap mit einer Laufzeit von zehn Jahren abgeschlossen, bei dem Nominalbetrag (zu Beginn und am Ende der Laufzeit) und Zinszahlungen (während der Laufzeit) in einer Währung gegen Nominalbetrag und Zinszahlungen in einer anderen Währung getauscht werden. Die Bank erhält 3% Zinsen in Euro bezogen auf 10 Millionen Euro und zahlt 6% Zinsen in US-Dollar bezogen auf einen Nominalwert von 11 Millionen Dollar. Die Zahlungen erfolgen jährlich. Am Ende der Laufzeit werden die entsprechenden Nominalbeträge wieder zurückgezahlt.
Das Unternehmen wird kurz vor dem Zinstausch Ende des siebten Jahres insolvent und stellt alle Zahlungen ein.
Berechnen Sie zum Ausfallzeitpunkt den Wert des Ausfalls in Euro für die Bank, wenn der Wechselkurs bei 1,25 Dollar je Euro liegt. Nehmen Sie an, dass die Zinssätze für alle Laufzeiten bei 3% für risikolose Euro-Anlagen und bei 5% für US-Dollar-Anlagen liegen.

Ein Tropfen Liebe ist mehr
als ein Ozean Verstand.

Blaise Pascal,
franz. Philosoph, Physiker und Mathematiker, 1623 - 1662

10.8 Weitere Finanzprodukte

Aufgabe 10.8.1:
Eine Bank bietet Ihnen den Kauf einer Aktienanleihe im Nennwert von 1.000 € zum Kurs von 99 an. Die Aktienanleihe hat eine Laufzeit von t Jahren und einen Nominalverzinsung von 10%. Bei Fälligkeit der Aktienanleihe hat die Bank das Recht, die Aktienanleihe zum Nennwert zurückzuzahlen oder dem Anleger 20 Dabau-Aktien zu liefern.
a) Bilden Sie aus Optionen und Nullkupon-Anleihen ein Duplikationsportfolio, also ein Portfolio aus Optionen und Nullkupon-Anleihen, das die Aktienanleihe (exakt) nachbildet.
b) Berechnen Sie den Ausgabekurs der Aktienanleihe mit einer Laufzeit von einem Jahr, damit keine Arbitrage möglich ist.
Gegeben sind folgende Daten:
Der risikolose Zinssatz für ein Jahr ist 3%. Die Dabau AG zahlt keine Dividende. Eine Verkaufsoption mit einer Laufzeit von einem Jahr auf eine Dabau-Aktie kostet
5 € bei einem Basispreis von 40 €,
7 € bei einem Basispreis von 50 € und
9 € bei einem Basispreis von 60 €.

Aufgabe 10.8.2:
Ein Credit-Default-Swap (CDS) mit einer Laufzeit von fünf Jahren bei einem Nominalbetrag von 30 Millionen Euro kostet bei halbjährlicher nachschüssiger Zahlung eine Prämie von 50 Basispunkten pro Jahr. Nach 3¼ Jahren tritt das Kreditereignis (Zahlungsausfall) ein und es wird festgestellt, dass der Preis der Referenzanleihe auf 40% des Nennwerts gefallen ist. Der CDS wird in bar abgerechnet.
Stellen Sie den Zahlungsstrom aller Zahlungen für den Risikokäufer und den Risikoverkäufer auf.

Aufgabe 10.8.3:
Eine Bank bietet Ihnen ein Discount-Zertifikat mit folgenden Ausstattungsmerkmalen an:
Basiswert: 1 Aktie der Dabau AG, Laufzeit des Zertifikats: 8 Monate, Cap: 60 €.

Berechnen Sie einen fairen Preis des Zertifikats.

Aktueller Aktienkurs der Dabau-Aktie: 60 €; Volatilität des Aktienkurses: 25%; risikoloser Zinssatz: 4%. Während der Laufzeit des Discount-Zertifikats gibt es bei der Dabau-Aktie keine Dividende.

Aufgabe 10.8.4:
Ein Professor und sein Assistent gehen über die Straße. „Da, sehen Sie mal", ruft der Assistent, „da liegt ein 100-Euro-Schein." Der Professor schüttelt den Kopf. „Wenn da ein 100-Euro-Schein gelegen hätte, hätte ihn längst jemand aufgehoben."
Was hat die obige Geschichte mit der Bewertung von Finanzprodukten zu tun?

11 Value-at-Risk

Viele Modelle und Verfahren beim Value-at-Risk beruhen bei konkreten Berechnungen sehr stark auf Vergangenheitsdaten. Die Ergebnisse, die daraus abgeleitet werden, müssen immer kritisch bewertet werden. Sie fahren ja auch nicht Auto, indem Sie in den Rückspiegel schauen.

Aufgabe 11.1:
a) Ein Portfolio besteht aus 2.000 Aktien der Deutschen Bank mit einem Kurs von 90. Die erwartete Rendite ist 10% p.a. Die Volatilität 14%. Berechnen Sie den 99%-Value-at-Risk für eine Haltedauer von einem Tag (bei 250 Handelstagen pro Jahr).
b) Ein Portfolio besteht aus zwei Anlagen jeweils im Wert von 10.000 €. Beide Anlagen haben jeweils eine tägliche Volatilität von 1%. Die Korrelation zwischen den Renditen beträgt 0,3. Wie groß ist der Value-at-Risk für eine Haltedauer von zwei Tagen bei einem Konfidenzniveau von 99%?

Aufgabe 11.2:
Sie besitzen ein Portfolio im Wert von 100.000 € mit einer Volatilität von 30% p.a.
a) Berechnen Sie den Value-at-Risk für eine Haltedauer von 10 Tagen bei einem Konfidenzniveau von 95%.
b) Stellen Sie den VaR für eine Haltedauer von 10 Tagen in Abhängigkeit des Konfidenzniveaus von 90% bis 99,9% graphisch dar. (Aufgabe mit EDV zu lösen).
c) Stellen Sie den VaR für eine Haltedauer von 10 Tagen bei einem Konfidenzniveau von 95% in Abhängigkeit der Volatilität p.a. von 0% bis 130% graphisch dar.

Aufgabe 11.3:
Berechnen Sie bei einem Konfidenzniveau von 99% und einer Haltedauer von fünf Tagen den Value-at-Risk für ein Portfolio aus 25 Aktien der Dabau AG und einer Nullkupon-Anleihe im Nennwert von 10.000 € mit Laufzeit 3 Jahren. Berechnen Sie auch jeweils für die zwei Positionen im Portfolio den Value-at-Risk.

Folgende Daten der zwei Risikofaktoren sind gegeben: Aktueller Aktienkurs 40 €, jährliche Volatilität 30%. Spot-Rate $i_{0,3}$ = 5%, tägliche Volatilität 1%.
Korrelation der beiden Risikofaktoren: 0,25.

Aufgabe 11.4:
Ein Portfolio aus drei Anlagen:
A: Nullkupon-Anleihe mit einer Laufzeit von zwei Jahren im Nennwert von 100.000 €.
B: Nullkupon-Anleihe mit einer Laufzeit von fünf Jahren im Nennwert von 300.000 €.
C: 2.000 Aktien der Dabau AG.

Folgende Angaben sind gegeben:
Die aktuellen Spot-Rates sind $i_{0,2}$ = 4% und $i_{0,5}$ = 5%; der aktuelle Aktienkurs ist 50 €.
Tägliche Volatilität der 2-jährigen Spot-Rate: 1%, tägliche Volatilität der 5-jährigen Spot-Rate: 2%,
tägliche Volatilität des Aktienkurses: 4%.

Die Korrelationsmatrix der Risikofaktoren $i_{0,2}$, $i_{0,5}$ und S sei gegeben: $\begin{pmatrix} 1 & 0,2 & 0,1 \\ 0,2 & 1 & 0,05 \\ 0,1 & 0,05 & 1 \end{pmatrix}$.

a) Berechnen Sie den aktuellen Portfoliowert.
b) Berechnen Sie den Value-at-Risk bei 90% Sicherheit und einer Haltedauer von einem Tag.

Aufgabe 11.5:
Sie haben am 15.6. eine Floating-Rate-Note mit halbjährlicher Zinszahlung nach dem 6-Monats-EURIBOR (= Spot-Rate) im Nennwert von 100.000 € mit einer Laufzeit von fünf Jahren gekauft.

Folgende Daten lagen bzw. liegen vor:

Laufzeit in Monaten	1	2	3	4	5	6	12
Spot-Rates am 15.6.	2,1%	2,6%	3,1%	3,6%	3,8%	4,0%	5,1%
Spot-Rates am 15.8.	2,0%	2,5%	2,7%	3,0%	3,5%	3,8%	5,0%
Zinsvolatilität (auf Tagesbasis) am 15.8.	1,0%	1,1%	1,2%	1,3%	1,4%	1,5%	1,6%

a) Was hat der Floater am 15.6. gekostet?
b) Wie groß ist der Barwert des Floaters am 15.8.?
c) Erstellen Sie eine Formel zur Berechnung des Value-at-Risk des Floaters (FRN) am 15.8. und berechnen Sie den Value-at-Risk bei einer Haltedauer von einem Tag und einer Sicherheitswahrscheinlichkeit von 90%. Was ist der einzige Risikofaktor dieses Floaters (am 15.8.)?

Achtung:
Verwenden Sie bis zu einem Jahr die lineare Verzinsung, über einem Jahr die exponentielle Verzinsung jeweils mit der Zinstage-Methode 30/360. Ferner nehmen Sie an, dass beim Kauf des Finanzproduktes ein fairer Preis gezahlt wurde.

Aufgabe 11.6:
Sie haben 500.000 € in den Super-Genial-Fonds investiert. Aus einer Datenbank haben Sie die letzten 500 täglichen Renditen dieses Fonds entnommen. Die schlechtesten 15 Renditen dabei waren:
– 0,91%; –0,91%; –0,92%; –1,32%; –1,35%;
  1,39%; –2,05%; –2,15%; –2,30%; –2,44%;
– 2,45%; –2,61%; –2,69%; –2,89%; –3,05%.

Ermitteln Sie den Value-at-Risk für zehn Handelstage mit einer Sicherheitswahrscheinlichkeit von
(i) 99%
(ii) 99,5%.

11 Value-at-Risk

Aufgabe 11.7:
Die Dabau-Bank hat einen Floater im Nennwert von 10 Millionen Euro, ganzjähriger Zinszahlung und einer Laufzeit von vier Jahren und drei Monaten gekauft. Der laufende Kupon beträgt 3,1%.

Berechnen Sie den Value-at-Risk für eine Haltedauer von 10 Tagen bei einer Sicherheitswahrscheinlichkeit von 99% und bei einer Sicherheitswahrscheinlichkeit von 99,5%.

Gegeben sind noch die Daten aus der folgenden Tabelle:

Laufzeit	Zinssatz (Spot-Rate)	Volatilität p.a.
3 Monate	3,5%	0,06%
6 Monate	4,0%	0,07%
12 Monate	4,2%	0,08%
48 Monate	5,2%	0,12%

Aufgabe 11.8:
Das Limit-System einer Bank sieht eine Obergrenze von 20 Millionen Euro für den Value-at-Risk (bei einer Haltedauer von 10 Börsentagen und einer Sicherheitswahrscheinlichkeit von 99%) vor. Für den Bereich „Fixed Income" ist ein Limit für den VaR von 15 Millionen Euro und für den Bereich „Derivatives" ein Limit von 10 Millionen Euro geplant. Der Einfachheit halber soll die Bank nur aus diesen beiden Risikobereichen bestehen.

Wie hoch muss die Korrelation r zwischen diesen beiden Risikobereichen sein, damit das VaR-Limit der Bank eingehalten wird?

Aufgabe 11.9:
Die Dabau-Bank geht eine Short-Position in ein 3x9-FRA über 100.000 € zum fairen FRA-Satz ein.
Die aktuellen Geldmarktzinsen sind in der folgenden Tabelle angegeben. Vereinfachend soll mit der Zinstage-Methode 30E/360 gerechnet werden.

Laufzeit in Monaten	1	2	3	4	5	6	7	8	9	10
Spot-Rates in %	4,1	4,2	4,3	4,4	4,5	4,6	4,7	4,8	4,9	5,0

a) Welche Risikofaktoren sind bei der Berechnung des VaR für dieses FRA zu berücksichtigen?
b) Welcher Zahlungsstrom ist dabei Grundlage für die VaR-Berechnung?

Aufgabe 11.10:
Zeigen Sie, dass der Value-at-Risk einer Verkaufsoption (auf eine Aktie) näherungsweise mit folgender Formel errechnet werden kann:

$$\text{VaR}_{\text{Put}} = |\text{Delta}_{\text{Put}}| \cdot \text{VaR}_{\text{Aktie}} \qquad \text{(Delta-Normal-Methode)}.$$

Aufgabe 11.11:
Gegeben ist eine Nullkupon-Anleihe im Nennwert von 10.000 € mit einer Restlaufzeit von einem Jahr und neun Monaten. Berechnen Sie den Barwert und den Value-at-Risk bei einem Konfidenzniveau von 99% und einer Haltedauer von 20 Tagen.

Gegeben sind die folgenden Daten:
Spot-Rates $i_{0,1}$ = 5% (tägliche Zinsvolatilität 3%) und $i_{0,2}$ = 6% (tägliche Zinsvolatilität 4%);

Korrelationsmatrix der beiden Risikofaktoren: $\begin{pmatrix} 1 & 0,7 \\ 0,7 & 1 \end{pmatrix}$.

Verwenden Sie das Durationsmapping (modifizierte Duration und Barwert gleich) und lineare Interpolation der Zinssätze.

Lieber eine Stunde über Geld nachdenken,
als einen Monat hart dafür arbeiten.

Börsenweisheit

Teil II: Tests

Test 1 (zu den Kapiteln 1 bis 6)

Bearbeitungszeit: 90 Minuten

Aufgabe T1.1:

Bekanntmachung
EUR 1.000.000.000,-
Anleihe mit variablem Zinssatz
der Fix AG von 2003/2013, Serie 111

Zinsperiode:	12.10.2006 bis 12.1.2007
Zinssatz:	3,7% (actual/360)
Zinstage:	xx Tage
Zinsbetrag:	EUR xx,xx je nominal EUR 5.000,-
Zinstermin:	12.1.2007

Frankfurt am Main   A-Bank

---

a) In der oben stehenden Abbildung finden Sie Angaben für eine Floating-Rate-Note, bei der alle drei Monate (jeweils am 12.1., 12.4., 12.7. und 12.10.) die Zinsen gezahlt werden. Ermitteln Sie die in der Abbildung fehlende

Zahl der Zinstage: _____ .

Sie besitzen diesen Floater im Nennwert von 5.000 Euro. Wie hoch ist der Zinsbetrag, der am 12.1.2007 an Sie gezahlt wird? Der Zinsbetrag ist

_____ = _____ .

b) Studentin Andrea A. zahlte Ende April 2006 500 € auf ein Sparbuch ein. Ende Oktober 2006 hob sie 200 € ab. Wie hoch ist das Endkapital einschl. Zinsen am Jahresende 2008, wenn das Sparbuch kalenderjährlich mit 3% verzinst wird (Zinstage-Methode 30E/360)?

K_{2008} = _____

= _____ .

c) Stellen Sie bei Aufgabe 1b) (Auszahlung des Endkapitals einschl. Zinsen Ende 2008) die Gleichung für den effektiven Zinssatz nach Preisangabenverordnung (PAngV) auf.

_____

d) Sie haben eine Nullkupon-Anleihe (= Zerobond) im Nennwert von 1.000 € für 821,93 € gekauft. Die Restlaufzeit der Anleihe beträgt 5 Jahre. Die Rückzahlung erfolgt zum Nennwert. Berechnen Sie den Effektivzinssatz (Rendite), wenn Sie die Anleihe bis zum Laufzeitende behalten.

Gleichung: _____

i_{eff} = _____ = _____ .

Aufgabe T1.2:
Die MATHE AG kaufte zu Beginn des Jahres 2005 eine Maschine für 150.000 € mit einer Nutzungsdauer von 25 Jahren. Der Restwert nach 25 Jahren ist Null. Die Maschine soll erst geometrisch-degressiv und dann linear so "hoch" wie möglich abgeschrieben werden.
Verwenden Sie: Der maximale geometrisch-degressive Abschreibungssatz ist das Zweifache der linearen, aber maximal 20%. Ein Wechsel von geometrisch-degressiver auf lineare Abschreibung sei erlaubt.
a) Wie hoch ist der Satz i, mit dem zunächst geometrisch-degressiv abgeschrieben wird?
b) Wie viele Jahre werden zunächst geometrisch-degressiv abgeschrieben?
c) Berechnen Sie den Abschreibungsbetrag (AfA_3) im 3 Jahr.
d) Berechnen Sie die letzte Abschreibung AfA_{25} .
e) Berechnen Sie den Barwert der Steuerersparnis bei einem Kalkulationszinssatz von 5%, d.h., berechnen Sie den Wert der Steuerersparnis zum Zeitpunkt des Kaufes der Maschine. Der Steuersatz der MATH AG beträgt 10%. Die Steuerersparnis durch die jeweilige Abschreibung wird am jeweiligen Jahresende wirksam.

Aufgabe T1.3:
a) Frau Maier zahlt zehn Jahre lang dreimal im Jahr, nämlich immer Ende Januar, Ende März und Ende Juni, jeweils 200 € auf ein Sparkonto (i = 6% p.a.) ein. Wie groß ist ihr Guthaben einschl. Zinsen nach 10 Jahren? Der Zinszuschlag erfolgt am Jahresende, innerhalb des Jahres gilt die lineare Verzinsung.

b) Eine Bank bietet einen Ratenkredit an, der in 36 Monatsraten nachschüssig zurück zu zahlen ist, und zwar 35 Raten zu 400 € und eine letzte Rate zu 300 € (also 36 Monate nach Kreditauszahlung). Der effektive Zinssatz für diesen Kredit beträgt nach der PAngV 15%. Geben Sie die Summenformel für den Auszahlungsbetrag des Ratenkredits an! Berechnen Sie die Summe nicht. Verwenden Sie auch keine fertigen Formeln.

c) Welche Beziehung (größer, kleiner oder gleich) gilt bei einem üblichen Ratenkredit?

Der effektive Zinssatz nach der PAngV ist _____ als das Zwölffache des Pro-Monats-Zinssatzes, da

_____

_____

Aufgabe T1.4:
Eine Bank bietet Ihnen ein festverzinsliches Wertpapier zum Kurs von 80 mit einer Nominalverzinsung von 2% und einer Laufzeit von 10 Jahren an, bei dem die Zinsen jährlich nachträglich gezahlt werden. Die Rückzahlung erfolgt mit 100% des Nennwerts.
a) Berechnen Sie die Rendite(schätzung) nach dem Bankenverfahren.
b) Sie kaufen das Wertpapier und planen, es bis zum Ende der Laufzeit zu behalten. Stellen Sie die Gleichung für die Rendite auf.
c) Berechnen Sie mit dem Sekantenverfahren die Rendite, d.h., berechnen Sie die dritte Schätzung i_3. Wählen Sie für i_1 die Nominalverzinsung und für i_2 die Rendite nach dem Bankenverfahren.
d) Sie kaufen das obige Wertpapier im Nennwert von 1.000 € zu einem Kurs von 80 (i_0 = 2%, Laufzeit 10 Jahre).
 d1) Nach 3 Monaten verkaufen Sie das Wertpapier zu einem Kurs von 83. Berechnen Sie die Rendite nach der PAngV, die Sie in diesem Fall erzielt haben.
 d2) Stellen Sie für Aufgabe d1) die Gleichung für die Rendite nach Braess/Fangmeyer auf.
 d3) Sie verkaufen das Wertpapier nicht nach 3 Monaten, sondern erst nach zwei Jahren (gleich nach Auszahlung der Zinsen) zum Kurs von 90. Stellen Sie die Gleichung für die Rendite nach der PAngV auf. Gleichung nicht lösen!
 d4) Stellen Sie im Fall d3) die Gleichung nach Braess/Fangmeyer auf. Gleichung nicht lösen!

Aufgabe T1.5:
Herr Maier benötigt genau 28.500 € für einen Wohnungskauf.
Die Darmstädter GUT-Bank gibt ihm ein Annuitätendarlehen mit folgenden Konditionen: Nominalzinssatz: 6%; anfänglicher Tilgungssatz: 2%; Disagiosatz: 5% (d.h. Auszahlung 95%); Zinsfestschreibung: 15 Jahre.
Um das Annuitätendarlehen zurück zu zahlen, leistet Herr Maier monatliche, nachschüssige Zahlungen.
a) Berechnen Sie die Höhe der monatlichen Zahlung.
b) Wie hoch ist die Restschuld am Ende der Zinsbindung bei monatlicher Zins- und Tilgungsverrechnung?
c) Wie hoch wäre die Restschuld am Ende der Zinsbindung bei sofortiger Zins- und vierteljährlicher Tilgungsverrechnung?
d) Bei monatlicher Zins- und Tilgungsverrechnung zahlt Herr Maier nach drei Jahren eine Sondertilgung von 3.033,19 € zusätzlich zu den turnusmäßigen Raten. Wie hoch ist die Restschuld am Ende der Zinsbindung?

Test 2 (zu den Kapiteln 7 bis 9)

Bearbeitungszeit: 75 Minuten

Aufgabe T2.1:
a) Sie kauften vor zehn Jahren für 1.000 € Anteile an einem Investmentfonds. Vor fünf Jahren kauften Sie nochmals für 1.000 € Anteile dazu. Der Investmentfonds hat in den ersten 5 Jahren eine Wertsteigerung von jeweils 10% pro Jahr erzielt. In den letzten 5 Jahren war die Wertsteigerung nur noch 5% jährlich.
   i) Berechnen Sie die zeitgewichtete Rendite und stellen Sie die Gleichung für die wertgewichtete Rendite auf.
   ii) Ist die wertgewichtete Rendite größer als die zeitgewichtete Rendite? (Begründung!)
b) Sie besitzen ein Portfolio im Wert von 10.000 € aus festverzinslichen Wertpapieren mit einer modifizierten Duration von 5 Jahren. Wenn der Marktzinssatz um 1 Prozentpunkt steigt, wie groß ist dann der Wertverlust des Portfolios näherungsweise?
c) Berechnen Sie die Konvexität einer Nullkupon-Anleihe mit einer Laufzeit von 5 Jahren. Der Marktzinssatz sei 6%.

Aufgabe T2.2:
Gegeben sind (nur) folgende zwei Finanzprodukte:

	Kurs (zum Zeitpunkt 0)	Ertrag nach einem Jahr	Ertrag nach zwei Jahren
Nullkupon-Anleihe	96,15385	100	
festverzinsliche Anleihe Kupon 6%, jährl. Zinszahlung, Laufzeit 2 Jahre	101,8594	6	106

a) Berechnen Sie die Spot-Rates $i_{0,1}$ und $i_{0,2}$.
b) Berechnen Sie für beide Anlagen jeweils die Rendite.
c) Berechnen Sie den impliziten Forward-Zinssatz $i_{1,2\,|\,0}$.
d) Wie sind die beiden Finanzprodukte zu kombinieren, um eine (synthetische) Nullkupon-Anleihe (im Nennwert von 100) mit einer Laufzeit von zwei Jahren zu erhalten?
e) Wie hoch ist jeweils die Duration der beiden Anlagen?
f) In drei Monaten sei die Zinskurve flach bei 4% für alle Laufzeiten.
Welche Kurse haben die beiden Anlagen dann?
Welche Renditen hätten die beiden Anlagen jeweils gebracht, wenn sie zu diesem Zeitpunkt verkauft würden?
Weshalb sind diese Renditen so unterschiedlich? (Kurze Begründung!)

Wichtige Hinweise:
Verwenden Sie außer bei der Stückzinsberechnung immer die exponentielle Verzinsung.
Die Renditeangaben beziehen sich auf exponentielle Verzinsung.

Aufgabe T2.3:
Die nachfolgende Tabelle gibt in Spalte 2 die wöchentlichen Kurse S_t, $t = 1, ..., 6$, einer Aktie an. Berechnen Sie die auf das Jahr bezogene Volatilität und gehen Sie dabei folgendermaßen vor:
a) Vervollständigen Sie die fehlenden Spaltenüberschriften.
b) Berechnen Sie die fehlenden zwei Zahlenwerte (Stellen mit ? gekennzeichnet).
c) Berechnen Sie die jährliche Volatilität. Welche Hauptannahme muss in der Regel erfüllt sein, damit die Volatilität sinnvoll angewandt werden kann?
d) Sie besitzen ein Portfolio von 100 dieser Aktien mit einem Kurs von 28. Wie groß ist der Portfoliowert? Geben Sie eine Schätzung für die Standardabweichung pro Woche der absoluten Wertänderung des Portfolios an.

t	Kurs S_t		
1	25	----	----
2	26	0,0392207	0,0002741
3	27	0,0377403	0,0002272
4	25	−0,0769610	0,0099255
5	26	?	?
6	28	0,0741080	0,0026463
Summe	---	0,1133287	0,0133472

Aufgabe T2.4:
Es stehen die drei in der nachfolgenden Tabelle abgebildeten Anlagen zur Verfügung:

Anlage	Erwartete Rendite	Standardabweichung	Korrelationskoeffizienten		
			A	B	C
A	20%	30%	1	0,4	0,25
B	15%	35%	0,4	1	−0,1
C	30%	50%	0,25	−0,1	1

a) Aufgrund der negativen Korrelation zwischen den Anlagen B und C entscheiden Sie sich, ein Portfolio zu bilden, das sich zu 40% aus Anlage B und zu 60% aus Anlage C zusammensetzt. Berechnen Sie die erwartete Rendite und die Standardabweichung dieses Portfolios.
b) Handelt es sich bei dem unter a) berechneten Portfolio um eine effiziente Kombination? Untersuchen Sie dazu rechnerisch, ob es möglich ist, aus den Anlagen A und C ein Portfolio zu bilden, welches bei der gleichen erwarteten Rendite eine geringere Standardabweichung als das unter a) berechnete Portfolio aufweist.
c) Bei welcher Mischung der Anlagen A und C wird die minimale Varianz erreicht? Wie groß ist die minimale Standardabweichung?

Test 3 (zu den Kapiteln 10 bis 11)

Bearbeitungszeit: 90 Minuten.

Aufgabe T3.1:
Der Kurs einer Aktie entwickelt sich gemäß dS = 0,1 S dt + 0,3 S dW, wobei W ein Standard-Wiener-Prozess ist. Der aktuelle Aktienkurs ist 15 €. Der risikolose Zinssatz beträgt 3%.
a) Welche Verteilung hat der Aktienkurs in 9 Monaten? Geben Sie auch die Parameter an.
b) Zwischen welchen Werten liegt der Aktienkurs in 9 Monaten mit einer Wahrscheinlichkeit von 99%?

x	0,90	0,95	0,975	0,99	0,995	0,999	0,9995	0,9999
N(x)	1,282	1,645	1,960	2,326	2,576	3,090	3,290	3,719

c) Die A-Bank möchte einen europäischen Call und einen europäischen Put auf die obige Aktie jeweils mit einer Laufzeit von 9 Monaten und dem gleichen Ausübungskurs X herausbringen. Welchen Wert X muss die Bank festlegen, damit bei Fälligkeit in 9 Monaten der Call und der Put mit der gleichen Wahrscheinlichkeit ausgeübt wird?

Aufgabe T3.2:
Sei F der faire Forward-Preis einer dividendenlosen Aktie und S der Aktienpreis.
Beweisen Sie unter Verwendung stetiger Verzinsung (Zinssatz i):
a) Der faire Forward-Preis F zur Zeit t beträgt $S \cdot e^{i \cdot (T-t)}$, wobei T das Laufzeitende des Forwards ist.
b) Wenn der Aktienkurs die Modellannahme nach Black/Scholes dS = μ S dt + σ S dW erfüllt, gilt für den fairen Forward-Preis die Differentialgleichung:
dF = (μ – i) F dt + σ F dW.   (Benutzen Sie zum Beweis das Lemma von Itô.)
c) Sie haben vor einiger Zeit einen Forward mit Lieferpreis 18 € gekauft. Berechnen Sie den heutigen Wert des Forwards, wenn der aktuelle stetige Zinssatz 3%, der aktuelle Kurs der Aktie 19 € und die Restlaufzeit noch ein Jahr ist.

Aufgabe T3.3:
a) Geben Sie eine Formel für den fairen Terminpreis (zur Zeit t_0) einer europäischen Kaufoption auf eine Aktie an. Der aktuelle Optionspreis ist $C(t_0)$.
b) Geben Sie eine Formel für den Wert (zur Zeit t_0) eines Forwards mit Terminpreis TP auf eine Kaufoption an.
Verwenden Sie die folgenden Hinweise: Die Kaufoption verursacht während der Laufzeit keine Kosten. Es gelten folgende Zeitangaben:

t_0 aktuelle Zeit t_1 Laufzeitende Forward t_2 Laufzeitende Kaufoption

c) Zeigen Sie, dass das geometrische Mittel X_g von n unabhängig identisch lognormalverteilten Zufallsvariablen X_i (i = 1, ..., n) wieder lognormalverteilt ist. (D. h., jedes X_i ist lognormalverteilt mit den Parametern μ und $σ^2$).
Berechnen Sie auch die Parameter $μ_g$ und $σ_g^2$ der Verteilung von X_g.

Test 3 (zu den Kapiteln 10 bis 11)

Aufgabe T3.4:
(i) Sie haben am 15.6. eine Floating-Rate-Note mit halbjährlicher Zinszahlung nach dem 6-Monats-EURIBOR (= Spot-Rate) im Nennwert von 100.000 € mit einer Laufzeit von 5 Jahren gekauft.
(ii) Ferner haben Sie am 15.7. ein 2x6-FRA im Nennwert von 200.000 € mit fairem FRA-Satz 5% gekauft.
(iii) Am 15. 8. haben Sie einen Swap im Nennwert von 300.000 € mit einer Laufzeit von 3 Jahre zum fairen Swapsatz neu abgeschlossen.

Folgende Daten lagen bzw. liegen vor:

Laufzeit in Monaten	1	2	3	4	5	6	12
Spot-Rates am 15.6.	2,1%	2,6%	3,1%	3,6%	3,8%	4,0%	5,1%
Spot-Rates am 15.8.	2,0%	2,5%	2,7%	3,0%	3,5%	3,8%	5,0%

Achtung: Verwenden Sie bis zu einem Jahr die lineare Verzinsung, über einem Jahr die exponentielle Verzinsung jeweils mit der Zinstage-Methode 30/360. Ferner nehmen Sie an, dass beim Kauf jeden Finanzproduktes ein fairer Preis gezahlt wurde.

a) Was hat die Floating-Rate-Note am 15.6. gekostet? Berechnen Sie außerdem den Barwert der Floating-Rate-Note am 15.8. (Zinstage-Methode 30/360).
b) Was hat das FRA am 15.7. gekostet? Berechnen Sie den Barwert des FRA am 15.8. (Zinstage-Methode 30/360).
c) Was hat der Swap am 15.8. gekostet?

Aufgabe T3.5:
In einem Portfolio gibt es zwei Anlagen:
1. Einen Zero-Bond im Nennwert von 1.000 Euro und einer Laufzeit von 2 Jahren. (Rückzahlung der Anleihe zu 100%.)
2. 100 Dabau-Aktien im aktuellen Gesamtwert von 1.000 Euro.

Die aktuellen Spot-Rates über alle Laufzeiten sind 4%. Rechnen Sie mit exponentieller Verzinsung. Die jährliche Aktienkursvolatilität beträgt 40%. Die tägliche Zinsvolatilität für alle Spot-Rates bis zu 2 Jahren ist 6%. Die Korrelation zwischen Aktienkurs und Zins beträgt 0,4.

a) Berechnen Sie den (Bar-)Wert des Portfolios.
b) Berechnen Sie den Value-at-Risk bei einer Haltedauer von 10 Tagen und einem Konfidenzniveau von 95% (Das Jahr hat 250 Börsentage.)
  b1) nur für die Aktien
  b2) nur für den Zero-Bond
  b3) für das Portfolio.

Teil III: Lösungen

Lösungen zu den Aufgaben

Lösung Aufgabe 1.1.1:

a) $\dfrac{-46}{\frac{23}{4}} = \dfrac{-46 \cdot 4}{23} = -8$
b) $2^{2-4} = 2^{-2} = \frac{1}{4} = 0{,}25$

c) $2^{-4+6} \cdot (2^2)^{-1} = 2^2 \cdot 2^{2(-1)} = 1$
d) $2^{12} \cdot 3 \cdot 4^{-8} = 3/16$

e) $\dfrac{(1+0{,}04)^{\frac{5}{2}}}{(1+0{,}04)^{\frac{5}{2}-1}} - 1 = \dfrac{(1+0{,}04)^{\frac{5}{2}}}{(1+0{,}04)^{\frac{3}{2}}} - 1 = (1+0{,}04)^{\frac{5}{2}-\frac{3}{2}} - 1 = (1+0{,}04)^1 - 1 = 0{,}04$

f) $4 \cdot 2 \cdot 3 = 24$
g) $1464{,}10\ € / 0{,}2 = 7.320{,}50\ €$

h) $0{,}61051 / (-0{,}04) = -15{,}26275$.

Lösung Aufgabe 1.1.2:

a) $-0{,}223143551$
b) $0{,}182321556$
c) $\ln(e^1) = 1$
d) $\ln(e^5) = 5$

e) $\log_{10}(10^3) = 3$
f) $3{,}301029996$
g) $1{,}359$.

Lösung Aufgabe 1.1.3:

a) $2x - 18 - 18 + 6x - 4 = 0 \Rightarrow 8x = 40 \Rightarrow x = 5$.

b) $\dfrac{27}{1-x} = 30 \Rightarrow 27 = 30(1-x) \Rightarrow x = 1 - 27/30 = 3/30 = 0{,}1$.

c) Addieren Sie auf beiden Seiten die 1, erhalten Sie $\sqrt[2]{(1+0{,}1) \cdot (1+x)} = 1{,}09$. Quadrieren ergibt dann $1{,}1 \cdot (1+x) = 1{,}1881$. Also $x = 0{,}08009$.

d) $x = 31.104\ € / 1{,}1^4 = 21.244{,}45\ €$.

e) $x = 342{,}14\ € \cdot (1+0{,}04)^4 \cdot (1+0{,}04)^{-12} = 342{,}14\ € \cdot (1+0{,}04)^{-8} = 250{,}00\ €$.

Lösung Aufgabe 1.1.4:

a) $1+x$ ist die vierte Wurzel aus $2.000/1.000$, also $x = \sqrt[4]{2} - 1 = 0{,}189207$.

b) $x = 3^{\frac{3}{2}} + 5^{\frac{1}{3}}$. Mit dem Taschenrechner ergibt sich: $6{,}906128$.

c) $1{,}1^x = 240/120 \Rightarrow 1{,}1^x = 2 \Rightarrow \ln(1{,}1^x) = \ln(2) \Rightarrow x \cdot \ln(1{,}1) = \ln(2)$
$\Rightarrow x = \ln(2)/\ln(1{,}1) = 7{,}27254$.

d) $10 \cdot 0{,}05 - 1 = -(1+0{,}05)^{-x}$. Also $0{,}5 = (1{,}05)^{-x}$. Beide Seiten logarithmiert ergibt

$\ln(0{,}5) = \ln((1{,}05)^{-x})$ bzw. $\ln(0{,}5) = -x \cdot \ln(1{,}05)$. Damit gilt $x = \dfrac{\ln(0{,}5)}{-\ln(1{,}05)} = 14{,}207$.

Lösungen zu den Aufgaben

Lösung Aufgabe 1.2.1:

Sicherheit, Rentabilität, Liquidität, Bequemlichkeit und Nachhaltigkeit/Ethik sind Kriterien, auf die bei einer Kapitalanlage geachtet werden sollte. Welche Kriterien Sie wie stark gewichten, hängt von Ihrer persönlichen Einstellung (z.B. Ihrer Risikoneigung) ab.

Lösung Aufgabe 1.2.2:

a) Die Bonität ist der Ruf bzw. das Image des Unternehmens bezüglich der Zahlungsfähigkeit. Je besser die Bonität ist, desto größer wird die Zahlungsfähigkeit eingeschätzt.

b) Unter Liquidität wird verstanden, wie schnell ein angelegter Betrag wieder zur Verfügung steht, d.h., wie schnell eine Anlage wieder in Geld umwandelbar ist.

c) Investmentfonds sammeln Kapital vieler Anleger, um es in Vermögenswerte (Anleihen, Aktien usw., je nach Anlagerichtlinien des Fonds) anzulegen.

Lösung Aufgabe 1.3.1:

a) $a_k = 4\text{ €} + (k-1)\text{ €} = 3\text{ €} + k\text{ €}, k = 1, 2, 3, \ldots$.
   Der letzte Tag im Januar ist der 31. Januar. Also: $a_{31} = 3\text{ €} + 31\text{ €} = 34\text{ €}$.

b) Mit $\sum_{k=1}^{n} k = \frac{n(n+1)}{2}$ (Satz 1.3.1) folgt für die Summe der ersten n Folgenglieder:

$$s_n = \sum_{k=1}^{n}(3\text{ €} + k\text{ €}) = \sum_{k=1}^{n} 3\text{ €} + \sum_{k=1}^{n} k\text{ €} = 3n\text{ €} + n(n+1)/2\text{ €}.$$ Also
$s_{365} = 3 \cdot 365\text{ €} + 365 \cdot 366/2\text{ €} = 67.890\text{ €}$.

Lösung Aufgabe 1.3.2:

a) Peter Spar spart am ersten Tag 5 €, am zweiten Tag 5 € plus 3 €, am dritten Tag 5 € plus 2 mal 3 €, also
   Sparbetrag am k-ten Tag: $a_k = 5\text{ €} + 3(k-1)\text{ €} = 2\text{ €} + 3k\text{ €}$.
   Der 15. Februar ist der 46. Tag, also $a_{46} = 2\text{ €} + 3 \cdot 46\text{ €} = 140\text{ €}$.

b) Mit $\sum_{k=1}^{n} k = \frac{n(n+1)}{2}$ (Satz 1.3.1) ergibt sich die Summe:

$$s_n = \sum_{k=1}^{n} 2\text{ €} + 3k\text{ €} = 2\text{ €} \cdot \sum_{k=1}^{n} 1 + 3\text{ €} \cdot \sum_{k=1}^{n} k = 2n\text{ €} + 3n(n+1)/2\text{ €}.$$
Also $s_{46} = 92\text{ €} + 3 \cdot 46 \cdot 47/2\text{ €} = 3.335,00\text{ €}$.

c) Summe am Jahresende: $s_{365} = 730\text{ €} + 3 \cdot 365 \cdot 366/2 = 201.115,00\text{ €}$.

Lösung Aufgabe 1.3.3:

a) Die gegebene Folge ist eine geometrische Folge mit dem Quotienten: $q = a_{k+1}/a_k = 3$.

b) $a_k = \frac{4}{3} \cdot 3^k, k = 1, 2, 3, \ldots$.

c) Mit $\sum_{k=1}^{n} a \cdot q^k = a \cdot \sum_{k=1}^{n} q^k = a \cdot \frac{q^{n+1} - q}{q - 1}$ folgt: Die Summe der ersten 30 Folgenglieder beträgt: $s_{30} = 4/3 \cdot (3^{31} - 3) / (3 - 1) = 4{,}117822642 \cdot 10^{14}$.

Lösung Aufgabe 1.3.4:

a) Um zum nächsten Folgenglied zu gelangen, muss das Folgenglied mit ½ multipliziert werden. Damit ergibt sich: $a_k = 32 \cdot (½)^k$, $k = 1, 2, 3, \ldots$

b) Es soll gelten: $32 \cdot (½)^k < 0{,}001$. Dividieren Sie beide Seiten der Ungleichung durch 32 und logarithmieren Sie anschließend, erhalten Sie: $\ln((½)^k) < \ln(0{,}001/32)$. Die Potenz k kann vor den Logarithmus gezogen werden. Dividieren Sie anschließend durch $\ln(½)$ wird das Kleiner-Zeichen in ein Größer-Zeichen gewandelt, weil $\ln(½)$ negativ ist. Damit erhalten Sie: $k > \ln(0{,}001/32)/\ln(0{,}5) = 14{,}966$.
Ab dem 15. Folgenglied (einschließlich) sind die Folgenglieder kleiner als 0,001.

c) Unter Anwendung der gleichen Formel wie in der Lösung von Aufgabe 1.3.3c) folgt:
$s_n = 32 \cdot [((½)^{n+1} - ½) / (½ - 1)] > 31{,}5$
$(½)^{n+1} > 31{,}5/32 \cdot (-0{,}5) + ½ = 0{,}0078125$
$n > \ln(0{,}0078125)/\ln 0{,}5 - 1 = 6$.

Es müssen mindestens 7 Folgenglieder addiert werden, damit die Summe größer als 31,5 ist.

Lösung Aufgabe 1.3.5:

Sparbetrag im k-ten Monat: $a_k = 3 \cdot 2^{k-1} = 3/2 \cdot 2^k$, $k = 1, 2, \ldots$.
Summe der ersten n Folgenglieder: $s_n = 3/2 \cdot (2^{n+1} - 2)/(2 - 1)\ € > 1.000.000\ €$.
Also $2^{n+1} > 1.000.000 \cdot 2/3 + 2 = 666.667{,}6667$. Damit folgt $n + 1 > 19{,}347$ und somit $n > 18{,}347$. Nach 19 Monaten hat er über eine Million Euro gespart.

Lösung Aufgabe 1.3.6:

a) Summe = $½ + ¼ + 1/8 + \ldots$. Dies ist eine geometrische Reihe mit $q = ½$. Die Summe der ersten n Summanden beträgt $\sum_{k=1}^{n} \left(\frac{1}{2}\right)^k = \frac{\left(\frac{1}{2}\right)^{n+1} - \frac{1}{2}}{\frac{1}{2} - 1}$.

Wird n immer größer, geht $\left(\frac{1}{2}\right)^{n+1}$ gegen Null, d.h. $\sum_{k=1}^{\infty} \left(\frac{1}{2}\right)^k = \frac{0 - \frac{1}{2}}{\frac{1}{2} - 1} = 1$. Die Tafel Schokolade reicht somit für beliebig viele Teilnehmer.

b) Der Dozent verteilt einen Anteil von
$\sum_{k=1}^{24} \left(\frac{1}{2}\right)^k = \frac{\left(\frac{1}{2}\right)^{24+1} - \frac{1}{2}}{\frac{1}{2} - 1} = -2 \cdot \left(\left(\frac{1}{2}\right)^{25} - \frac{1}{2}\right) = 0{,}99999994$ an der Schokolade, was natürlich praktisch nicht durchführbar ist, weil die Stücke zu klein werden. Dem Dozenten verbleibt ein Anteil von $1 - 0{,}99999994 = 0{,}00000006$ an der Schokolade: Das sind nur 0,000006% der Schokolade.

Lösungen zu den Aufgaben 61

Lösung Aufgabe 2.1.1:

a) 90% sind 270 €. 100% sind dann 270 € geteilt durch 0,9, also 300 €.

b) Da das Einkommen um 10% fällt, muss auch der Sparbetrag um 10% fallen. Studentin Fina spart also 450 €. Das Ergebnis kann aufwändiger auf folgendem Weg hergeleitet werden:
E_0 = Einkommen voriges Jahr, E_1 = Einkommen dieses Jahr.
500 € = 0,05 E_0. Dieses Jahr spart sie 0,05 E_1 = 0,05 · 0,9 E_0 = 0,05 · 0,9 · 500 €/0,05 = 450 €.

c) G_0 = Gesamtumsatz, G_1 = Gesamtumsatz im nächsten Jahr,
A_0 = Auslandsumsatz, A_1 = Auslandsumsatz im nächsten Jahr.
Dann gilt A_0 = 0,25 · G_0; G_1 = 1,1 · G_0 und A_1 = 0,4 · G_1 => A_1 = 0,4 · G_1 = 0,4 · 1,1 · G_0 = 0,4 · 1,1/0,25 · A_0 = 1,76 · A_0. Der Auslandsumsatz steigt also um 76%.

Lösung Aufgabe 2.1.2:

a) Die MwSt. wurde um (19 – 16)/16 = 18,75% oder um 3 Prozentpunkte erhöht.

b) 50 € · 1,19/1,16 = 51,29 €.

Lösung Aufgabe 2.1.3:

a) 20.000.000 € · $(1 + 0,08)^5$ · $(1 + 0)^2$ = 29.386.561,54 €.

b) $(1 + 0,08)^5$ · $(1 + 0)^2$ – 1 = 46,933%.

c) $1,08^5 \cdot 1 \cdot 1 = (1+i)^7$ => $i = \sqrt[7]{(1+0,08)^5} - 1 = 5,651\%$.

d) $1,08^5 \cdot 1 \cdot 1 \cdot (1+i) = 1+0,50$ => $i = 1,50 \cdot 1,08^{-5} - 1 = 2.087\%$.

Lösung Aufgabe 2.1.4:

a) Die Zahlen sind auf eine Nachkommastelle gerundet. Die „exakten" Werte, die nicht in der Aufgabenstellung enthalten sind (genauer: Die auf tausend Personen gerundeten Werte, siehe folgende Tabelle) werden vermutlich addiert, die Summe wird anschließend aber mit einer Nachkommastelle dargestellt. Die dazugehörigen Zahlen waren:

	2003	2003 gerundet
nur Aktien	2,960	3,0
Aktien und Fonds	2,086	2,1
nur Fonds	6,081	6,1
Gesamt	11,127	11,1

b) Von 1997 auf 1998 ist die Anzahl der Aktien- und Fondsbesitzer von 5,6 Millionen auf 6,8 Millionen gestiegen. Dies ergibt einen Steigerungssatz von (6,8 – 5,6)/5,6 = 0,21429, was 21,429% entspricht. Weiter ergibt sich:

	97 - 98	98 - 99	99 - 00	00 - 01	01 - 02	02 - 03	03 - 04	04 - 05
Steigerung	21,429%	20,588%	43,902%	9,322%	–10,853%	–3,478%	–5,405%	2,857%

c) gs = (10,8 − 5,6)/5,6 = 92,857%.

d) $(1 + gs)^{(1/8)} - 1 = 8,556\%$, wobei gs in Aufgabenteil c) errechnet wurde.

Lösung Aufgabe 2.1.5:

a) Es gab insgesamt 300 − 9 − 140 = 151 gültige Stimmen. Kandidat A hat einen Anteil von 65/151 = 43,046%, Kandidat B von 55/151 = 36,424% und Kandidat C von 31/151 = 20,530% erzielt.

b) 151 + 14 = 165 gültige Stimmen. Kandidat A hat einen Anteil von 65/165 = 39,394%, Kandidat B von 69/165 = 41,818% und Kandidat C von 31/ 165 = 18,788%.

c) 151 − 3 · 22 = 85 gültige Stimmen. Kandidat A 43/85 = 50,588%, Kandidat B 33/85 = 38,824% und Kandidat C 9/85 = 10,588%. Kandidat A hätte jetzt die absolute Mehrheit.

Lösung Aufgabe 2.2.1:

a) 400 € (1 + 5/12 · 0,03) = 405,00 €.

b) 400 € (1 + 9/12 · i) = 412 € => i = (412/400 − 1) · 12/9 = 4,000%.

c) 300 € (1 + t · 0,03) = 308,25 € => t = (308,25/300 − 1)/0,03 = 0,91666 = 11/12.
=> t = 11 Monate.

Lösung Aufgabe 2.2.2:

a)

Methode	Endkapital	Zinsbetrag	Zinstage	Jahreslänge in Tagen	Jahreslänge
30E/360	403,17	**3,17**	95	360	0,26388889
actual/365	403,19	**3,19**	97	365	0,26575342
actual/360	403,23	**3,23**	97	360	0,26944444
actual/actual	403,18	**3,18**	97	366	0,26502732
30/360	403,17	**3,17**	95	360	0,26388889

b)

Methode	Endkapital	Zinsbetrag	Zinstage	Jahreslänge in Tagen	Jahreslänge
30E/360	406,67	**6,67**	200	360	0,55555556
actual/365	406,71	**6,71**	204	365	0,55890411
actual/360	406,80	**6,80**	204	360	0,56666667
actual/actual	406,71	**6,71**	204	365	0,55890411
30/360	406,70	**6,70**	201	360	0,55833333

Erläuterung der obigen Tabelle: Berechnung nach der Zinstage-Methode 30E/360:

$$t = \frac{(2006 - 2006) \cdot 360 + (10 - 4) \cdot 30 + \min\{31; 30\} - \min\{10; 30\}}{360} = \frac{180 + 30 - 10}{360} = \frac{200}{360}.$$

Berechnung nach der Zinstage-Methode 30/360:

$$t = \frac{(2006 - 2006) \cdot 360 + (10 - 4) \cdot 30 + 31 - \min\{10; 30\}}{360} = \frac{180 + 31 - 10}{360} = \frac{201}{360}.$$

caldays(10.4.2006; 31.10.2006) = 204.

Lösungen zu den Aufgaben

Lösung Aufgabe 2.2.3:
Vom 23.8. bis zum 28.12. sind es 125 Zinstage nach der Methode 30E/360. Somit gilt:
4.000 € · (1 + 125/360 i) = 4.050 €. Aufgelöst nach i ergibt sich
i = (4.050/4.000 − 1) · 360/125 = 3,600%.

Lösung Aufgabe 2.2.4:
Zinsbetrag $_{actual/360}$ = 2.000 € · 59/360 · 0,036 = 11,80 €,
Zinsbetrag $_{30/360}$ = 2.000 € · 60/360 · 0,036 = 12,00 €,
Zinsbetrag $_{30E/360}$ = 2.000 € · 60/360 · 0,036 = 12,00 €,
Zinsbetrag $_{actual/actual\ kalenderj.}$ = 2.000 € · 59/365 · 0,036 = 11,64 €.

Lösung Aufgabe 2.2.5:
a) Zinstage-Methode actual/360.
b) Die Zinstage-Methode actual/360 ergibt 92 Zinstage. Zinsbetrag = 10.000 € · 92/360 · 0,029 = 74,11 €.
c) Zinsbetrag = 10.000 € · 90/360 · 0,0295 = 73,75 €. Trotz größerem Zinssatz im Vergleich zur Aufgabe b) ergibt sich ein niedrigerer Zinsbetrag.

Lösung Aufgabe 2.2.6:
Zinstage-Methode: actual/360.
Zinstage-Ermittlung: 6 · 30 Tage + 3 Tage (für den 31.1., 31.3. und 31.5.) − 2 Tage (da der Februar nur 28 Tage hat) ergeben 181 Zinstage.
Zinsbetrag = 1,00 € · 181/360 · 0,0315 = 0,0158375 €.

Lösung Aufgabe 2.2.7:
Zinstage-Methode: actual/360. Die Angaben sind korrekt.
Vom 3.9.2003 bis zum 3.12.2003 sind es genau 3 Monate. Da der Oktober 31 Tage hat, sind es insgesamt 3 · 30 + 1 = 91 Zinstage.
Bei 91 Zinstagen sind es 91/360 · 0,02161 = 0,0054625 = 0,54625%.
Der Zinsbetrag bei einem Kapital von 1.000 € beträgt 1.000 € · 91/360 · 0,02161 = 5,46 €.

Lösung Aufgabe 2.2.8:

Methode	Endkapital	Zinsbetrag	Zinstage	Jahreslänge in Tagen	Jahreslänge
30E/360	2.057,67	**57,67**	346	360	0,96111111
actual/365	2.057,86	**57,86**	352	365	0,96438356
actual/360	2.058,67	**58,67**	352	360	0,97777778
actual/actual	2.057,70	**57,70**	352	366	0,96174863
30/360	2.057,83	**57,83**	347	360	0,96388889

Lösung Aufgabe 2.2.9:
Vom Zinsabschlag konnten Zinsen von maximal der Summe aus Freibetrag und Werbungs-

kostenpauschbetrag befreit werden. 2006 konnten maximal 1.370 € + 51 € = 1.421 € freigestellt werden, 2007 nur maximal 750€ + 51 € = 801 €. 2007 ist dies ein Anteil von 801 € / 1.421 € = 56,37% des Betrages von 2006.

Lösung Aufgabe 2.2.10:

a) Vom 10.4. bis zum 21.5. sind es 41 Tage; bei der Methode actual sind dies auch 41 Zinstage. Da nach der Aufgabenstellung mit einem Zinsjahr bestehend aus 365 Tagen gerechnet werden soll, sind für 41/365 Jahre die Stückzinsen zu zahlen.
Kaufpreis = Kurswert + Stückzinsen = 95,00/100 · 600 € + 600 € · 41/365 · 0,04
= 570,00 € + 2,70 € = 572,70 €.

b) Vom 10.4. bis zum 1.6. sind es 52 Tage (= 61 minus 9), d.h., bei der Methode actual sind das also auch 52 Zinstage.
Verkaufspreis = Kurswert + Stückzinsen = 94,98/100 · 600 € + 600 € · 52/365 · 0,04
= 569,88 € + 3,42 € = 573,30 €.

Lösung Aufgabe 2.2.11:

a) Da halbjährliche Zinszahlungen vorliegen, läuft die aktuelle Zinsperiode vom 10.4. bis 10.10. Das sind 183 Zinstage. Vom 10.4. bis zum 21.5. sind es 41 Tage (= Zinstage bei der Methode actual). Damit ergibt sich:
Kaufpreis = Kurswert + Stückzinsen
= 99/100 · 5.000 € + 5.000 € · 41/(2 · 183) · 0,04 = 4.950 € + 22,40 € = 4.972,40 €.

b) Da halbjährliche Zinszahlungen vorliegen, läuft die aktuelle Zinsperiode vom 10.4. bis 10.10.; das sind 183 Zinstage. Vom 10.4. bis zum 1.6. sind es 52 Zinstage. Also:
Verkaufspreis = Kurswert + Stückzinsen
= 98/100 · 5.000 € + 5.000 € · 52/(2 · 183) · 0,04
= 4.900 € + 28,42 € = 4.928,42 €.

Lösung Aufgabe 2.2.12:

Nr.	Fälligkeits-termin	Zinstage	Zinsen	Bemerkungen
0	06.09.2006			Vom 6.9.2006 bis zum 6.3.2007 sind es 181 Tage.
1	06.03.2007	181	15,08 €	
2	06.09.2007	184	15,33 €	
3	06.03.2008	182	15,17 €	
4	08.09.2008	186	15,50 €	Der. 6.9.2008 ist ein Samstag.
5	06.03.2009	179	14,92 €	
6	07.09.2009	185	15,42 €	
7	08.03.2010	182	15,17 €	1.000 € · 182/360 · 0,03 = 15,17 €
8	06.09.2010	182	15,17 €	
9	07.03.2011	182	15,17 €	
10	06.09.2011	183	15,25 €	

Lösungen zu den Aufgaben

Lösung Aufgabe 2.3.1:

a) $20.000 \, € \cdot (1 + 0{,}04)^5 \cdot (1 + 0{,}05)^7 \cdot (1 + 0{,}06)^3 = 40.779{,}26 \, €.$

b) $(1 + 0{,}04)^5 \cdot (1 + 0{,}05)^7 \cdot (1 + 0{,}06)^3 = (1 + i)^{15} \implies i = 4{,}864\%.$

Lösung Aufgabe 2.3.2:

a) $10 \, K_0 = K_0 (1 + i)^t \implies t = \ln(10)/\ln(1 + i) = \log_{10}(10)/\log_{10}(1 + i) = 1/\log_{10}(1 + i).$

b) $1/\log_{10}(1{,}06) = 39{,}517$ Jahre.

Lösung Aufgabe 2.3.3:

$5.000 \, € \cdot (1 + i_A)^{10} = 6.998{,}67 \, € \implies i_A = \sqrt[10]{\dfrac{6.998{,}67}{5.000}} - 1 = 0{,}03420 = 3{,}420\%.$

$4.500 \, € \cdot (1 + i_B)^8 = 5.980{,}83 \, € \implies i_B = \sqrt[8]{\dfrac{5.980{,}83}{4.500}} - 1 = 0{,}03620 = 3{,}620\%.$

Die B-Bank zahlt den höheren Zinssatz.

Lösung Aufgabe 2.3.4:

a) Das Endkapital wird alle zwei Monate mit $\dfrac{3\%}{6} = 0{,}5\%$ pro Doppelmonat verzinst. Das Endkapital beträgt nach 1,5 Jahren (oder $1{,}5 \cdot 6 = 9$ Zinsperioden) somit:

$20.000 \, € \cdot (1 + \dfrac{0{,}03}{6})^{1{,}5 \cdot 6} = 20.918{,}21 \, €.$

b) $i_{\text{eff}} = \left(1 + \dfrac{i}{m}\right)^m - 1 = \left(1 + \dfrac{0{,}03}{6}\right)^6 - 1 = 3{,}038\%.$

c) $i_{\text{eff}} = \left(1 + \dfrac{0{,}0297}{12}\right)^{12} - 1 = 3{,}011\%.$

Da dieser Zinssatz niedriger ist als der Zinssatz aus Teilaufgabe b, ist das Festgeld mit einer Laufzeit von zwei Monaten zu empfehlen.

Lösung Aufgabe 2.3.5:

$(1 + 0{,}01) \cdot (1 + 0{,}02) \cdot (1 + 0{,}03) \cdot (1 + 0{,}04) = (1 + i)^4$
$\implies i = \sqrt[4]{1{,}01 \cdot 1{,}02 \cdot 1{,}03 \cdot 1{,}04} - 1 = 2{,}494\%.$

Lösung Aufgabe 2.3.6:

a) $861{,}37 \, € \cdot (1 + i)^3 = 1.000 \, € \implies i = \sqrt[3]{\dfrac{1.000 \, €}{861{,}37 \, €}} - 1 = 5{,}100\%.$

b) Es muss gelten: Maximaler Kaufpreis $\cdot \, 1{,}06^3 = 1.000 \, €.$
$\implies$ Maximaler Kaufpreis $= 1.000 \, € / 1{,}06^3 = 839{,}62 \, €.$
Nur wenn das Wertpapier 839,62 € oder weniger kostet, erzielt Frau Zen eine Rendite von mindestens 6%.

Lösung Aufgabe 2.3.7:

Das Endkapital beträgt bei nachschüssiger Verzinsung: $10.000\,€ \cdot (1+0,06)^{10} = 17.908,48\,€$.

Das Endkapital beträgt bei vorschüssiger Verzinsung: $10.000\,€ \cdot \dfrac{1}{(1-0,059)^{10}} = 18.369,77\,€$.

Die vorschüssige Verzinsung ist Frau Zen zu empfehlen, da diese Verzinsung den höheren Endwert ergibt.

Hinweis:
Das Anfangskapital ist nicht wichtig; es kommt nur auf den Aufzinsungsfaktor an. Der Aufzinsungsfaktor bei 6% Verzinsung, nachschüssig, also $(1+0,06)^{10}$ ist kleiner als der Aufzinsungsfaktor $\dfrac{1}{(1-0,059)^{10}}$ bei 5,9% vorschüssiger Verzinsung.

Lösung Aufgabe 2.3.8:

Nach Satz 2.4.1 muss für den gesuchten Zinssatz i bei einjähriger Laufzeit gelten:

$1+i = \dfrac{1}{1-0,0315}$. Daraus folgt:

$i = \dfrac{1}{1-0,0315} - 1 = \dfrac{0,0315}{1-0,0315} = 3,252\%$.

Bei zweijähriger Laufzeit: $\dfrac{1}{1-2\cdot 0,0319} = (1+i)^2 \Rightarrow i = \sqrt[2]{\dfrac{1}{1-2\cdot 0,0319}} - 1 = 3,351\%$.

Lösung Aufgabe 2.3.9:

a) Auszahlungsbetrag = $2.000\,€ \cdot (1 - \tfrac{2}{12}\cdot 0,05) = 1983,33\,€$.

b) Es gilt: $\dfrac{1}{1-t\cdot i_v} = 1+t\cdot i^*$. Also $i^* = \dfrac{1}{t}(\dfrac{1}{1-t\cdot i_v} - 1) = \dfrac{i_v}{1-t\cdot i_v}$ und somit

$i^* = \dfrac{0,05}{1-\tfrac{2}{12}\cdot 0,05} = 5,042\%$.

c) Es gilt: $\dfrac{1}{1-t\cdot i_v} = 1+t\cdot i^*$. Also $i_v = \dfrac{1}{t}(1-\dfrac{1}{1+t\cdot i^*}) = \dfrac{i^*}{1+t\cdot i^*} = \dfrac{0,06}{1+\tfrac{2}{12}\cdot 0,06} = 5,940\%$.

Lösung Aufgabe 2.3.10:

a) $2 = e^{10i}$.
   Logarithmieren auf beiden Seiten ergibt: $\ln(2) = 10i \cdot \ln(e)$.
   Also $i = \ln(2)/10 = 0,06931 = 6,931\%$.

b) (i) $i = e^{5\%} - 1 = 5,127\%$,
   (ii) $i = e^{3\%\cdot 4} - 1 = 12,745\%$,
   (iii) $i = e^{0,01\%\cdot 24\cdot 365} - 1 = 140,128\%$, bei 365 Tagen pro Jahr.

Lösungen zu den Aufgaben

Lösung Aufgabe 2.3.11:
Unter der Annahme, dass der Zerfall exponentiell erfolgt, beträgt der Anteil des Produkts, der nach der Zeit t noch vorhanden ist: $e^{t \cdot i}$. Bei t = 0 ist noch alles (= 100%) vorhanden, da $e^{0 \cdot i} = 1 = 100\%$. Bei einem Zerfall ist i negativ.
Da die Hälfte nach 40 Tagen vorhanden ist, gilt: $\frac{1}{2} = e^{40i}$.
Diese Gleichung nach i aufgelöst ergibt: i = ln(0,5)/40.
Für den Anteil, der nach 3.000 Minuten = $\frac{3.000}{24 \cdot 60}$ Tagen noch vorhanden ist, gilt somit:
Anteil nach 3.000 Minuten = $e^{\ln(0,5)/40 \cdot 3000/(24 \cdot 60)}$ = 96,454%.

Lösung Aufgabe 2.4.1:
20.000 € $(1 + 0,08)^x$ = 35.817 €. Also x = ln(35.817 / 20.000) /ln(1,08) = 7,571.
Bei exponentieller Verzinsung müsste das Kapital zwischen 7 und 8 Jahre angelegt sein. Da aber bei kalenderjährlicher Verzinsung für das letzte nicht „volle" Jahr mit linearer Verzinsung gerechnet werden muss, ergeben sich zunächst 7 volle Jahre (mit exponentieller Verzinsung) plus y Jahre (mit linearer Verzinsung), wobei y aus der Gleichung
20.000 € $(1 + 0,08)^7 \cdot (1 + y \cdot 0,08)$ = 35.817 €
ermittelt werden kann. Es ergibt sich y = 0,5618.
Das Kapital muss also insgesamt 7 + 0,5618 = 7,5618 Jahre angelegt sein.

Lösung Aufgabe 2.4.2:
a) 2 = 1 · $(1 + 0,08)^d$ => d = ln(2)/ln(1,08) = 9,006 < 10, d. h., nach 9 Jahren ist das Kapital auf fast das 2-fache, genauer das $1,08^9$-fache (= 1,9999-fache) des Anfangskapitals gestiegen. Dieses Kapital nach 9 Jahren wird dann noch x Jahre lang linear verzinst, um auf das 2-fache des Anfangskapitals zu gelangen:
$1,08^9 (1 + x \cdot 0,08) = 2$ => x = $(2/1,08^9 - 1) / 0,08$ = 0,006224 [Jahre].
Diese Zahl multipliziert mit 360 ergibt 2,241 Tage. Nach insgesamt 9 Jahren und 3 Tagen hat sich das Kapital verdoppelt, also zu Beginn des 4.1.2016.

b) 2 = 1 · $(1 + \frac{1}{2} \cdot 0,08) \cdot (1 + 0,08)^d$ => d = ln(2/1,04) /ln(1,08) = 8,4968. Das sind acht „volle" Jahre und fast ein halbes Jahr. Dieses „fast ein halbes Jahr" wird linear verzinst. Deshalb muss gelten:
2 = 1 · $(1 + \frac{1}{2} \cdot 0,08) \cdot (1 + 0,08)^8 \cdot (1 + x \cdot 0,08)$
=> x = $\{2/(1,04 \cdot 1,08^8) - 1\} / 0,08$ = 0,48723.
Dies multipliziert mit 360 ergibt: 175,404 Tage. Das Jahresende ist bei 180 Zinstagen. Also vier Zinstage vor Jahresende 2015 ist das Kapital auf das Doppelte gestiegen, also am 27.12.2015.

Lösung Aufgabe 2.4.3:
Richtig: 1.829,88 €.
Begründung: Das gesuchte Kapital x wird erst ein halbes Jahr, dann zweimal jährlich und zum Schluss noch einmal ein halbes Jahr lang verzinst.
x · $(1 + \frac{1}{2} \cdot 0,03) \cdot (1 + 0,03)^2 \cdot (1 + \frac{1}{2} \cdot 0,03)$ = 2.000 € => x = 1.829,88 €.

Lösung Aufgabe 2.4.4:

Richtig: 2.000,00 €.
Begründung:
Die Zinsen werden am Jahresende dem Kapital zugeschlagen. Nach einem halben Jahr ist das Kapital 1.829,88 € (1 + ½ · 0,03) = 1.857,3282 €. Also gerundet 1.857,33 €.
Nach einem weiteren Jahr beträgt das Kapital einschließlich Zinsen
1.857,33 € · (1 + 0,03)   = 1.913.05 € (gerundet auf 2 Dezimalstellen).
Nach einem weiteren Jahr, also nach insgesamt 2 ½ Jahren beträgt das Kapital
1.913,05 € · (1 + 0,03)   = 1.970,44 € (gerundet auf 2 Dezimalstellen).
Nach einem weiteren halben Jahr, also nach insgesamt 3 Jahren beträgt das Endkapital:
1.970,44 € · (1 + ½ · 0,03) = 2.000,00 € (gerundet auf 2 Dezimalstellen).

Lösung Aufgabe 2.4.5:

a) Nach der Einzahlung von 1.000 € Ende Juni ist der nächste Zinskapitalisierungszeitpunkt Ende Dezember. Dann werden die Zinsen gutgeschrieben. 1.000 € werden somit bis Ende Dezember, also 6 Monate verzinst. Ende September werden jedoch 400 € abgehoben, d.h., das Kapital von 400 € und die Zinsen für 400 € (ab Ende September) müssen abgezogen werden. Ab 2008 wird das Kapital dann zwei Jahre lang verzinst. Also
1.000 € · (1 + 6/12 · 0,02) − 400 € · (1 + 3/12 · 0,02)] · (1 + 0,02)^2
= 608 € · (1 + 0,02)^2 = 632,56 €.
Alternativ kann das Endkapital auch so berechnet werden:
Von Ende Juni bis Ende September 2007 (3 Monate) werden 1.000 € verzinst. Von Ende September bis Ende Dezember (3 Monate) werden 1.000 € − 400 € = 600 € verzinst. Das Kapital am Jahresende 2007 beträgt also 600 € plus Zinsen. Das Kapital am Jahresende und die Zinsen werden dann noch zwei Jahre verzinst:
[(1.000 € − 400 €) + 1.000 · 3/12 · 0,02 + 600 € · 3/12 · 0,02] · (1 + 0,02)^2 = 632,56 €.

b) [500 € · (1 + 7/12 · 0,04) − 200 € · (1 + 2/12 · 0,04)] · (1 + 0,04) = 322,75 €.

c) [600 € · (1 + 8/12 · 0,02) − 500 € · (1 + 5/12 · 0,02)] · (1 + 0,02) = 105,91 €.

d) [600 € · (1 + 8/12 · 0,02) − 500 € · (1 + 5/12 · 0,02)] · (1 + 0,02) · (1 + 6/12 · 0,02)
= 106,97 €.

Lösung Aufgabe 3.1.1:

a) Barwert des Zahlungsstroms A = $\dfrac{4..000\,€}{(1+0,03\cdot\frac{1}{12})} + \dfrac{5.000\,€}{(1+0,03)}$

= 3.990.02 € + 4.854,37 €
= 8.844,39 €.

Barwert des Zahlungsstroms B = $\dfrac{3..000\,€}{(1+0,03\cdot\frac{2}{12})} + \dfrac{3.000\,€}{(1+0,03\cdot\frac{4}{12})} + \dfrac{3..000\,€}{(1+0,03\cdot\frac{9}{12})}$

= 2.985,07 € + 2.970,30 € + 2.933,99 €
= 8.889,36 €.

Die beiden Zahlungsströme sind somit nicht äquivalent.

b) Barwert des Zahlungsstroms A $= \dfrac{4.000\ €}{(1+0,03)^{\frac{1}{12}}} + \dfrac{5.000\ €}{(1+0,03)}$

$= 3.990{,}16\ € + 4.854{,}37\ € = 8.844{,}53\ €.$

Barwert des Zahlungsstroms B $= \dfrac{3.000\ €}{(1+0,03)^{\frac{2}{12}}} + \dfrac{3.000\ €}{(1+0,03)^{\frac{4}{12}}} + \dfrac{3.000\ €}{(1+0,03)^{\frac{9}{12}}}$

$= 2.985{,}26\ € + 2.970{,}59\ € + 2.934{,}22\ €.$

$= 8.890{,}07\ €.$

Die beiden Zahlungsströme sind somit nicht äquivalent.

c) Bei Anwendung linearer Verzinsung ist der jeweilige Wert des Zahlungsstroms zur Zeit t = ½:

A: $4.000\ € \cdot (1+0{,}03 \cdot \frac{5}{12}) + \dfrac{5.000\ €}{(1+0{,}03 \cdot \frac{6}{12})} = 4.050{,}00\ € + 4.926{,}11\ € = 8.976{,}11\ €.$

B: $3.000\ € \cdot (1+0{,}03 \cdot \frac{4}{12}) + 3.000\ € \cdot (1+0{,}03 \cdot \frac{2}{12}) + \dfrac{3.000\ €}{(1+0{,}03 \cdot \frac{3}{12})}$

$= 3.030{,}00\ € + 3.015{,}00\ € + 2.977{,}67\ €. = 9.022{,}67\ €.$

Die beiden Zahlungsströme sind somit nicht äquivalent.

Bei Verwendung exponentieller Verzinsung ist der Wert des Zahlungsstroms zur Zeit t gleich ½.

Zahlungsstrom A: $4.000\ € \cdot (1+0{,}03)^{\frac{5}{12}} + \dfrac{5.000\ €}{(1+0{,}03)^{\frac{6}{12}}}$

$= 4.049{,}57\ € + 4.926{,}65\ €$

$= 8.976{,}22\ €.$

Zahlungsstrom B: $3.000\ € \cdot (1+0{,}03)^{\frac{4}{12}} + 3.000\ € \cdot (1+0{,}03)^{\frac{2}{12}} + \dfrac{3.000\ €}{(1+0{,}03)^{\frac{3}{12}}}$

$= 3.029{,}70\ € + 3.014{,}82\ € + 2.977{,}91\ €$

$= 9.022{,}43\ €.$

Die beiden Zahlungsströme sind somit nicht äquivalent.

Lösung Aufgabe 3.1.2:

Bei Bezahlung mit Skonto fällt ein Betrag in Höhe von $5.000\ € \cdot (1 - 0{,}02) = 4.900\ €$ an. Der Kontostand ist dann $-4.900\ €$. Von Ende Juli bis Anfang Oktober (= Ende September) sind es 2 Monate, also 60 Zinstage. Ende September wird das Girokonto abgerechnet. Deshalb ist der Kontostand Anfang Oktober:

$-5.000\ € \cdot 0{,}98 \cdot (1+0{,}12 \cdot \dfrac{60}{360}) = -4.998\ €$

Bezahlt Frau Klein erst Ende September, muss sie $5.000\ €$ bezahlen. Der Vorteil der sofortigen Bezahlung ist somit Anfang Oktober: $5.000\ € - 4.998\ € = 2\ €.$

Lösung Aufgabe 3.1.3:

Sei i der Zinssatz, mit dem Geld angelegt bzw. aufgenommen werden kann, d.h., i ist auch der Zinssatz, mit dem auf- und abgezinst wird. Dann gilt für den Barwert

$$PV(i) = \frac{1\,\text{Mio.}\,€}{(1+i)^{10}} - \frac{1\,\text{Mio.}\,€}{(1+i)^{11}} \Rightarrow PV'(i) = -10\frac{1\,\text{Mio.}\,€}{(1+i)^{11}} + 11\frac{1\,\text{Mio.}\,€}{(1+i)^{12}}$$

$$\Rightarrow PV''(i) = 110 \cdot \frac{1\,\text{Mio.}\,€}{(1+i)^{12}} - 132 \cdot \frac{1\,\text{Mio.}\,€}{(1+i)^{13}} = \frac{1\,\text{Mio.}\,€}{(1+i)^{13}} \cdot [110 \cdot (1+i) - 132].$$

Aus PV ' (i) = 0 € folgt −10 (1 + i) + 11 = 0, also i = 0,10. D. h bei i = 10% ist ein möglicher Extremwert.

Wegen PV''(10%) < 0 (da 110 · (1 + 0,10) < 132) liegt ein Maximum vor, d. h.,

$$PV(10\%) = \frac{1\,\text{Mio.}\,€}{(1+0,10)^{10}} - \frac{1\,\text{Mio.}\,€}{(1+0,10)^{11}} = 35.049{,}39\,€ \text{ ist der Maximumwert.}$$

Der Wert des Darlehens ist also maximal 35.049,39 €. Das Darlehen kann somit 37.000 € nicht wert sein.

Lösung Aufgabe 3.2.1:

a) Von Ende Januar bis Ende Dezember sind es 11 Monate.
   a1) Gleichung: 200 € = 220 € $(1 + i_{eff})^{-11/12}$. Also $i_{eff} = (220 / 200)^{12/11} - 1 = 10{,}957\%$.
   a2) Gleichung: 200 € · $(1 + 11/12 \cdot i_{eff}) = 220$ €.
       Also $i_{eff} = (220/200 - 1) \cdot 12/11 = 10{,}909\%$.

b1) Wenn nur volle Monate berücksichtigt werden müssen, ist für den effektiven Zinssatz nach der PAngV der Bezugszeitpunkt nicht entscheidend. Es kann dann auch der Zeitpunkt der letzten Zahlung als Bezugszeitpunkt gewählt werden.
   $1.000\,€ \,(1 + i_{eff})^{6/12} - 200\,€ \,(1 + i_{eff})^{3/12} - 900\,€ = 0$.

b2) $1.000\,€ \,(1 + 6/12 \cdot i_{eff}) - 200\,€ \,(1 + 3/12 \cdot i_{eff}) - 900\,€ = 0$.

Lösung Aufgabe 3.2.2:

a) Endkapital Ende 2008:
   $K_{2008} = [800\,€ \,(1 + 0{,}03 \cdot 8/12) - 500\,€ \,(1 + 0{,}03 \cdot 4/12)] \cdot (1 + 0{,}03)^3 = 339{,}84\,€$.
   Nicht korrekt wäre die folgende Berechnung des Endkapitals:
   $[800\,€ \,(1 + 0{,}03 \cdot 4/12) - 500\,€ \,] \cdot (1 + 0{,}03 \cdot 4/12)] \cdot (1 + 0{,}03)^3$, weil dabei die Zinsen schon nach vier Monaten berechnet und dem Kapital zugeschlagen werden. Zinsen gibt es jedoch nur am Ende des Jahres. (Es gibt eine Ausnahme: Bei Auflösung des Kontos werden in der Regel bisher angefallene (lineare) Zinsen gezahlt.)

b) Aus Bezugszeitpunkt wird der Anfangszeitpunkt, also der Tag der Einzahlung der 800 € gewählt: $800\,€ - 500\,€ \cdot (1 + i_{eff})^{-4/12} = 339{,}84\,€ \cdot (1 + i_{eff})^{-(3 + 8/12)}$.

Lösung Aufgabe 3.2.3:

a) $760\,€ \cdot (1 + i_{eff})^{4,5} = 1.000\,€ \Rightarrow i_{eff} = \sqrt[4,5]{\frac{1.000}{760}} - 1 = 6{,}288\%$.

b) $760\,€ \cdot (1 + \frac{1}{2} i_{eff}) \cdot (1 + i_{eff})^4 = 1.000\,€$.

Lösung Aufgabe 3.2.4:

Der Kaufpreis bezogen auf einen Nennwert von 100 € beträgt 96 €, da keine Stückzinsen anfallen. Der Verkaufspreis bezogen auf einen Nennwert von 100 € beträgt
97 € + 4 € · 3/12 = 98 €.
Dazwischen fallen Zinsen nach einem Jahr und nach zwei Jahren von jeweils 4 € an.

a) Als Bezugszeitpunkt wird der Verkaufszeitpunkt genommen. Bei der Berechnung der Effektivverzinsung mit exponentieller Verzinsung ist der Zeitpunkt aber nicht entscheidend. Für diesen Bezugszeitpunkt wird die Äquivalenzgleichung aufgestellt:

96 € $(1 + i_{eff})^{2 + 3/12}$ = 4 € $(1 + i_{eff})^{1 + 3/12}$ + 4 € $(1 + i_{eff})^{3/12}$ + 98 €.

Mit $f(i) = 96 \cdot (1 + i)^{2 + 3/12} - 4 \cdot (1 + i)^{1 + 3/12} - 4 \cdot (1 + i)^{3/12} - 98$

ist die Nullstelle der Funktion f zu finden.
Wählen Sie beispielsweise $x_1 = 4\%$ und $x_2 = 5\%$ als Startwerte, ergibt sich mit dem Sekantenverfahren schon nach einigen Iterationen $i_{eff} = 4{,}624\%$.

k	x_k	$f(x_k)$
1	4,0000%	−1,383689123
2	5,0000%	0,83826097
3	4,6227%	−0,003200989
4	4,6242%	−7,35249E−06
5	4,6242%	6,47304E−11

b) Als Bezugszeitpunkt muss der Verkaufszeitpunkt genommen werden. Von 2 Jahren und 3 Monaten werden die 3 Monate an den Anfang gelegt. Die Gleichung für den effektiven Jahreszinssatz ist:

96 € $(1 + 3/12\, i_{eff})(1 + i_{eff})^2$ = 4 € $(1 + 3/12\, i_{eff})(1 + i_{eff})$ + 4 € $(1 + 3/12\, i_{eff})$ + 98 €.

Somit ist die Nullstelle der Funktion f mit

$f(i) = 96\,(1 + 3/12\, i_{eff})(1 + i_{eff})^2 - 4\,(1 + 3/12\, i_{eff})(1 + i_{eff}) - 4\,(1 + 3/12\, i_{eff}) - 98$

zu finden.
Wählen Sie beispielsweise $x_1 = 4\%$ und $x_2 = 5\%$ als Startwerte, ergibt sich mit dem Sekantenverfahren nach einigen Iterationen $i_{eff} = 4{,}616\%$.

k	x_k	$f(x_k)$
1	4,0000%	−1,369664
2	5,0000%	0,860500
3	4,6142%	−0,003466082
4	4,6157%	−8,70985E−06
5	4,6157%	8,85194E−11

Lösung Aufgabe 3.3.1:

a) Der Kapitalwert ist der Barwert aller Zahlungen.
Kapitalwert A = $-50.000\,€ + 10.000\,€ / 1{,}1^2 + 74.000\,€ / 1{,}1^6 = 35{,}53\,€$;
Kapitalwert B = $-50.000\,€ + 10.000\,€ / 1{,}1^3 + 70.000\,€ / 1{,}1^5 = 977{,}64\,€$.
Die Investition B ist vorteilhafter.

b) Der interne Zinssatz ist derjenige Zinssatz, bei dem der Kapitalwert Null ist.
Investition A: $f(i) = -50.000\,€ + 10.000\,€ / (1+i)^2 + 74.000\,€ / (1+i)^6 = 0$;
mit dem Sekantenverfahren ergibt sich nach wenigen Iterationen ein interner Zinssatz von 10,145%.
Investition B: $f(i) = -50.000\,€ + 10.000\,€ / (1+i)^3 + 70.000\,€ / (1+i)^5 = 0$;
mit dem Sekantenverfahren ergibt sich nach wenigen Iterationen ein interner Zinssatz von 10,454%.
Die obigen Funktionen f sind bezüglich i streng monoton fallend. Streng monoton fallende Funktionen haben maximal eine Nullstelle.

Lösung Aufgabe 3.3.2:

$$\text{NPV}(i) = -10.000\,€ + \frac{2.600\,€}{1+i} - \frac{15.000\,€}{(1+i)^2}. \quad (*)$$

In der folgenden Grafik ist der Kapitalwert in Abhängigkeit des Zinssatzes dargestellt:

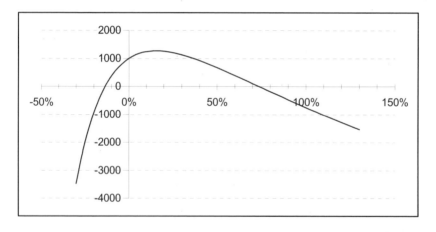

a) $\text{NPV}(10\%) = -10.000\,€ + \dfrac{2.600\,€}{1+0{,}10} - \dfrac{15.000\,€}{(1+0{,}1)^2} = 1.239{,}67\,€ > 0\,€$.

Also ist die Investition bei einem Kalkulationszinssatz vorteilhaft.

b) Wenn Sie mit dem Sekantenverfahren die Nullstellen der Funktion (*) suchen, erhalten Sie mit den Startwerten 4% und 10% nach einigen Iterationen den Zinssatz –13,580%. Wenn Sie das Sekantenverfahren mit den Startwerten 50% und 90% beginnen, erhalten Sie nach einigen Iterationen einen Zinssatz von 73,580%. An der Grafik der Funktion NPV erkennen Sie, dass es zwei Nullstellen gibt.

Hinweis: Die Gleichung $-10.000\,\text{€} + \dfrac{2.600\,\text{€}}{1+i} - \dfrac{15.000\,\text{€}}{(1+i)^2} = 0$ ist eine quadratische Gleichung. Diese Gleichung hat genau zwei Nullstellen, die mit der p-q-Formel errechnet werden können. Ein Iterationsverfahren (z.B. Sekantenverfahren) ist deshalb für diese Aufgabe nicht erforderlich.

Lösung Aufgabe 3.4.1:

Bei einer Festgeldanlage für x Monate werden nach x Monaten die Zinsen dem Kapital zugeschlagen. Ist i der Jahreszinssatz bei einer Anlage für x Monate, so ist $i \cdot \frac{x}{12}$ der Zinssatz pro Zinsperiode (also der Zinssatz bei einer Zinsperiode von x Monaten) und

$K_0 \cdot (1 + i \cdot \frac{x}{12})$ das Endkapital nach x Monaten.

Der effektive Zinssatz wird aus folgender Gleichung ermittelt:
Der Barwert der Einzahlung (K_0) muss gleich dem Barwert der Leistungen (Endkapital, diskontiert mit exponentieller Verzinsung und effektivem Zinssatz) sein.

a) A: $K_0 = \dfrac{K_0 \cdot (1 + 0{,}0401 \cdot \frac{1}{12})}{(1+i_{eff})^{\frac{1}{12}}}$. Also $i_{eff} = (1 + 0{,}0401 \cdot \frac{1}{12})^{12} - 1 = 4{,}085\%$.

B: $K_0 = \dfrac{K_0 \cdot (1 + 0{,}0402 \cdot \frac{2}{12})}{(1+i_{eff})^{\frac{2}{12}}}$ Also $i_{eff} = (1 + 0{,}0402 \cdot \frac{2}{12})^{6} - 1 = 4{,}088\%$.

C: $K_0 = \dfrac{K_0 \cdot (1 + 0{,}04024 \cdot \frac{3}{12})}{(1+i_{eff})^{\frac{3}{12}}}$. Also $i_{eff} = (1 + 0{,}04024 \cdot \frac{3}{12})^{4} - 1 = 4{,}085\%$.

b) Der höchste effektive Zinssatz ist bei Anlage B.

c) Gesuchter Zinssatz: impliziter oder fairer Forward-Zinssatz.

d) Dieser Zinssatz (bezeichnet mit i) wird aus folgender Gleichung berechnet:
$(1 + 0{,}0402 \cdot \frac{2}{12}) \cdot (1 + \frac{i}{12}) = (1 + 0{,}04024 \cdot \frac{3}{12})$.
(Begründung: Erst wird zwei Monate mit dem Zinssatz 4,02% verzinst und dann einen Monat mit dem Zinssatz i. Das Endkapital soll dann genauso hoch sein wie bei einer dreimonatigen Verzinsung mit dem Zinssatz 4,024%.)

e) Wird die Gleichung aus Aufgabenteil d) nach i aufgelöst, ergibt sich:

$i = 12 \cdot \left(\dfrac{1 + 0{,}04024 \cdot \frac{3}{12}}{1 + 0{,}0402 \cdot \frac{2}{12}} - 1 \right) = 12 \cdot \left(\dfrac{1{,}01006}{1{,}0067} - 1 \right)$

$= 4{,}005\%$.

Lösung Aufgabe 3.4.2:

In der folgenden Zeichnung ist jeweils die Diskontierungsfunktion $d(0, t) = (1 + i)^{-t}$ für verschiedene Zinssätze in Abhängigkeit der Laufzeit t dargestellt. Sie erkennen: Je kleiner der Zinssatz ist, desto eher ist die Diskontierungsfunktion linear.

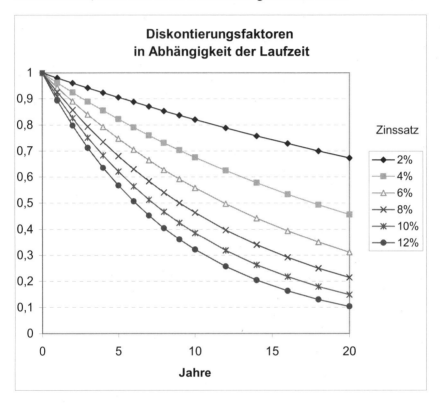

Lösung Aufgabe 3.4.3:

a)

	Laufzeit t in Jahren				
	1	2	3	4	5
$i_{0,t}$	3,0%	3,5%	4,0%	4,0%	4,5%
$d(0, t)$	0,9709	0,9335	0,8890	0,8548	0,8025

	Laufzeit in Jahren				
	6	7	8	9	10
$i_{0,t}$	5,1%	5,0%	5,0%	5,0%	6,0%
$d(0, t)$	0,7420	0,7107	0,6768	0,6446	0,5584

In der folgenden Abbildung werden die Diskontierungsfaktoren in Abhängigkeit der Laufzeit dargestellt. Gegeben sind nur die Werte für ganzzahlige Laufzeiten. Die Werte wurden jeweils durch eine Gerade verbunden (= lineare Interpolation).

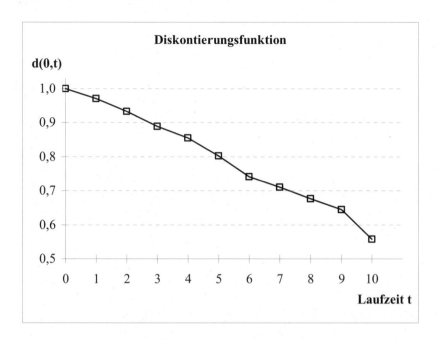

b) Wenn der Zinssatz für eine Laufzeit von 6 Jahren 5,9% ist, ergibt sich d(0,6) = 0,70896. Da d(0,7) = 0,71068 und somit größer als d(0,6) ist, erbringt eine Kapitalanlage für 6 Jahre (schon nach 6 Jahren) mehr Ertrag als eine Anlage für 7 Jahre. Niemand würde deshalb sein Geld für 7 Jahre anlegen.
Es würde außerdem dazu führen, dass der einjährige Forward-Zinssatz negativ wird. Arbitrage wäre möglich. Deshalb wird dieser Zinssatz von 5,9% nicht vorkommen.

c) Forward-Zinssätze $i_{t_1, t_2} | 0 = {}^{t_2-t_1}\!\sqrt{\dfrac{(1+i_{0,t_2})^{t_2}}{(1+i_{0,t_1})^{t_1}}} - 1$ (Satz 3.5.3):

	t_2									
t_1	1	2	3	4	5	6	7	8	9	10
0	3,000%	3,500%	4,000%	4,000%	4,500%	5,100%	5,000%	5,000%	5,000%	6,000%
1		4,002%	4,504%	4,335%	4,878%	5,525%	5,337%	5,289%	5,253%	6,339%
2			5,007%	4,502%	5,172%	5,909%	5,606%	5,505%	5,433%	6,634%
3				4,000%	5,255%	6,212%	5,756%	5,605%	5,504%	6,869%
4					6,524%	7,335%	6,348%	6,010%	5,807%	7,355%
5						8,152%	6,260%	5,839%	5,628%	7,522%
6							4,402%	4,701%	4,800%	7,364%
7								5,000%	5,000%	8,371%
8									5,000%	10,096%
9										15,440%

Forward-Diskontierungsfaktoren $d(t_1, t_2 \mid 0) = \dfrac{d(0, t_2)}{d(0, t_1)}$ (Satz 3.5.4):

t_1	\	\	\	\	t_2	\	\	\	\
	1	2	3	4	5	6	7	8	9	10
0	0,9709	0,9335	0,8890	0,8548	0,8025	0,7420	0,7107	0,6768	0,6446	0,5584
1		0,9615	0,9157	0,8804	0,8265	0,7642	0,7320	0,6971	0,6639	0,5751
2			0,9523	0,9157	0,8596	0,7948	0,7613	0,7250	0,6905	0,5982
3				0,9615	0,9026	0,8346	0,7994	0,7614	0,7251	0,6281
4					0,9388	0,8680	0,8314	0,7918	0,7541	0,6532
5						0,9246	0,8856	0,8435	0,8033	0,6959
6							0,9578	0,9122	0,8688	0,7526
7								0,9524	0,9070	0,7857
8									0,9524	0,8250
9										0,8663

Lösung Aufgabe 4.1:

a) Für das Endkapital nach n Jahren gilt: $R_n = 120\,€ \cdot (1+0,06) \cdot \dfrac{(1+0,06)^n - 1}{0,06}$.

Es ergibt sich: $R_{20} = 4.679{,}13\,€$; $R_{30} = 10.056{,}20\,€$ und $R_{50} = 36.930{,}73\,€$.

b) Zunächst ist die jährliche Ersatzrente auszurechnen. Da monatlich vorschüssig gezahlt wird, folgt $r_e = 10\,€ \cdot (12 + 13/2 \cdot 0{,}06) = 123{,}90\,€$.
Damit ergibt sich ein Endkapital nach n Jahren von:

$R_n = r_e \dfrac{(1+0{,}06)^n - 1}{0{,}06}$. Es folgt daraus:

$R_{20} = 4.557{,}73\,€$; $R_{30} = 9.795{,}31\,€$ und $R_{50} = 35.972{,}62\,€$.

c) Zunächst ist die jährliche Ersatzrente auszurechnen. Da monatlich vorschüssig gezahlt wird, folgt $r_e = 30\,€ \cdot (4 + 5/2 \cdot 0{,}06) = 124{,}50\,€$. Damit ergibt sich ein Endkapital nach

n Jahren von: $R_n = r_e \dfrac{(1+0{,}06)^n - 1}{0{,}06}$.

Es folgt daraus:
$R_{20} = 4.579{,}81\,€$; $R_{30} = 9.842{,}74\,€$ und $R_{50} = 36.146{,}82\,€$.

Lösung Aufgabe 4.2:

a) Für das Endkapital nach n Jahren gilt: $1.000.000\,€ = 1.200\,€ \cdot \dfrac{(1+0{,}07)^n - 1}{0{,}07}$. Aufgelöst

nach n ergibt sich: $n = \dfrac{\ln\left(1 + \dfrac{1.000.000\,€ \cdot 0{,}07}{1.200\,€}\right)}{\ln(1+0{,}07)} = 60{,}350$. Nach 61 Jahren sind Sie Millionär.

Lösungen zu den Aufgaben 77

b) Für das Endkapital nach 20 Jahren gilt: $1.000.000\,€ = 1.200\,€ \cdot \frac{(1+i)^{20}-1}{i}$. Diese Gleichung ist nach der Unbekannten nicht analytisch aufzulösen. Mit einem Iterationsverfahren – zum Beispiel mit dem Sekantenverfahren – bestimmen Sie die Nullstelle der Funktion f mit $f(i) = 1.000.000\,€ - 1.200\,€ \cdot \frac{(1+i)^{20}-1}{i}$.

Als Startwerte seien 20% und 50% gewählt. Dann ergibt sich mit dem Sekantenverfahren nach einigen Iterationen 32,308%.

k	x_k	$f(x_k)$
1	20%	775974,4
2	50%	−6978216,15
3	23,00215%	677373,24
4	25,39094%	568385,383
5	37,84880%	−943036,153
6	30,07585%	236811,145
7	31,63598%	78046,2261
8	32,40292%	−11488,9382
9	32,30451%	460,559647
10	32,30830%	2,57708318
11	32,30832%	−0,00058248
12	32,30832%	1,0477E-09

ca) Es gelten die gleichen Formeln wie in der Lösung zu Teil a) dieser Aufgabe. Für den Wert 1.200 € ist jetzt aber die Höhe der Ersatzrente einzusetzen

$r_e = 100\,€ \cdot (12 + \frac{(12-1) \cdot 0,07}{2}) = 1.238,50\,€$. Dann ergibt sich:

$n = \frac{\ln\left(1 + \frac{1.000.000\,€ \cdot 0,07}{1.238,50\,€}\right)}{\ln(1+0,07)} = 59,891$. Nach 60 Jahren sind Sie also Millionär.

cb) Für das Endkapital nach 20 Jahren gilt: $1.000.000\,€ = 100\,€ \cdot (12 + 5,5i) \cdot \frac{(1+i)^{20}-1}{i}$.

Diese Gleichung ist nach der Unbekannten i nicht analytisch aufzulösen. Mit einem Iterationsverfahren, zum Beispiel mit dem Sekantenverfahren, bestimmen Sie die Nullstelle der Funktion f mit $f(i) = 1.000.000\,€ - 100\,€ \cdot (12 + 5,5i) \cdot \frac{(1+i)^{20}-1}{i}$.

Als Startwerte seien 20% und 50% gewählt. Dann ergibt sich mit dem Sekantenverfahren nach einigen Iterationen 31,203%, wie Sie der folgenden Tabelle entnehmen können:

k	x_k	$f(x_k)$
1	20%	755438,7205
2	50%	−8806557,354
3	22,37013%	670631,3838
4	24,32529%	578688,548
5	36,63110%	−962817,4347
6	28,94495%	246473,5814
7	30,51152%	82888,67782
8	31,30530%	−12890,71089
9	31,19846%	551,4666916
10	31,20285%	3,467176625
11	31,20287%	−0,000940566
12	31,20287%	0

Lösung Aufgabe 4.3:

Die Ersatzrente ergibt sich aus den sechs Zahlungen pro Jahr: Die Zahlung Ende Januar wird 11 Monate verzinst, die Zahlung Ende März wird 9 Monate verzinst usw.

r_e = 200 € $(1 + 0,05 \cdot 11/12)$ + 200 € $(1 + 0,05 \cdot 9/12)$ + 200 € $(1 + 0,05 \cdot 7/12)$
   + 200 € $(1 + 0,05 \cdot 5/12)$ + 200 € $(1 + 0,05 \cdot 3/12)$ + 200 € $(1 + 0,05 \cdot 1/12)$
   = 200 € $\cdot (6 + 0,05/12 \cdot (11 + 9 + 7 + 5 + 3 + 1))$ = 200 € $(6 + 0,05 \cdot 3)$
   = 200 € $\cdot 6,15$ = 1.230 €.

Die Formel für sechs unterjährige vorschüssige oder unterjährige nachschüssige Einzahlungen darf nicht verwendet werden, da weder vorschüssige noch nachschüssige Einzahlungen vorliegen. Die Einzahlungen erfolgen in dieser Aufgabe in der Mitte des zweimonatigen Zeitraums.

Das Endkapital zu Beginn 2030 ist gleich dem Endkapital Ende 2029. Insgesamt wird 24 Jahre einbezahlt. Also beträgt das Endkapital

$$r_e \frac{(1+i)^n - 1}{i} = 1.230 € \cdot \frac{1,05^{24} - 1}{0,05} = 54.737,46 €.$$

Lösung Aufgabe 4.4:

a) Sie zahlen vorschüssig alle zwei Jahre ein. Sie haben also insgesamt 20 Zahlungen. Alle zwei Jahre erhöht sich das Kapital um den Faktor $(1 + 0,04)^2$. Somit ist der Rentenendwert nach 40 Jahren:

$$R_{40} = 1.500 € \cdot (1+0,04)^2 \cdot \frac{\left((1+0,04)^2\right)^{20} - 1}{(1+0,04)^2 - 1} = 75.573,23 €.$$

b) Teilen Sie R_{40} durch $(1 + 0,04)^{40}$, erhalten Sie den Rentenbarwert 15.741,08 €. Der Rentenbarwert ist der Wert der Rente zu Beginn, d.h., es ist der Betrag, den Sie anlegen müssen, um alle zwei Jahre 1.500 € zu erhalten. Am Ende ist das Konto dann auf Null.

Lösung Aufgabe 4.5:

„Die Verzinsung sei 7%." heißt es in der Aufgabenstellung. Da keine weiteren Angaben erfolgen, wird mit jährlicher Verzinsung von 7% gerechnet.
Die Rentenzahlungen von 200 € erfolgen vorschüssig. Das Endkapital einer vorschüssigen Rente nach 30 Jahren beträgt:

$$R_{30} = 200\,€ \cdot (1+0{,}07) \cdot \frac{(1+0{,}07)^{30}-1}{0{,}07} = 20.214{,}61\,€.$$

Dies muss gleich dem Barwert einer 15 Jahre lang vorschüssig zahlbaren Rente r sein, also gleich

$$r \cdot \frac{1}{(1+0{,}07)^{14}} \cdot \frac{(1+0{,}07)^{15}-1}{0{,}07}.$$

Setzen Sie beide Ausdrücke gleich, ergibt sich:

$$200\,€ \cdot (1+0{,}07) \cdot \frac{(1+0{,}07)^{30}-1}{0{,}07} = r \cdot \frac{1}{(1+0{,}07)^{14}} \cdot \frac{(1+0{,}07)^{15}-1}{0{,}07}.$$

Also $r = 200\,€ \cdot 1{,}07 \cdot \frac{1{,}07^{30}-1}{0{,}07} \cdot \frac{1{,}07^{14}}{1{,}07^{15}-1} \cdot 0{,}07 = 2.074{,}26\,€.$

Ergänzung:
Eine Rente von $r = 200\,€ \cdot 1{,}07^{30} = 1.522{,}45\,€$ dagegen ergibt sich, wenn Sie in die obigen Formeln statt 15 jetzt 30 eingeben:

$$r = 200\,€ \cdot 1{,}07 \cdot \frac{1{,}07^{30}-1}{0{,}07} \cdot \frac{1{,}07^{29}}{1{,}07^{30}-1} \cdot 0{,}07 = 200\,€ \cdot 1{,}07^{30}$$

Diese Rente kann auch direkt ermittelt werden: Jeder Einzahlung steht genau eine Auszahlung jeweils 30 Jahre später gegenüber. Also muss die Einzahlung von 200 € 30 Jahre aufgezinst werden.

Lösung Aufgabe 4.6:

Der Zinssatz pro Zinsperiode (also pro Monat) beträgt 6%/12 = 0,5%. Gesucht ist die monatliche Zahlung r, die 30 Jahre gezahlt werden muss, um anschließend 30 Jahre jeden Monat 1.500 € zu erhalten.
Nach n = 12 · 30 = 360 Monaten ist das Endkapital der Rente aus den Einzahlungen

$$R_{360} = r\, \frac{(1+0{,}005)^{360}-1}{0{,}005}.$$

Dieser Wert muss gleich dem Barwert einer 360-mal monatlich nachschüssig gezahlten Rente von 1.500 € sein, also gleich

$$1.500\,€ \cdot \frac{1}{(1+0{,}005)^{360}} \cdot \frac{(1+0{,}005)^{360}-1}{0{,}005}.$$

Damit muss gelten:

$$r \frac{(1+0{,}005)^{360} - 1}{0{,}005} = 1.500 \, € \, \frac{1}{(1+0{,}005)^{360}} \cdot \frac{(1+0{,}005)^{360} - 1}{0{,}005}.$$

Also ergibt sich: $r = \dfrac{1.500 \, €}{(1+0{,}005)^{360}} = 249{,}06 \, €.$

Diese Rente kann auch direkt ermittelt werden: Jeder Auszahlung von 1.500 € steht jeweils genau eine Einzahlung (= Auszahlung diskontiert um 360 Monate) gegenüber.

Lösung Aufgabe 4.7:

a) Es ergibt sich bei einer jährlichen, vorschüssigen dynamischen Rente nach der Formel

$$R_n = \begin{cases} r_e \dfrac{(1+s)^n - (1+i)^n}{s-i} & \text{falls } s \neq i \\ r_e (1+s)^{n-1} n & \text{falls } s = i \end{cases} \quad \text{ein Endkapital nach n Jahren von:}$$

$$R_n = 120 \, € \cdot (1+0{,}06) \cdot \frac{(1+0{,}03)^n - (1+0{,}06)^n}{0{,}03 - 0{,}06}. \text{ Also } R_{20} = 5.940{,}34 \, €.$$

b) Zunächst ist die jährliche Ersatzrente auszurechnen. Da monatlich vorschüssig gezahlt wird, folgt $r_e = 10 \, € \cdot (12 + 13/2 \cdot 0{,}06) = 123{,}90 \, €$. Damit ergibt sich ein Endkapital nach n Jahren von: $R_n = r_e \dfrac{(1+0{,}03)^n - (1+0{,}06)^n}{0{,}03 - 0{,}06}.$

Für n = 20 folgt: $R_{20} = 5.786{,}23 \, €.$

c) Zunächst ist die jährliche Ersatzrente auszurechnen. Da vierteljährlich vorschüssig gezahlt wird, folgt $r_e = 30 \, € \cdot (4 + 5/2 \cdot 0{,}06) = 124{,}50 \, €$. Damit ergibt sich ein Endkapital nach n Jahren von: $R_n = r_e \dfrac{(1+0{,}03)^n - (1+0{,}06)^n}{0{,}03 - 0{,}06}.$

Für n = 20 folgt: $R_{20} = 5.814{,}25 \, €.$

Lösung Aufgabe 4.8:

Das Endkapital setzt sich aus drei verschiedenen Zahlungsströmen zusammen.
1. Einmalzahlung zum Zeitpunkt 0 von 2.000 €.
2. Monatliche Rente von 200 €. Sie beginnt nach einem Monat (also ab 1/12 Jahr) und endet einen Monat vor dem 10. Geburtstag (Zeitpunkt: 10 Jahre – 1/12 Jahre).
3. Vorschüssige monatliche Rente von 300 €, die 8 Jahre gezahlt wird.

Der zweite Zahlungsstrom ist eine Rente, die monatlich gezahlt wird. Sie wird allerdings keine zehn Jahre gezahlt. Es sind nämlich nur 119 Einzahlungen. Die bekannten Formeln für Rentenendwerte mit unterjährigen Zahlungen erfordern aber volle Zinsperioden. Ergänzen Sie diesen Zahlungsstrom durch eine zusätzliche Zahlung zum Zeitpunkt Null von 200 €, ergibt sich eine monatliche Rente von 200 €, die dann genau zehn Jahre lang vorschüssig gezahlt wird. Da Sie aber jetzt die Zahlungen beim zweiten Zahlungsstrom zu Beginn um 200 € erhöht haben, muss – um insgesamt den gleichen Endwert zu erhalten – der erste Zahlungsstrom (der Einmalzahlung) um eine Zahlung von 200 € erniedrigt werden.

Insgesamt setzen sich die Zahlungen aus den folgenden drei Zahlungsströmen zusammen:
1. Einmalzahlung zum Zeitpunkt 0 von 2.000 € – 200 € = 1.800 €.
2. Vorschüssige monatliche Rente von 200 €, die 10 Jahre gezahlt wird.
3. Vorschüssige monatliche Rente von 300 €, die 8 Jahre gezahlt wird.

Das jeweilige Endkapital, der drei Zahlungsströme zum 18. Geburtstag:
1. $1.800 € \cdot (1 + 0{,}06)^{15} \cdot (1 + 0{,}04)^3$.
2. Das Endkapital der Rente von 200 €, die 10 Jahre gezahlt wird, muss noch weitere acht Jahre aufgezinst werden:

$$200 € \cdot (12 + \frac{(12+1) \cdot 0{,}06}{2}) \cdot \frac{(1+0{,}06)^{10} - 1}{0{,}06} \cdot (1+0{,}06)^5 \cdot (1+0{,}04)^3.$$

3. Für die Berechnung des Endkapitals der Rente von 300 € muss die Rente aufgeteilt werden, da sich der Zinssatz geändert hat. Die Rente besteht aus einer Rente, die 5 Jahre gezahlt wird, und einer zweiten Rente, die 3 Jahre gezahlt wird.

$$300 € \cdot (12 + \frac{(12+1) \cdot 0{,}06}{2}) \cdot \frac{(1+0{,}06)^5 - 1}{0{,}06} \cdot (1+0{,}04)^3$$

$$+ \; 300 € \cdot (12 + \frac{(12+1) \cdot 0{,}04}{2}) \cdot \frac{(1+0{,}04)^3 - 1}{0{,}04}.$$

Das Endkapital beträgt insgesamt somit:

$$1.800 € (1 + 0{,}06)^{15} (1 + 0{,}04)^3 + 2.478 € \cdot \frac{(1+0{,}06)^{10}-1}{0{,}06} (1+0{,}06)^5 (1+0{,}04)^3$$

$$+ \; 3.717 € \cdot [\frac{(1+0{,}06)^5 - 1}{0{,}06} (1+0{,}04)^3 + \frac{(1+0{,}04)^3 - 1}{0{,}04}]$$

$$= 4.852{,}44 € + 49.166{,}83 € + 35.172{,}35 € \; = \; 89.191{,}62 €.$$

Lösung Aufgabe 4.9:

a) $R_7 = 250 € \cdot (12 + 5{,}5 \cdot 0{,}03) \cdot \frac{(1+0{,}03)^7 - 1}{0{,}03} +$ Bonus $= 23.303{,}46 € +$ Bonus.

Bonus $= 250 € \cdot 12 \cdot 7 \cdot 0{,}10 = 2.100 €$.
Also ergibt sich ein Endkapital von: $23.303{,}46 € + 2.100 € = 25.403{,}46 €$.

b) $25.403{,}46 € = 250 € \cdot (12 + 5{,}5i^*) \cdot \frac{(1+i^*)^7 - 1}{i^*}$.

Für i* ergibt sich mit einem Iterationsverfahren 5,475%.

Lösung Aufgabe 4.10:

Die erste jährliche Ersatzrente r_e ist $r \cdot (12 + 13/2 \cdot i) = r(12 + 6{,}5i)$. Für das Endkapital nach n Jahren, falls n eine gerade Zahl ist, ergibt sich

$$R_n = r_e \; [(1+i)^{n-1} + (1+i)^{n-2} + (1+s)(1+i)^{n-3} + (1+s)(1+i)^{n-4}$$

$$+ (1+s)^2 (1+i)^{n-5} + (1+s)^2 (1+i)^{n-6} + \ldots + (1+s)^{n/2-1}(1+i) + (1+s)^{n/2-1}]$$

[Für n ungerade muss die rechte Seite der obigen Gleichung leicht modifiziert werden.]

Jetzt muss die Summe ermittelt werden. Das ist relativ aufwändig mit Hilfe der geometrischen Reihe durchzuführen.

Einfacher ist es, das Endkapital über eine Ersatzrente r_e, die alle zwei Jahre gezahlt wird, auszurechnen. Die Ersatzrente (am Ende der zwei Jahre) beträgt:

$r_e = r(12 + 6{,}5i)(1 + i) + r(12 + 6{,}5i) = r(12 + 6{,}5i)(2 + i)$.

Diese Rente wird alle zwei Jahre erhöht. Die Verzinsung, also der Zinssatz bezogen auf zwei Jahre, beträgt $(1 + i)^2 - 1$.

Es gibt n/2 zweijährige Zinsperioden und somit gilt nach Satz 4.5.2:

$$R_n = r_e \cdot \frac{(1+s)^{n/2} - ((1+i)^2)^{n/2}}{s - ((1+i)^2 - 1)} = r \cdot (12 + 6{,}5i) \cdot (2+i) \cdot \frac{(1+s)^{n/2} - (1+i)^n}{s + 1 - (1+i)^2}.$$

Lösung Aufgabe 4.11:

Der Bezugszeitpunkt ist der 1.1.2009. Gesucht ist das Mindest-Kapital, das auf einem Konto am 1.1.2009 sein muss, um daraus – sofort beginnend – die jährlichen Zahlungen von 200.000 € leisten zu können. Gesucht ist also der Barwert der Zahlungen.

a) Da die erste Zahlung von 200.000 € am 1.1.2009 erfolgt, ist der Rentenbarwert einer vorschüssigen ewigen Rente zu ermitteln. Es ergibt sich

$$R_0 = (1+i) \cdot \frac{r}{i} = (1+0{,}05) \cdot \frac{200.000\,€}{0{,}05} = 4.200.000\,€.$$

b) Da sich der Zinssatz ändert, werden die Stiftungszahlungen als zwei Zahlungsströme betrachtet.
1. Zahlungsstrom: Die ersten zehn Zahlungen von jeweils 200.000 €.
2. Zahlungsstrom: Eine anschließende ewige Rente von jeweils 200.000 €.

Zum 1. Zahlungsstrom: Der Rentenbarwert der ersten 10 Zahlungen (ab 1.1.2009) ist der Barwert einer vorschüssig zahlbaren Rente und beträgt am 1.1.2009

$$R_0 = 200.000\,€ \cdot \frac{1}{1{,}05^9} \cdot \frac{1{,}05^{10} - 1}{0{,}05} = 1.621.564{,}34\,€.$$

Zum 2. Zahlungsstrom: Der Rentenbarwert aller Zahlungen ab 1.1.2019 ist der Barwert einer ewigen vorschüssigen Rente. Es ergibt sich:

$$R_0 = (1+0{,}08) \cdot \frac{200.000\,€}{0{,}08} = 2.700.000\,€.$$

Dieser Wert, dieser Barwert ist der Wert zum Zeitpunkt des Rentenbeginns, also zum Zeitpunkt 1.1.2019. Diskontiert auf den 1.1.2009 ergibt sich $\frac{2.700.000\,€}{1{,}05^{10}} = 1.657.565{,}79\,€$.

Insgesamt folgt: Die Summe 1.621.564,34 € + 1.657.565,79 €, also 3.279.130,13 €, muss das Stiftungskapital sein.

Lösung Aufgabe 4.12:

Die Rentenzahlungen müssen aufgeteilt werden, da zwei Zinssätze zu berücksichtigen sind. Die erste Rente besteht aus einer Rente der Höhe r, die von 2012 bis 2015 jeweils am

Jahresanfang gezahlt wird. Die zweite Rente wird aus den Rentenzahlungen r ab dem Beginn des Jahres 2016 gebildet.

Zur 1. Rente:
Barwert am 1.1.2011: Dann liegen nachschüssige Rentenzahlungen vor. Die Rente wird viermal gezahlt. Dieser Barwert am 1.1.2011 ist dann noch auf den 1.1.2009 (also um zwei Jahre) zu diskontieren. Der Barwert am 1.1.2009 beträgt somit: $r \cdot \dfrac{1-1{,}05^{-4}}{0{,}05} \cdot \dfrac{1}{1{,}05^2}$.

Zur 2. Rente:
Der Barwert dieser Rente am 1.1.2015 ist der Barwert einer nachschüssigen ewigen Rente. Dieser Barwert am 1.1.2015, also $\dfrac{r}{0{,}10}$ muss noch sechs Jahre diskontiert werden, um den Barwert am 1.1.2009 zu erhalten. Also $\dfrac{r}{0{,}10} \cdot \dfrac{1}{1{,}05^6}$.

Insgesamt muss die Summe der beiden Barwerte das Ausgangsstiftungskapital sein:
$$r \cdot \dfrac{1-1{,}05^{-4}}{0{,}05} \cdot \dfrac{1}{1{,}05^2} + \dfrac{r}{0{,}10} \cdot \dfrac{1}{1{,}05^6} = 1.000.000\,€$$

Also $r = \dfrac{1.000.000\,€}{\dfrac{1-1{,}05^{-4}}{0{,}05 \cdot 1{,}05^2} + \dfrac{1}{0{,}10 \cdot 1{,}05^6}} = 93.646{,}68\,€$.

Lösung Aufgabe 5.1:

a) AfA = (20.000 € − 2.000 €) / 12 = 1.500 €,
$K_5 = K_0 - 5 \cdot \text{AfA} = 20.000\,€ - 5 \cdot 1.500\,€ = 12.500\,€$.

b) $K_{12} = 20.000\,€ \cdot (1-i)^{12} = 2.000\,€ \Rightarrow i = 1 - \sqrt[12]{\dfrac{1}{10}} = 17{,}460\%$.

Der Buchwert nach 5 Jahren:
$K_5 = 20.000\,€ \cdot (1-(1-\sqrt[12]{\tfrac{1}{10}}))^5 = 20.000\,€ \cdot (\sqrt[12]{\tfrac{1}{10}})^5 = 7.662{,}37\,€$

Lösung Aufgabe 5.2:

Der Buchwert nach x Jahren beträgt bei geometrisch-degressiver Abschreibung:
$K_5 = K_0(1-i)^x$.

Der Buchwert bei linearer Abschreibung beträgt
$K_5 = K_0 - x \cdot \text{AfA} = K_0 - x \cdot \dfrac{K_0}{20} = K_0(1-\dfrac{x}{20})$.

Da beide Abschreibungsarten zum gleichen Buchwert führen sollen, muss gelten:
$K_0(1-i)^x = K_0(1-\dfrac{x}{20})$. Also $i = 1-(1-\dfrac{x}{20})^{\tfrac{1}{x}}$.

Für x = 5 folgt: $i = 1-(1-0{,}25)^{\tfrac{1}{5}} = 5{,}591\%$.

Lösung Aufgabe 5.3:

a) Die Abschreibung im n-ten Jahr bei geometrisch-degressiver Abschreibung beträgt:
$$\text{AfA}_{n,\text{geom.-deg.}} = K_0(1-i)^{n-1} i.$$
Die Abschreibung beim Wechsel ab dem Jahr n auf lineare Abschreibung beträgt:
$$\text{AfA}_{n,\text{linear}} = \frac{K_{n-1} - K_N}{N-n+1},$$
wobei $N - (n - 1)$ die Restlaufzeit und K_{n-1} der Buchwert vor dem n-ten Jahr ist. Die lineare Abschreibung lohnt sich, wenn
$$\text{AfA}_{n,\text{linear}} = \frac{K_0(1-i)^{n-1} - K_N}{N-n+1} > \text{AfA}_{n,\text{geom.-deg.}} = K_0(1-i)^{n-1} i.$$

Umgeformt ergibt dies $\dfrac{K_0 - \dfrac{K_N}{(1-i)^{n-1}}}{N-n+1} > K_0 \cdot i$. $\qquad$ (*)

Diese Gleichung lässt sich im Allgemeinen nicht nach n auflösen.

b) Setzen Sie in Ungleichung (*) $K_N = 0$ ein, können Sie die Ungleichung durch K_0 teilen und erhalten $\dfrac{1}{N-n+1} > i$. Daraus folgt sofort die in der Aufgabe aufgestellte Behauptung.

Lösung Aufgabe 5.4:

a) Die jährliche Abschreibung beträgt 20.000 € / 25 = 800 €. Die jährliche Steuerersparnis ist 25% davon, also 200 €. Der Barwert der Steuerersparnis ist der Barwert einer nachschüssigen Rente von 200 €, die 25 Jahre gezahlt wird:

$$\begin{aligned}\text{Barwert der Steuerersparnis} &= 200\,\text{€} \cdot \frac{1}{(1+0{,}05)^{25}} \cdot \frac{(1+0{,}05)^{25}-1}{0{,}05} \\ &= 200\,\text{€} \cdot \frac{1-(1+0{,}05)^{-25}}{0{,}05} \\ &= 2.818{,}79\,\text{€.}\end{aligned}$$

b) Die erste Abschreibung beträgt 2.000 €. Sie verringert sich jedes Jahr um 10%. Somit beträgt die erste Steuerersparnis 25% von 2.000 €, also 500 €. Auch die Steuerersparnis verringert sich jedes Jahr um 10%. Damit ergibt sich der Barwert der Steuerersparnis aus dem Barwert einer Rente, die jedes Jahr um 10% fällt.

$$\begin{aligned}\text{Barwert der Steuerersparnis} &= \frac{1}{(1+0{,}05)^{25}} \cdot 500\,\text{€} \cdot \frac{(1-0{,}10)^{25} - (1+0{,}05)^{25}}{-0{,}10 - 0{,}05} \\ &= 500\,\text{€} \cdot \frac{\left(\dfrac{0{,}9}{1{,}05}\right)^{25} - 1}{-0{,}15} = 3.262{,}67\,\text{€.}\end{aligned}$$

Lösungen zu den Aufgaben 85

Lösung Aufgabe 5.5:

Für den geometrisch-degressiven Abschreibungssatz i gilt:
i = min{3/4, 30%} = 30%.
Mit Satz 5.7.1 gilt: n > 4 + 1 − 1/0,3 = 1,666.
Damit wird zunächst ein Jahr geometrisch-degressiv abgeschrieben. Anschließend, also die restlichen drei Jahre, wird linear abgeschrieben.
Der Wechsel kann auch anders ermittelt werden: Wenn 30% geometrisch-degressiv abgeschrieben werden, lohnt sich ein Wechsel zur linearen Abschreibung nur für eine Restlaufzeit von drei Jahren, denn 30% ist kleiner als 33,333% (= 1/3 = Abschreibungssatz bei linearer 3-jähriger Rest-Abschreibung), aber größer als 25% (= ¼ = Abschreibungssatz bei linearer 4-jähriger Rest-Abschreibung).

Damit ergibt sich die folgende Tabelle:

Jahr	Wert zu Beginn des Jahres	Abschreibung im Jahr	Buchwert am Jahresende	Steuervorteil durch AfA	Barwert des Steuervorteils
1	50.000,00	15.000,00	35.000,00	3.750,00	3.571,43
2	35.000,00	11.666,67	23.333,33	2.916,67	2.645,50
3	23.333,33	11.666,67	11.666,67	2.916,67	2.519,53
4	11.666,67	11.666,67	0,00	2.916,67	2.399,55
				Summe:	**11.136,01**

Zur Berechnung obiger Werte wurden folgende Formeln benutzt:

Steuervorteil für das k-te Jahr $= 0{,}25 \cdot$ Abschreibung im Jahr k;

Barwert des k-ten Steuervorteils $= \dfrac{\text{Steuervorteil für das } k\text{-te Jahr}}{(1+0{,}05)^k}$.

Lösung Aufgabe 5.6:

a) Der lineare Abschreibungssatz ist 1/25. Deshalb i = min{0,20; 2/25} = 8%.

b) Der Wechsel auf lineare Abschreibung erfolgt nach Satz 5.7.1, wenn
n > 25 + 1 − 1/0,08 = 13,5.
Ab dem 14. Jahr wird gewechselt, d.h., die Antwort auf die Frage in der Aufgabe ist: Es wird 13 Jahre lang geometrisch-degressiv abgeschrieben.

c) 8% von 15.000 € sind 1.200 €. Davon 10% (= Steuersatz) ergibt 120 €.
15.000 € minus 1.200 € ergibt 13.800 €. Davon 8% ist 1.104 €. Davon 10% ergibt 110,40 €.

Jahr k	Buchwert zu Beginn	AfA$_k$	Steuervorteil im Jahr k
1	15.000 €	1.200 €	120,00 €
2	13.800 €	1.104 €	110,40 €

d) Es wird 13 Jahre geometrisch-degressiv abgeschrieben und dann 12 Jahre linear. Also liegt bei der 25. Abschreibung eine lineare Abschreibung vor. Da 13-mal geometrisch-degressiv abgeschrieben wird, ist der Buchwert am Ende der geometrisch-degressiven Abschreibungen, also K_{13}, durch die Laufzeit der linearen Abschreibung zu teilen, um die Höhe der linearen Abschreibung zu erhalten. Also:
$\text{AfA}_{25} = K_{13}/12 = 15.000 \text{€} \cdot (1 - 0{,}08)^{13}/12 = 422{,}82 \text{€}$.

e) Der Barwert aus der Steuerersparnis von den 12 geometrisch-degressiven Abschreibungen ist der Barwert einer dynamischen Rente. Diese Rente hat als erste Zahlung eine Höhe von 120 €, anschließend verringert sich diese Rente um 8%, also gilt für den Steigerungssatz −0,08. Nach 12 Jahren:

$$\text{Endwert}_{\text{Steuerersparnis}} = 120 \text{€} \cdot \frac{(1-0{,}08)^{12} - (1+0{,}04)^{12}}{-0{,}08 - 0{,}04}.$$

Wird dieser Endwert noch durch $1{,}04^{12}$ geteilt, erhalten Sie den Barwert, also $\text{PV}_{\text{Steuerersparnis}} = 770{,}36 \text{€}$.

f) $\text{Barwert}_{\text{Steuerersparnis}}$ = Barwert aus der Steuerersparnis von den 13 geometrisch-degressive Abschreibungen
  + Barwert aus der Steuerersparnis von den folgenden 12 linearen Abschreibungen

Der Barwert aus der Steuerersparnis von den 13 geometrisch-degressiven Abschreibungen ist der Barwert einer dynamischen Rente. Diese Rente hat als erste Zahlung eine Höhe von 120 €, anschließend verringert sich diese Rente um 8%, also gilt für den Steigerungssatz −0,08. Damit ergibt sich mit Satz 4.5.2(I):

$$\text{Barwert}_{\text{Steuerersparnis}} = 120 \text{€} \cdot \frac{(1-0{,}08)^{13} - (1+0{,}04)^{13}}{-0{,}08 - 0{,}04} \cdot \frac{1}{(1+0{,}04)^{13}}$$
$$+ 0{,}1 \cdot \text{AfA}_{14} \cdot \frac{(1+0{,}04)^{12} - 1}{0{,}04} \cdot \frac{1}{(1+0{,}04)^{25}}.$$

Da ab der 14. Abschreibung linear abgeschrieben wird, ist die 14. Abschreibung gleich der 25. Abschreibung (= 422,82 € aus Aufgabenteil d). Der Barwert der linearen Abschreibung ist der Endwert einer 12-jährigen Rente (12 = 25 − 13), diskontiert um 25 Jahre.
Somit erhalten Sie einen Barwert der Steuerersparnis von insgesamt
$\text{Barwert}_{\text{Steuerersparnis}} = 796{,}85 \text{€} + 238{,}32 \text{€} = 1.035{,}17 \text{€}$.

Lösung Aufgabe 5.7:

a) AfA_1 ist gesucht. $\text{AfA}_n = \text{AfA}_1 - (n-1) \cdot d$, da die Abschreibungsbeträge eine arithmetische Folge bilden sollen. d ist die Differenz zwischen den Abschreibungsbeträgen. Ist N die Nutzungsdauer, ist die Summe aller N Abschreibungen somit

$$\sum_{n=1}^{N} [\text{AfA}_1 - (n-1)d] = \sum_{n=1}^{N} \text{AfA}_1 - \sum_{n=1}^{N}(n-1)d = N \cdot \text{AfA}_1 - \frac{(N-1) \cdot N}{2} d. \quad (*)$$

Dieser Ausdruck muss gleich $K_0 - K_N$ sein.
Außerdem gilt bei der digitalen Abschreibung, dass $\text{AfA}_N = d$ ist, d. h.,

$AfA_N = AfA_1 - (N-1)d = d$. Also $d = \dfrac{AfA_1}{N}$.

Insgesamt folgt somit

$$K_0 - K_N = N \, AfA_1 - \frac{(N-1) \cdot N}{2} \cdot \frac{AfA_1}{N}.$$

Umgeformt ergibt dies $K_0 - K_N = \dfrac{(N+1)}{2} AfA_1$. Damit ergibt sich:

$$AfA_1 = \frac{2 \cdot (K_0 - K_N)}{N+1}. \qquad (**)$$

$$AfA_2 = \frac{2 \cdot (K_0 - K_N)}{N+1} - \frac{AfA_1}{N}.$$

Mit den obigen Zahlenwerten folgt: $AfA_1 = \dfrac{2 \cdot (50.000\,€ - 8.000\,€)}{7} = 12.000\,€$ und

$AfA_2 = 12.000\,€ - \dfrac{12.000\,€}{6} = 10.000\,€$.

b) Mit den Formeln aus Aufgabenteil a) ergibt sich folgende Abschreibungstabelle:

Jahr	Buchwert zu Beginn	Abschreibung	Buchwert am Ende
1	50.000,00	12.000,00	38.000,00
2	38.000,00	10.000,00	28.000,00
3	28.000,00	8.000,00	20.000,00
4	20.000,00	6.000,00	14.000,00
5	14.000,00	4.000,00	10.000,00
6	10.000,00	2.000,00	8.000,00

Lösung Aufgabe 6.1.1:

a) Unter Verwendung des Effektivzinssatzes muss der Barwert der Leistung (das ist in dieser Aufgabe der Kaufpreis) gleich dem Barwert der Gegenleistung (Zinszahlungen und Rückzahlung am Laufzeitende) sein. Der Barwert der Zinszahlungen ist der Barwert einer nachschüssigen Rente. Werden die Zahlungen auf den Nennwert von 100 bezogen, ergibt sich für dieses festverzinsliche Wertpapier folgende Renditegleichung:

$$108 = 7 \cdot \frac{1 - (1 + i_{eff})^{-6}}{i_{eff}} + 104 \cdot (1 + i_{eff})^{-6}.$$

Zur Lösung dieser Gleichung ist die Nullstelle der Funktion

$$f(i) = 7 \cdot \frac{1 - (1+i)^{-6}}{i} + 104 \cdot (1+i)^{-6} - 108$$

zu finden. Mit den beiden Startwerten

$i_1 = i_0 = 0{,}07$ und $i_2 = i_{Bank} = \dfrac{0{,}07 \cdot 100}{108} + \dfrac{104 - 108}{6 \cdot 100} = 0{,}05814815$

ergibt sich $f(i_1) = -5{,}33463110$ und $f(i_2) = 0{,}71158521$. Damit folgt mit dem Sekantenverfahren:

$$i_3 = i_2 + (i_1 - i_2)\frac{f(i_2)}{f(i_2) - f(i_1)} = 0{,}059543.$$

In der folgenden Tabelle sind die Ergebnisse der Iterationen mit dem Sekantenverfahren dargestellt. Dabei wurde bei den Berechnungen nicht gerundet. Die Ergebnisse sind aber gerundet dargestellt.

k		i_k	$f(i_k)$
1	i_0	7,000000%	−5,33463110
2	i_{Bank}	5,814815%	0,71158521
3		5,954300%	−0,02341726
4		5,949856%	−0,00009883
5		5,949838%	0,00000001

Die Rendite beträgt 5,950%.

b) 75% der Zinsen bleiben nach Steuern übrig. Damit ergibt sich bei 100 € Nennwert eine Zinszahlung von $0{,}75 \cdot 7 \text{ €} = 5{,}25 \text{ €}$ und somit die Renditegleichung:

$$108 \text{ €} = 5{,}25 \text{ €} \cdot \frac{1 - (1 + i_{eff})^{-6}}{i_{eff}} + 104 \text{ €} \cdot (1 + i_{eff})^{-6}.$$

Mit $f(i) = 5{,}25 \cdot \dfrac{1 - (1+i)^{-6}}{i} + 104 \cdot (1+i)^{-6} - 108$

und mit dem Zinssatz 5,25% und dem Zinssatz nach dem Bankenverfahren als Startwerte für das Sekantenverfahren ergibt sich:

k		i_k	$f(i_k)$
1	i_0	5,250000%	−5,05742620
2	i_{Bank}	4,194444%	0,62453696
3		4,310467%	−0,01900773
4		4,307040%	−0,00006887
5		4,307027%	0,00000001
6		4,307027%	0,00000000

Nach zwei Iterationen ergibt sich also $x_4 = 4{,}307\%$ (angegeben auf 3 Dezimalstellen). Nach weiteren Iterationen ändert sich der Wert (auf 3 Dezimalstellen angegeben) nicht mehr. Der Effektivzinssatz beträgt 4,307%.

Ergänzung:
Wenn auch realisierte Kursgewinne zu versteuern sind bzw. Kursverluste steuerlich berücksichtigt werden, muss der Kursverlust von 4 € am Laufzeitende, nämlich von 108 € − 104 €, steuerlich berücksichtigt werden. Sie erhalten dann am Laufzeitende eine Steuergutschrift über 25% von 4 € gleich 1 €. Diese Steuergutschrift wird bei Fälligkeit

Lösungen zu den Aufgaben

mit der Steuer aus der Zinsgutschrift verrechnet. Sie erhalten also nicht 5,25 €, sondern 6,25 € ausbezahlt. Es ergibt sich folgende Gleichung für den effektiven Zinssatz:

$$108\,\text{€} = 5{,}25\,\text{€} \cdot \frac{1-(1+i_{\text{eff}})^{-6}}{i_{\text{eff}}} + (104\,\text{€}+1\,\text{€})\cdot(1+i_{\text{eff}})^{-6}.$$

Erläuterung: Damit Sie weiterhin die Formel für eine Rente mit einem Rentenbetrag von 5,25 € benutzen können, wird die Zahlung von 1 € (nach 6 Jahren) in der obigen Gleichung der Schlusszahlung zugerechnet.

c) c1) Sie kaufen das Wertpapier für 108 €. Beim Verkauf erhalten Sie die Zinsen von 7 € und den Kurswert von 105 €. Also
$108 (1 + i_{\text{eff}}) = 7 + 105 \Rightarrow i_{\text{eff}} = 3{,}304\%$.

c2) Sie kaufen das Wertpapier für 108 €. Beim Verkauf erhalten Sie die Zinsen von 7 € und den Kurswert von 105 €. Auf die 7 € müssen Sie Steuern bezahlen. Die 3 € Kursverlust (nämlich 108 € – 105 €) können Sie steuerlich mit den 7 € Zinsertrag verrechnen. Deshalb sind nur für 4 € (= 7 € – 3 €) Steuern zu bezahlen. Also
$108 (1 + i_{\text{eff}}) = 7 + 105 - (7 - 3) \cdot 0{,}25 \Rightarrow i_{\text{eff}} = 2{,}778\%$.

Lösung Aufgabe 6.1.2:

a1) Nach Satz 6.3.2 gilt: $i_{\text{Bank}} = 0{,}0675 \cdot 100/102 + (100 - 102)/500 = 6{,}217647\%$.

a2) $102 = 6{,}75\,[1 - (1 + i_{\text{eff}})^{-5}]\,/\,i_{\text{eff}} + 100\,(1 + i_{\text{eff}})^{-5}$.
Mit $f(i) = 6{,}75\,[(1 - (1 + i)^{-5}]\,/\,i + 100\,(1 + i)^{-5} - 102$ und dem Sekantenverfahren (Satz 3.2.2) ergibt sich:

k	i_k	$f(i_k)$
1	6,750000%	–2,00000000
2	6,217647%	0,22924897
3	6,272393%	–0,00296480
4	6,271694%	–0,00000433

Erläuterung: $i_3 = 6{,}217647\% + (6{,}750\% - $) usw.

b) Von den 6,75% Zinsen bleiben nach Steuern nur noch 80% übrig. Da nur Zahlungen bei ganzen Jahren erfolgen, ergibt sich folgende Gleichung für den Effektivzinssatz:
$102 \cdot (1 + i_{\text{eff}})^2 = 6{,}75 \cdot 0{,}8 \cdot (1 + i_{\text{eff}}) + 6{,}75 \cdot 0{,}8 + 98{,}60$. Also
$102 \cdot (1 + i_{\text{eff}})^2 = 5{,}4 \cdot (1 + i_{\text{eff}}) + 104$.
Dies ist eine quadratische Gleichung. Die Lösung: $i_{\text{eff}} = 3{,}657\%$.
(Sie substituieren zunächst $z = 1 + i_{\text{eff}}$ und teilen die Gleichung dann durch 102. Die entstehende quadratische Gleichung lösen Sie mit der p-q-Formel. Sie erhalten zwei Lösungen: $i_{\text{eff}} = 3{,}657\%$ und $i_{\text{eff}} = -198{,}363\%$. Die zweite Lösung der quadratischen Gleichung ist negativ und keine sinnvolle Lösung.)

c1) Ohne Berücksichtigung von Steuern:
PAngV: $102 = [101 + 8/12 \cdot 6{,}75]\,(1 + i_{\text{eff}})^{-8/12}$ => $102 = 105{,}50\,(1 + i_{\text{eff}})^{-8/12}$
=> $i_{\text{eff}} = (105{,}50/102)^{12/8} - 1 = 5{,}191\%$.
Braess/Fangmeyer: $102 \cdot (1 + 8/12\,i_{\text{eff}}) = 101 + 8/12 \cdot 6{,}75 = 105{,}50$
=> $i_{\text{eff}} = (105{,}50/102 - 1) \cdot 12/8 = 5{,}147\%$.

c2) Mit Berücksichtigung von Steuern: Statt 6,75 ist jetzt in den Gleichungen von Teil c1) der Wert 0,8 · 6,75 anzusetzen.
PAngV: $102 = [101 + 8/12 \cdot 0{,}8 \cdot 6{,}75] (1 + i_{eff})^{-8/12}$ => $102 = 104{,}60 (1 + i_{eff})^{-8/12}$
=> $i_{eff} = (104{,}60/102)^{12/8} - 1 = 3{,}848\%$.
Braess/Fangmeyer: $102 \cdot (1 + 8/12\, i_{eff}) = 101 + 8/12 \cdot 0{,}8 \cdot 6{,}75 = 104{,}60$. Also $i_{eff} = (104{,}60/102 - 1) \cdot 12/8 = 3{,}824\%$.

Lösung Aufgabe 6.1.3:

a) Der Kaufpreis des Wertpapiers beträgt 1.020 €.
Das Wertpapier erbringt jährlich 67,50 € Zinsen und am Ende der Laufzeit 1.000 €. Der Barwert dieses Zahlungsstroms beträgt bei einem Zinssatz von 4%

$$67{,}50 \ \text{€} \ \frac{1-(1+0{,}04)^{-5}}{0{,}04} + 1.000 \ \text{€} \ (1+0{,}04)^{-5} = 300{,}50 \ \text{€} + 821{,}93 \ \text{€} = 1.122{,}43 \ \text{€}.$$

Der Barwertvorteil beträgt somit 1.122,43 € – 1.020 € = 102,43 €

b) Aus Teil a) ergibt sich: Sie müssen bei einer sicheren Anlage 1.122,43 € investieren, bei der Unternehmensanleihe aber nur 1.020 €, um später die gleichen Zahlungen zu erhalten. Dem Vorteil von 102,43 € steht der Nachteil gegenüber, dass das Unternehmen zahlungsunfähig werden kann und es die Zinszahlungen bzw. die Rückzahlung nicht mehr oder nur teilweise leisten kann.

Lösung Aufgabe 6.2.1:

a) Benötigtes Kapital: 200.000 € – 50.000 € = 150.000 €.
Das aufzunehmende Darlehen ist größer als 150.000 €, da ein Disagio berücksichtigt werden muss. Darlehenshöhe: 150.000 € / (1 – 0,04) = 156.250 €.
Die monatliche Zahlung beträgt: 156.250 € · (0,04 + 0,02)/12 = 781,25 €.

b) Bei monatlicher Zinsverrechnung ist mit einem Zinssatz von 0,04/12 pro Periode zu rechnen. Die Zinsbindung beträgt 5 Jahre, also 60 Monate. Mit Satz 6.5.1(II) ergibt sich:

$K_{60\ \text{Monate}}$ = $156.250 \ \text{€} \cdot (1 + 0{,}04/12)^{60} - 781{,}25 \ \text{€} \cdot [(1 + 0{,}04/12)^{60} - 1] / (0{,}04/12)$
= 190.780,72 € – 51.796,08 € = 138.984,64 €.

c) Nach Aufgabe b) sind 138.984,64 € zu finanzieren. Da für den neuen Kredit ein Disagio fällig wird, ist ein Kredit in Höhe von 138.984,64 € /0,96 aufzunehmen. Also A = 138.984,64 € /0,96 · (0,04 + 0,02)/12 =723,88 €.

d) Die Restschuld nach 3 Jahren beträgt:
$K_{36\ \text{Monate}}$ = $156.250 \ \text{€} \cdot (1 + 0{,}04/12)^{36} - 781{,}25 \ \text{€} \cdot [(1 + 0{,}04/12)^{36} - 1] / (0{,}04/12)$
= 176.136,23 € – 2.9829,35 € = 146.306,88 €.
Abzüglich der Sonderzahlung in Höhe von 46.306,88 € ergibt dies eine Restschuld von 100.000 €. Nach weiteren 24 Monaten, also nach insgesamt 5 Jahren ist die Restschuld dann:
K_{24} = $100.000 \ \text{€} \cdot (1 + 0{,}04/12)^{24} - 781{,}25 \ \text{€} \ [(1 + 0{,}04/12)^{24} - 1] / (0{,}04/12)$
= 108.314,30 € – 19.486,63 € = 88.827,67 €.

Die Berechnung dieser Restschuld kann auch anders durchgeführt werden:

Die Restschuld ohne Sonderzahlung ist in Teil b) berechnet worden. Davon ist noch der Betrag 46.306,88 € · $(1 + 0{,}04/12)^{24}$ abzuziehen. Dies ist der Wert der Einsparung (nach insgesamt 60 Monaten), die sich aus der Sonderzahlung ergibt, denn die Sonderzahlung ist noch 60 Monate minus 36 Monate, also noch 24 Monate zu verzinsen.
Insgesamt ergibt sich folgende Restschuld nach fünf Jahren:

K_{60} = 156.250 € · $(1 + 0{,}04/12)^{60}$ − 781,25 € · $[(1 + 0{,}04/12)^{60} - 1] / (0{,}04/12)$
− 46.306,88 € · $(1 + 0{,}04/12)^{24}$
= 88.827,67 €.

Lösung Aufgabe 6.2.2:

a) 60 Monate lang ist jeweils die monatliche Zahlung von

120.000 € · (0,09 + 0,01)/12 = 1.000 €

zu leisten. Damit ergibt sich mit monatlicher Zins- und Tilgungsverrechnung nach Satz 6.5.1(II) folgende Restschuld:

$K_{60\,Monate}$ = 120.000 € · $(1 + 0{,}09/12)^{60}$ − 1.000 € $[(1 + 0{,}09/12)^{60} - 1] / (0{,}09/12)$
= 187.881,7232 € − 75.424,1369 €
= 112.457,59 €.

Die Restschuld kann auch mit Hilfe von Satz 6.5.1(VII) errechnet werden:

$$K_{60\,Monate} = K_0 - s_{60}T_1 = 120.000\,€ - \frac{(1+0{,}09/12)^{60}-1}{0{,}09/12} \cdot 100\,€ = 112.457{,}59\,€.$$

wobei $T_1 = 1\% \cdot 120.000\,€ / 12 = 100\,€$.

b1) Für die monatliche Zahlung A gilt: $A = \dfrac{120.000\,€\,(9\% + 1\%)}{12} = 1.000\,€$.

Der Kurs bezieht sich auf eine Schuld von 100, deshalb ist in der Formel aus Satz 6.6.2 durch K_0 zu teilen und mit 100 zu multiplizieren. Dann erhalten Sie:

$$C = \frac{A\left(\dfrac{1-(1+i_{eff})^{-n_0}}{(1+i_{eff})^{\frac{1}{12}}-1}\right) + K_{n_0}(1+i_{eff})^{-n_0}}{K_0} \cdot 100$$

$$= \frac{1.000\,€\left(\dfrac{1-(1+i_{eff})^{-5}}{(1+i_{eff})^{\frac{1}{12}}-1}\right) + 112.457{,}59\,€\,(1+i_{eff})^{-5}}{120.000\,€} \cdot 100.$$

Bei i_{eff} = 10% ergibt sich C = 97,80.

b2) $K_0 \cdot (1-d) \cdot (1+i_{eff})^{n_0} = A \cdot \left(m + \frac{(m-1)i_{eff}}{2} \right) \cdot \left(\frac{(1+i_{eff})^{n_0} - 1}{i_{eff}} \right) + K_{n_0}$. Also

$$C = 100 \cdot (1-d) = \frac{A\left(m + \frac{(m-1)i_{eff}}{2}\right)\left(\frac{1-(1+i_{eff})^{-n_0}}{i_{eff}}\right) + K_{n_0}(1+i_{eff})^{-n_0}}{K_0} \cdot 100$$

$$= \frac{1.000\,€\left(12 + \frac{11}{2}\,0{,}10\right)\left(\frac{1-1{,}1^{-5}}{0{,}1}\right) + 112.457{,}59\,€ \cdot 1{,}1^{-5}}{120.000\,€} \cdot 100$$

$$= \frac{47.574{,}37\,€ + 69.827{,}32\,€}{120.000\,€} \cdot 100.$$

$$= 97{,}83\,€$$

c) Aus der Lösung des Aufgabenteils a) ist bekannt: $T_1 = 100\,€$. Damit ergibt sich

$$K_{36\text{Monate}} = K_0 - s_{36} T_1 = 120.000\,€ - \frac{(1+0{,}09/12)^{36} - 1}{0{,}09/12} \cdot 100\,€ = 115.884{,}73\,€.$$

Die neue Restschuld nach Sondertilgung ist dann 55.884,73 €. Nach weiteren 24 Monaten (also nach insgesamt 5 Jahren) gilt für die Restschuld (0,09/12 = 0,0075):

$$\begin{aligned}K_{24\text{Monate}} &= K_0 \cdot 1{,}0075^{24} - 1.000\,€ \cdot s_{24} \\ &= 55.884{,}73\,€ \cdot 1{,}0075^{24} - 1.000\,€ \cdot \frac{1{,}0075^{24} - 1}{0{,}0075} \\ &= 66.861{,}25\,€ - 26.188{,}47\,€ \\ &= 40\,672{,}78\,€.\end{aligned}$$

d) $A = \dfrac{K_0(1+i)^{24} - K_{24}}{s_{24}} = \dfrac{55.884{,}73\,€ \cdot 1{,}0075^{24} - 50.000\,€}{(1{,}0075^{24} - 1)/0{,}0075} = 643{,}84\,€.$

Lösung Aufgabe 6.2.3:

a) Die monatliche Rate bei einem Ratenkredit berechnet sich nach der Formel in Satz 6.8.1(i)

$$r = 998\,€ \cdot \frac{1 + 0 + 24 \cdot 0{,}0067}{24} = 48{,}27\,€.$$

b) Der Barwert der Leistung (998 €) muss gleich dem Barwert der Gegenleistung (24 Raten zu je 48,27 €) sein. Mit Satz 6.8.1(ii) ergibt sich:

$$998\,€ = 48{,}27\,€ \cdot \frac{1 + (1+i_{eff})^{-2}}{(1+i_{eff})^{\frac{1}{12}} - 1}.$$

c) $0{,}67\% \cdot 12 \cdot 2 = 16{,}08\%$.
Begründung: Der effektive Zinssatz wird pro Jahr angegeben. Deshalb wird vereinfacht

zunächst mal 12 gerechnet
Die Zinsen werden pro Periode immer vom Gesamtbetrag ermittelt, ohne Berücksichtigung der Tilgung. Am Anfang ist die Darlehensschuld gleich dem Auszahlungsbetrag, am Ende ist die Schuld gleich Null. Im Schnitt beträgt die Darlehenshöhe ungefähr die Hälfte des Auszahlungsbetrags. Deshalb der Faktor 2.

d) Die Iterationen mit dem Sekantenverfahren ergeben mit

$$f(i) = 48{,}27\,€ \cdot \frac{1+(1+i)^{-2}}{(1+i)^{\frac{1}{12}}-1} - 998\,€ \text{ die folgenden Werte:}$$

k	i_k	$f(i_k)$
1	15,000000 %	6,782642516
2	17,000000 %	−10,26309858
3	15,795817 %	−0,082058402
4	15,786111 %	0,001001004
5	15,786228 %	−9,64488E−08
6	15,786228 %	5,45697E−12

Der Effektivzins beträgt 15,79%.

e) Da die Bearbeitungskosten sofort fällig werden, müssen sie in den Finanzierungsbetrag eingerechnet werden:

$$r = 998\,€ \cdot 1{,}01 \cdot \frac{1+0+24 \cdot 0{,}0067}{24} = 48{,}75\,€.$$

Lösung Aufgabe 6.2.4:

Der Auszahlungsbetrag ist der Barwert der 35 Zahlungen von 200 € und der letzten Zahlung von 432,74 €, diskontiert mit dem Zinssatz von 15%. Mit Satz 6.6.3 (oder Satz 6.8.1) ergibt sich:

$$\text{Auszahlungsbetrag} = 200\,€ \cdot \frac{1-1{,}15^{-\frac{35}{12}}}{1{,}15^{\frac{1}{12}}-1} + \frac{432{,}74}{1{,}15^3}\,€ = 6.000{,}00\,€$$

Lösung Aufgabe 6.2.5:

a) Mit Satz 6.8.1 folgt:

$$\text{Auszahlungsbetrag} = 10.000\,€ = r \cdot \frac{1-(1+0{,}0899)^{-\frac{72}{12}}}{(1+0{,}0899)^{\frac{1}{12}}-1} \;\Rightarrow\; r = 178{,}47\,€.$$

b) Die Rate beträgt nach Satz 6.5.1:

$$A = K_0 \cdot \frac{i_{\text{eff}}}{1-(1+i_{\text{eff}})^{-6}} = 10.000\,€ \cdot \frac{0{,}0899}{1-1{,}0899^{-6}} = 2.228{,}53\,€.$$

Lösung Aufgabe 6.2.6:

a) Die Darlehenshöhe beträgt $\dfrac{68.400\,€}{0,95} = 72.000\,€$.

Monatliche Zahlung: $\dfrac{68.400\,€}{0,95} \cdot \dfrac{0,04+0,01}{12} = 300\,€$.

b) $n = \dfrac{\ln\left(1+\dfrac{4\%}{1\%}\right)}{12\cdot\ln\left(1+\dfrac{4\%}{12}\right)} = 40,3023$ Jahre, vgl. Satz 6.5.2 mit m = 12.

c) $K_{72\text{ Monate}} = 72.000\,€ \cdot (1+0,04/12)^{72} - 300\,€\,((1+0,04/12)^{72}-1)/(0,04/12)$
$= 67.126,65\,€$.

d) $K_{24\text{ Quartale}} = 72.000\,€ \cdot (1+0,04/4)^{24} - 3\cdot 300\,€\,((1+0,04/4)^{24}-1)/(0,04/4)$
$= 67.144,78\,€$.

e) Die Restschuld beträgt nach 6 Jahren 67.126,65 € (aus Aufgabenteil c). Abzüglich der Sonderzahlung von 17.126,65 € ergibt dies 50.000 €. Da pro Monat weiterhin 300 € gezahlt werden sollen, muss gelten: $300\,€ = 50.000\,€ \cdot \dfrac{5\% + i_{T\text{neu}}}{12}$. Also ist der neue (anfängliche) Tilgungssatz $i_{T\text{neu}} = \dfrac{12\cdot 300\,€}{50.000\,€} - 5\% = 2,2\%$.

Das zweite Darlehen ist nach $n = \dfrac{\ln\left(1+\dfrac{5\%}{2,2\%}\right)}{12\cdot\ln\left(1+\dfrac{5\%}{12}\right)} = 23,762$ Jahren zurückgezahlt, vgl. Satz 6.5.2 mit m = 12.

Insgesamt dauert die Rückzahlung: 6 Jahre + 23,762 Jahre also 29,762 Jahre.

Lösung Aufgabe 6.2.7:

Wäre keine Sonderzahlung vorhanden, wird die Annuität A ermittelt aus:

$200.000\,€ = A \cdot \dfrac{1-1,07^{-20}}{0,07}$,

d.h., der Barwert der Leistung ist der Barwert einer Rente A bei Verwendung der Nominalverzinsung.

Wird zusätzlich noch die Sondertilgung (nach 7 Jahren) gezahlt, ergibt sich die Gleichung:

$200.000\,€ = A \cdot \dfrac{1-1,07^{-20}}{0,07} + 40.000\,€ \cdot (1+0,07)^{-7}$.

Aufgelöst nach A ergibt sich:

$A = (200.000\,€ - 40.000\,€ \cdot 1,07^{-7}) \cdot \dfrac{0,07}{1-1,07^{-20}} = 16.527,26\,€$.

Lösungen zu den Aufgaben

Lösung Aufgabe 7.1.1:

a) Die Zinsen p.a. betragen $0,06 \cdot 10.000\ € = 600\ €$. Damit gilt: Barwert: PV =

$$= 600\ € \cdot \left(\frac{1}{1,03} + \frac{1}{1,035^2} + \frac{1}{1,04^3} + \frac{1}{1,045^4} + \frac{1}{1,05^5} + \frac{1}{1,055^6} + \frac{1}{1,06^7} + \frac{1}{1,065^8}\right) + \frac{10.000\ €}{1,065^8}$$

$= 9.888{,}31\ €$.

b) Barwert: $PV = 600\ € \cdot \left(\frac{1}{1,05} + \frac{1}{1,05^2} + \frac{1}{1,05^3} + ... + \frac{1}{1,05^6} + \frac{1}{1,05^7} + \frac{1}{1,05^8}\right) + \frac{10.000\ €}{1,05^8}$

$= 10.646{,}32\ €$.

Der Barwert kann auch mit Satz 7.1.1 berechnet werden:

$$PV = N_0 \cdot \left(\frac{i_0}{i}(1+i)^{T^*-T} + (1+a-\frac{i_0}{i})(1+i)^{-T}\right).$$

Mit $i = 5\%$, $i_0 = 6\%$ und $T = T^* = 8$ ergibt sich ein Barwert von

$$PV = 10.000\ € \cdot \left(\frac{6\%}{5\%}(1,05)^{8-8} + (1+0-\frac{6\%}{5\%})(1,05)^{-8}\right) = 10.646{,}32\ €.$$

Da die Laufzeit ganzzahlig ist, kann der Barwert auch über Satz 6.3.1 ($a = 0$, $n = 8$)

$$PV = N_0 \cdot \left(i_0 \frac{1-(1+i)^{-n}}{i} + (1+i)^{-n}\right) = 10.646{,}32\ €\quad \text{berechnet werden.}$$

c) Der Kaufpreis beträgt 9.900 €, da der Kurs 99 beträgt. Für den Effektivzins gilt nach Satz 7.2.1 (mit $T = T^* = 8$ und $a = 0$) die Gleichung

$$9.900\ € = 10.000\ € \cdot \left(\frac{6\%}{i_{eff}} + (1-\frac{6\%}{i_{eff}})(1+i_{eff})^{-8}\right).$$

Gesucht ist die Nullstelle der Funktion $f(i)$ mit

$$f(i) = 10.000\ € \cdot \left(\frac{6\%}{i} + (1-\frac{6\%}{i})(1+i)^{-8}\right) - 9.900\ €.$$

Mit einem Iterationsverfahren erhalten Sie $i_{eff} = 6{,}162\%$.
(Mit den Startwerten $i_1 = 6\%$ und $i_2 = i_{Bank} = 6{,}18606\%$ erhalten Sie $f(i_1) = 100$ und $f(i_2) = -14{,}41562261$. Damit ergibt sich $i_3 = 6{,}16222091\%$ und $f(i_3) = -0{,}092255929$ und $i_4 = 6{,}162\%$ usw.)

d) Der Kaufpreis beträgt 9.850 € plus Stückzinsen, also $9.850\ € + \frac{2}{12} \cdot 600\ € = 9.950\ €$.
Die Laufzeit ist jetzt nur noch 7 Jahre und 10 Monate, also $\frac{94}{12}$ Jahre. Für den Effektivzins gilt nach Satz 7.2.1 ($T^* = 8$, $a = 0$):

$$9.950\ € = 10.000\ € \cdot \left(\frac{6\%}{i_{eff}}(1+i_{eff})^{8-\frac{94}{12}} + (1-\frac{6\%}{i_{eff}})(1+i_{eff})^{-\frac{94}{12}}\right).$$

Gesucht ist also die Nullstelle der Funktion f mit

$$f(i) = 10.000\ € \cdot \left(\frac{6\%}{i}(1+i)^{8-\frac{94}{12}} + (1-\frac{6\%}{i})(1+i)^{-\frac{94}{12}}\right) - 9.950\ €.$$

Mit einem Iterationsverfahren erhalten Sie $i_{eff} = 6{,}412\%$.

Lösung Aufgabe 7.1.2:

a) Es gilt nach Satz 7.2.1:

$$\text{Kaufpreis} = N_0 \cdot \left(\frac{i_0}{i_{eff}} (1+i_{eff})^{T^*-T} + (1+a - \frac{i_0}{i_{eff}})(1+i_{eff})^{-T} \right),$$

wobei T^* die kleinste ganze Zahl ist, die größer oder gleich T ist.
Da Stückzinsen für $1 - 0,25 = 0,75$ Jahre zu zahlen sind, beträgt der Kaufpreis
$1.020 \text{ €} + 0,75 \cdot 60 \text{ €} = 1.020 \text{ €} + 45 \text{ €} = 1.065 \text{ €}$.
Für den Effektivzins muss deshalb folgende Gleichung gelten:

$$1.065 \text{ €} = 1.000 \text{ €} \cdot \left(\frac{6\%}{i_{eff}}(1+i_{eff})^{4-3,25} + (1+0-\frac{6\%}{i_{eff}})(1+i_{eff})^{-3,25} \right).$$

Mit einem Iterationsverfahren ergibt sich 5,304%.

b) Bei 5% Rendite ist der Barwert der Anleihe nach Satz 7.1.1:

$$PV = 1.000 \text{ €} \cdot \left(\frac{6\%}{5\%}(1,05)^{4-3,25} + (1+0-\frac{6\%}{5\%})(1,05)^{-3,25} \right) = 1.074,05 \text{ €}.$$

Werden davon die Stückzinsen von 45 € abgezogen, ergibt sich ein Barwert ohne Stückzinsen von 1.029,05 € für einen Nennwert von 1.000 €. Dies ergibt einen Kurs von 102,905.

c) Wenn halbjährlich Zinszahlungen vorliegen, ist der Kaufpreis $1.020 \text{ €} + ¼ \cdot 60 \text{ €} = 1.035 \text{ €}$, da nur für ein Vierteljahr Stückzinsen anfallen. Die Rendite ergibt sich aus folgender Gleichung:

$$1.035 \text{ €} = \frac{30 \text{ €}}{(1+i_{eff})^{0,25}} + \frac{30 \text{ €}}{(1+i_{eff})^{0,75}} + \frac{30 \text{ €}}{(1+i_{eff})^{1,25}} + \frac{30 \text{ €}}{(1+i_{eff})^{1,75}} + \frac{30 \text{ €}}{(1+i_{eff})^{2,25}}$$
$$+ \frac{30 \text{ €}}{(1+i_{eff})^{2,75}} + \frac{1.030 \text{ €}}{(1+i_{eff})^{3,25}}.$$

Mit Hilfe der Summenformel für die geometrische Reihe könnte dieser Ausdruck zusammengefasst werden. Mit einem Iterationsverfahren ergibt sich ein effektiver Zinssatz von 5,389%, gerundet 5,39%.

Lösung Aufgabe 7.1.3:

a) $PV = 100.000 \text{ €} \cdot 1,00 + 100.000 \text{ €} \cdot 0,99 + 300.000 \text{ €} \cdot 1 + 400.000 \text{ €} \cdot 0,90$
   $+ 400.000 \text{ €} \cdot 1,032 = 1.271.800,00 \text{ €}$.

b) und c) Mit Satz 7.3.1(iii) können die Spot-Rates und mit Satz 6.3.1(II) (und dem Sekantenverfahren) die jeweiligen Renditen ermittelt werden. Die Spot-Rates bei den Anlagen A und B für eine Laufzeit von einem Jahr sind auch die Renditen.
Nur die Renditeangabe bei Anlage B ist falsch; die korrekte Rendite beträgt
$i_{B\,0,1} = 105,50/100 - 1 = 5,051\% < i_{A\,0,1} = 5.5\%$. Also $i_{0,1} = \max\{5,051\%; 5,5\%\} = 5,5\%$.

Mit Anleihe C: $i_{0,2} = \sqrt{\dfrac{105,75}{100 - \dfrac{5,75}{1,055}}} - 1 = 5,757\%$; $i_{0,3} = \sqrt[3]{\dfrac{100+3}{90 - \dfrac{3}{1,055} - \dfrac{3}{1,05757^2}}} - 1$

$= 6,833\%$ aus Anlage D.

Lösungen zu den Aufgaben

	Nenn-wert in €	Kupon	Zahlungsstrom (Nennwert 100)				Spot-Rate	Rendite
			Kurs heute	in einem Jahr	in 2 Jahren	in 3 Jahren		
Anlage A	100.000	5,50%	100,00	105,50			**5,500%**	5,500%
Anlage B	100.000	4,00%	99,00	104,00			5,051%	5,051%
Anlage C	300.000	5,75%	100,00	5,75	105,75		**5,757%**	5,750%
Anlage D	400.000	3,00%	90,00	3,00	3,00	103,00	6,833%	**6,796%**
Anlage E	400.000	8,00%	103,20	8,00	8,00	108,00	**6,877%**	6,785%

d) Aus der obigen Tabelle ergibt sich:
die Empfehlung nach dem Renditekriterium: Anlage D, da 6,796% > 6,785%.
die Empfehlung nach Spot-Rate-Kriterium: Anlage E, da 6,877% > 6,833%.

e) Der Verkauf der Anlage D vermindert die Zahlungen zum Zeitpunkt 3 um 412.000 €, da durch den Verkauf keine Zins- und Rückzahlungen erfolgen. Um diese fehlende Zahlung zum Zeitpunkt 3 zu ersetzen, ist Anlage E im Nennwert von 381.481,48 € zu kaufen, denn x (1 + 0,08) = 412.000 € und somit x = 412.000 € / 1,08 = 381.481,48 €. Die jährlichen Zinsen bei Anlage E betragen 8% dieses Nennwerts, also 30.518,52 €. Zum Zeitpunkt 2 fehlen dann 12.000 € (durch den Verkauf der Anlage D); dazugekommen sind 30.518,52 € (durch den Kauf von Anlage E). Es bleibt insgesamt ein Ertrag von 18.518,52 €. Dieser wird durch Verkauf von Anlage C eliminiert. Damit auch zum Zeitpunkt 1 keine Zahlung durch die gesamte Umschichtung erfolgt, wird Anlage B verkauft, da Anlage A besser ist. (Die Spot-Rate ist größer als bei B.)

Theoretischer Plan:		Zahlungsstrom			
	Nennwert	0	1	2	3
Verkauf Anlage D	400.000,00	360.000,00	−12.000,00	−12.000,00	−412.000,00
und Kauf von E	381.481,48	−393.688,89	30.518,52	30.518,52	412.000,00
Verkauf von C	17.511,60	17.511,60	−1.006,92	−18.518,52	
Verkauf von B	16.838,08	16.669,70	−17.511,60		
	Summe:	**492,41**	0,00	0,00	0,00

Am Schluss der Rechnung bleibt ein Überschuss (Free Lunch) von 492,41€.

f) Der theoretische Plan lässt sich meist nicht realisieren, da die Nennwerte oft Vielfache von 100 €, 1.000 € oder 50.000 € sein müssen. Außerdem fallen noch Transaktionskosten an. Im Folgenden ist ein realisierbarer Plan unter der Bedingung angegeben, dass der Nennwert ein Vielfaches von 100 € sein muss. Dann ergibt sich:

Praktischer Plan:		Zahlungsstrom			
	Nennwert	0	1	2	3
Verkauf Anlage D	400.000,00	360.000,00	−12.000,00	−12.000,00	−412.000,00
und Kauf von E	381.500,00	−393.708,00	30.520,00	30.520,00	412.020,00
Verkauf von C	17.500,00	17.500,00	−1.006,25	−18.506,25	
Verkauf von B	16.800,00	16.632,00	−17.472,00		
	Summe:	424,00	41,75	13,75	20,00

Lösung Aufgabe 7.1.4:

a) und b)

	Nenn-wert	Ku-pon	Kurs heute	in einem Jahr	in 2 Jahren	in 3 Jahren	Spot-Rate	Rendite
				Zahlungsstrom (Nennwert = 100)				
Anlage A	100.000	5,50	–100,00	104,13			**4,125%**	4,125%
Anlage B	100.000	4,00	–99,00	102,75			3,788%	3,788%
Anlage C	300.000	5,75	–100,00	4,31	104,31		**4,317%**	4,313%
Anlage D	400.000	3,00	–90,00	2,25	2,25	99,75	**5,161%**	5,140%
Anlage E	400.000	8,00	–103,20	6,00	6,00	106,80	5,127%	5,077%

Bei Anlage B ist die Auszahlung nach einem Jahr: Nennwert + Zinsen – Steuern = 100 € + 4 € – 0,25 · (4 € + 1 €) = 102,75 €, denn der Kursgewinn von 100 € – 99 € ist auch zu versteuern. Bei Anlage E ergibt sich am Ende ein Kursverlust, d.h., statt Zinsen von 8 € sind nur 8 € – 3,20 € zu versteuern. Dies ergibt eine Zahlung von 100 € + 8 € – 0,25 · (8 € – 3,20 €) = 106,80 €.
Die Renditen wurden mit Satz 6.3.1(II) und die Spot-Rates mit Satz 7.3.1(iii) ermittelt.
Die Empfehlung für eine Anlage bei einer Laufzeit von 3 Jahren nach dem Rendite- und dem Spot-Rate-Kriterium: Anlage D.

c) Nach dem Spot-Rate-Kriterium ist Anlage E (im Nennwert von 400.000 €) zu verkaufen und dafür Anlage D zu kaufen. Durch den Verkauf von Anlage E fallen zum Zeitpunkt 3 genau 400.000 € · 106,80 / 100 = 427.200 € weg. Der Nennwert bei Anlage D (= 427.200 € · 100 / 99,75) ist so zu wählen, dass zum Zeitpunkt 3 der Wegfall von E ausgeglichen wird. Die Berechnung erfolgt wie in Aufgabe 7.1.3. Anlage A wird gekauft, da B nach dem Spot-Rate-Kriterium schlechter ist. Der Free Lunch beträgt 361,75 €.

Theoretischer Plan:	Nennwert	Zahlungsstrom in €			
		0	1	2	3
Verkauf Anlage E	400.000,00	412.800,00	–24.000,00	–24.000,00	–427.200,00
und Kauf von D	428.270,68	–385.443,61	9.636,09	9.636,09	427.200,00
Kauf von C	13.770,08	–13.770,08	593,83	14.363,91	
Kauf von A	13.224,56	–13.224,56	13.770,08		
Summe:		**361,75**	0,00	0,00	0,00

Wenn der Nennwert ein Vielfaches von 100 € sein soll, gibt die folgende Tabelle einen praktischen Plan zur Erzielung der Arbitrage an. Dabei wurde der Nennwert jeweils gerundet und der Zahlungsstrom neu berechnet:

	Nennwert	Zahlungsstrom in €			
		0	1	2	3
Verkauf Anlage E	400.000,00	412.800,00	–24.000,00	–24.000,00	–427.200,00
und Kauf von D	428.300,00	–385.470,00	9.636,75	9.636,75	427.229,25
Kauf von C	13.800,00	–13.800,00	595,13	14.395,13	
Kauf von A	13.200,00	–13.200,00	13.744,50		
Summe:		**330,00**	–23,63	31,88	29,25

Herr Spargut muss zwar nach einem Jahr etwas zuzahlen (23,63 €), aber das kann er leicht aus dem sofortigen Gewinn in Höhe von 330 € realisieren, d.h., auch bei dem praktikablen Plan gibt es Arbitrage.
Transaktionskosten: 0,1% · (412.800 € + 428.300 € + 13.800 € + 13.200 €) = 868,10 €.
Stückzinsen fallen nicht an. Da die Transaktionskosten erheblich größer als die Erträge aus der Umschichtung sind, lohnt sich die Umstrukturierung des Portfolios nicht.

Lösung Aufgabe 7.1.5:
Es gibt Arbitrage. Begründung: Anlage A1 ergibt eine Spot-Rate von 110/100 − 1 = 10%; Anlage B1 eine Spot-Rate von 131/120 − 1 = 9,1667%. Da beide Werte unterschiedlich sind, gibt es Arbitrage. Es muss kein zusätzlicher Zinssatz angegeben werden. Die maximal erzielbare einjährige Spot-Rate ist somit 10%.
Für A2 ergibt sich eine zweijährige Spot-Rate (= Spot-Rate bei einer Laufzeit von zwei Jahren) nach Satz 7.1.3(iii) von $[121/(110 - 11/1,10)]^{1/2} - 1 = 10\%$.

Für Anlage B2 ergibt sich ein Wert von $132,25 / (115 - 16,5/1,1)^{1/2} - 1 = 15\%$.
Also ist die maximal erzielbare zweijährige Spot-Rate 15%.

Lösung Aufgabe 7.1.6:
a) Mit der linearen Interpolation

$$i_{t_0,t} = i_{t_0,t_1} + \text{years}(t_1,t) \cdot \frac{i_{t_0,t_2} - i_{t_0,t_1}}{\text{years}(t_1,t_2)} = i_{0,1} + (t-1) \cdot \frac{i_{0,2} - i_{0,1}}{2-1}$$

nach Satz 7.3.1 erhalten Sie die Ergebnisse in der weiter unten stehenden Tabelle.

b) Wird mit den Diskontierungsfaktoren $d_1 = d(0,1) = 1/1,04 = 0,961538$ und $d_2 = d(0,2)$ $= 1/1,06^2 = 0,889996$ gerechnet, ergibt sich mit der Interpolation aus Satz 7.3.1

$$d(t_0, t) = \exp\{[\lambda \cdot \frac{\ln(d_1)}{\text{years}(t_0,t_1)} + (1-\lambda) \cdot \frac{\ln(d_2)}{\text{years}(t_0,t_2)}] \cdot \text{years}(t_0, t)\}$$

$$= \exp\{[(2-t) \cdot \frac{\ln(d_1)}{1-0} + (t-1) \cdot \frac{\ln(d_2)}{2-0}] \cdot (t-0)\}$$

mit $\lambda = \frac{\text{years}(t,t_2)}{\text{years}(t_1,t_2)} = \frac{2-t}{2-1}$.

Damit ergeben sich die in der folgenden Tabelle angegebenen Interpolationszahlenwerte.

Zeit t	$i_{0,t}$ aus lin. Interpolation	d(0, t) lin. Interpolation	λ	d(0, t) exponent. Interpolation	$i_{0,t}$ aus exp. Interpolation	Unterschied exp. zu lin. Diskontierungsfaktor
1	4,0%	0,96153846	1	0,96153846	4,0000%	0,0000%
1,05	4,1%	0,95868677	0,95	0,95869549	4,0991%	−0,0009%
1,1	4,2%	0,95575265	0,9	0,95576990	4,1983%	−0,0018%
1,15	4,3%	0,95273703	0,85	0,95276249	4,2976%	−0,0027%
1,2	4,4%	0,94964088	0,8	0,94967408	4,3970%	−0,0035%

...	...	...	...	...	...	...
1,85	5,7%	0,90252922	0,15	0,90256767	5,6976%	−0,0043%
1,9	5,8%	0,89841549	0,1	0,89844322	5,7983%	−0,0031%
1,95	5,9%	0,89423750	0,05	0,89425244	5,8991%	−0,0017%
2	6,0%	0,88999644	0	0,88999644	6,0000%	0,0000%

In der folgenden Grafik sind die beiden Diskontierungsfaktoren eingezeichnet worden. Die Ergebnisse der beiden Methoden unterscheiden sich nur minimal und sind anhand der Grafik nicht erkennbar.

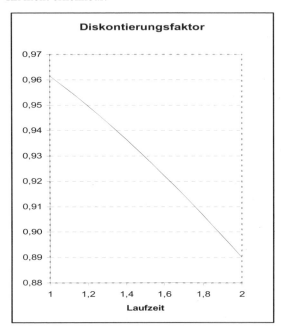

Lösung Aufgabe 7.2.1:

a) Die Duration ist die Laufzeit, da keine Zwischenzahlungen erfolgen, also D = 3.

Da keine Zinsmethode angegeben ist und die Laufzeit größer als ein Jahr ist, wird mit exponentieller Verzinsung gerechnet. Die Rendite der Nullkupon-Anleihe ist als Marktzinssatz zu verwenden. Sie beträgt: $(100/88{,}90)^{1/3} - 1 = 4{,}000\%$.

Da nur eine Zahlung in 3 Jahren vorliegt, folgt nach Satz 7.6.3 mit $PV = Z_1 \cdot (1 + i)^{t_1}$ für die Konvexität: $C = 3 \cdot (3 + 1) / (1 + 4{,}000\%)^2 = 11{,}095$.

b) Der Barwert der Anleihe ist $PV = \dfrac{500\,€}{1+0{,}04} + \dfrac{10.000\,€ + 500\,€}{(1+0{,}04)^2} = 10.188{,}61\,€$.

$$\text{Duration } D = \dfrac{\sum_{k=1}^{n} t_k \cdot Z_k \cdot (1+i)^{-t_k}}{PV} = \dfrac{1 \cdot \dfrac{500\,€}{1+0{,}04} + 2 \cdot \dfrac{10.500\,€}{(1+0{,}04)^2}}{10.188{,}61\,€} = 1{,}953.$$

Lösung Aufgabe 7.2.2:

Für den Barwert des Portfolios gilt: $PV_P = PV_A + PV_B$.

$$C_P = \frac{1}{PV_P} \cdot \frac{d^2 PV_P}{di^2} = \frac{1}{PV_A + PV_B} \cdot \frac{d^2(PV_A + PV_B)}{di^2}$$

$$= \frac{1}{PV_A + PV_B} \cdot \frac{d^2 PV_A}{di^2} + \frac{1}{PV_A + PV_B} \cdot \frac{d^2 PV_B}{di^2}$$

$$= \frac{PV_A}{PV_A + PV_B} \cdot \frac{1}{PV_A} \cdot \frac{d^2 PV_A}{di^2} + \frac{PV_B}{PV_A + PV_B} \cdot \frac{1}{PV_B} \cdot \frac{d^2 PV_B}{di^2}$$

$$= a \cdot C_A + \frac{PV_B}{PV_A + PV_B} \cdot C_B = a \cdot C_A + \frac{PV_A + PV_B - PV_A}{PV_A + PV_B} \cdot C_B = a \cdot C_A + (1-a) \cdot C_B.$$

Lösung Aufgabe 7.2.3:

Die Laufzeit der Anleihe beträgt $7 + 315/365 = 7{,}863$ Jahre. Der Barwert ist bei einem Nennwert von 100 nach Satz 7.1.1:

$$PV = N_0 \cdot \left(\frac{i_0}{i}(1+i)^{T^*-T} + (1+a-\frac{i_0}{i})(1+i)^{-T} \right)$$

$$= 100 \cdot \left(\frac{0{,}06}{0{,}05}(1+0{,}05)^{8-(7+\frac{315}{365})} + (1+0-\frac{0{,}06}{0{,}05})(1+0{,}05)^{-(7+\frac{315}{365})} \right) = 107{,}1771518.$$

Duration (bei exponentieller Verzinsung): $D = \dfrac{\sum\limits_{k=1}^{n} t_k \cdot Z_k \cdot (1+i)^{-t_k}}{PV} = 6{,}49507459$, wobei $n = 8$, $i = 0{,}05$, $Z_1 = Z_2 = \ldots = Z_7 = 6$, $Z_8 = 106$, $t_1 = 315/365$, $t_2 = 1 + 315/365$, $\ldots$, $t_8 = 7 + 315/365$.

(Hinweis: Die Duration kann auch über Satz 7.5.1(iii) ausgerechnet werden. Diese Berechnungsweise wird bei der Lösung der Aufgabe 7.2.4 angewandt.)

Modifizierte Duration $D_{mod} = D/(1+i) = 6{,}495/1{,}05 = 6{,}186$.

Konvexität $C = \dfrac{\sum\limits_{k=1}^{n} t_k \cdot (t_k + 1) \cdot Z_k \cdot (1+i)^{-t_k}}{(1+i)^2 \cdot PV} = 48{,}839$.

Für die beiden weiteren Kenngrößen muss der Nennwert der Anleihe bekannt sein, ansonsten kann der Basispunktwert und die Dollar-Duration nicht ermittelt werden. Der Einfachheit halber wird der Nennwert auf 100 € festgelegt. Dann gilt:

Der Basispunktwert beträgt: $PVBP = \dfrac{D_{mod} \cdot PV}{10.000} = 0{,}0663$ €.

Die Dollar-Duration beträgt: $DD = \dfrac{D_{mod} \cdot PV}{100} = 6{,}63$ €.

Lösung Aufgabe 7.2.4:

Zur Berechnung der Duration wird die Rendite der Anleihe als Marktzinssatz verwendet. Bei einem Kurs von 104 beträgt der Kaufpreis bei 100 € Nennwert
104 € + (365 − 315)/365 * 6 € = 104,82 € (gerundet).
Die Laufzeit der Anleihe beträgt 7 + 315/365 = 7,863 Jahre.
Damit gilt für die Rendite der Anleihe nach Satz 7.2.1 bei exponentieller Verzinsung:

$$KP = N_0 \cdot \left(\frac{i_0}{i_{eff}} (1+i_{eff})^{T^*-T} + (1+a-\frac{i_0}{i_{eff}})(1+i_{eff})^{-T} \right).$$ Mit Zahlenwerten:

$$104 + \frac{365-315}{365} \cdot 6 = 100 \cdot \left(\frac{0,06}{i_{eff}} (1+i_{eff})^{8-(7+\frac{315}{365})} + (1+0-\frac{0,06}{i_{eff}})(1+i_{eff})^{-(7+\frac{315}{365})} \right).$$

Mit einem Iterationsverfahren kann die Rendite errechnet werden. Sie beträgt 5,360%.

Die Duration (exponentielle Verzinsung) wird mit Satz 7.5.1 ausgerechnet.
Bei einer Laufzeit von 8 Jahren ist die Duration ($n = 8$, $i = 0,05360$, $i_0 = 0,06$, $a = 0$):

$$D = \frac{1+i}{i} - \frac{n \cdot i_0 + (1+a) \cdot (1+i-n \cdot i)}{i_0 \cdot [(1+i)^n - 1] + (1+a) \cdot i}$$

$$= \frac{1+0,0536}{0,0536} - \frac{8 \cdot 0,06 + 1 + 0,0536 - 8 \cdot 0,0536}{0,06 \cdot [(1+0,0536)^8 - 1] + 0,0536} = 6,614.$$

Da die Laufzeit der Anleihe keine 8 Jahre beträgt, sondern 50 Tage kürzer ist, muss zur Berechnung der Duration der Anleihe nach Satz 7.5.1 von der Duration bei einer Laufzeit von 8 Jahren noch 50/365 abgezogen werden. Es ergibt sich eine Duration von 6,4773.

Die modifizierte Duration beträgt 6,4773 / 1,05360 = 6,148.

Lösung Aufgabe 7.2.5:

a) Duration des Portfolios = $\frac{7}{21} \cdot 3 + \frac{7}{21} \cdot 5 + \frac{7}{21} \cdot 10 = 6$ Jahre.

b) $PV_{neu} \approx PV_{alt} - D_{mod} \cdot PV_{alt} \cdot 0,2\%$ = 21 Mio. € − 6/(1 + 0,05) · 21 Mio. € · 0,02
    = 20,76 Mio. €.

c) (i) Hinzuzukaufen ist von Anlage C, da sie die einzige Anlage ist, die eine Duration von über 8 Jahren hat. Verkaufen können Sie Anlage A oder B. Da die Anlage A die niedrigere Duration hat, ist die Gesamtduration stärker durch den Verkauf von Anlage A als durch den Verkauf von Anlage B zu senken. Sei x der Anteil der Anlage A nach dem Verkauf. Der Anteil an Anlage B ist immer noch ein Drittel, der Anteil an Anlage C ist dann 2/3 − x. Es muss gelten

$x \cdot 3 + \frac{1}{3} \cdot 5 + (\frac{2}{3} - x) \cdot 10 = 8 \implies x = 1/21.$

Das heißt, der Barwert nach der Umschichtung der Anlage A muss eine Million Euro (von insgesamt 21 Millionen Euro) sein. Anlage A muss also im Barwert von sechs Millionen Euro verkauft werden; für diesen Wert wird Anlage C gekauft.

(ii) Barwerte nach Umschichtung: Anlage A 1 Million Euro, Anlage B 7 Millionen Euro und Anlage C 13 Millionen Euro.

Lösungen zu den Aufgaben

Lösung Aufgabe 8.1:

a)

Jahr	Anlage-betrag	Wert je Fonds-anteil	Kaufpreis je Fonds-anteil	Anzahl der erworbenen Anteile	Anteile insgesamt	Gesamtwert der Anlage
1	1.800,00	50,00	50,00	36,000	36,000	1.800,00
2	1.800,00	58,00	58,00	31,034	67,034	3.887,97
3	1.800,00	60,00	60,00	30,000	97,034	5.822,04
4	1.800,00	54,00	54,00	33,333	130,367	7.039,82
5	1.800,00	59,00	59,00	30,508	160,875	9.491,63
6	1.800,00	72,00	72,00	25,000	185,875	13.383,00
7	1.800,00	83,00	83,00	21,687	207,562	17.227,65
8	1.800,00	69,00	69,00	26,087	233,649	16.121,78
9	1.800,00	75,00	75,00	24,000	257,649	19.323,68
10	1.800,00	94,00	94,00	19,149	276,798	26.019,01
11		90,00	90,00	0,000	276,798	**24.911,82**

b) Die Rendite des Anlegers r (= wertgewichtete Rendite) ist mittels Iterationsverfahren (z.B. Sekantenverfahren) aus der Gleichung: $1.800 \cdot (1+r) \cdot \dfrac{(1+r)^{10} - 1}{r} = 24.911{,}82\ \text{€}$

zu ermitteln, denn die vorschüssige Rente von 1.800 € muss bei der Rendite r genau das obige Endkapital von 24.911,82 € ergeben. Es ergibt sich: r = 5,832%.

c) Rendite des Fondsmanagers: $r_{zeitgew.} = \sqrt[10]{\dfrac{58}{50} \cdot \dfrac{60}{58} \cdot \ldots \cdot \dfrac{90}{94}} - 1 = \sqrt[10]{\dfrac{90}{50}} - 1 = 6{,}054\%$.

Lösung Aufgabe 8.2:

a) Fonds A: Endkapital $K_n = \dfrac{K_0}{(1+a)}(1-v)^n(1+s)^n = \dfrac{K_0}{1+0{,}04}(1-0{,}005)^n(1+0{,}10)^n$.

Fonds B: Endkapital $K_n = \dfrac{K_0}{1+0}(1-0{,}0125)^n(1+0{,}10)^n$.

A ist günstiger, wenn $\dfrac{K_0}{1+0{,}04}(1-0{,}005)^n(1+0{,}10)^n > \dfrac{K_0}{1+0}(1-0{,}0125)^n(1+0{,}10)^n$

$\Leftrightarrow \dfrac{0{,}995^n}{1{,}04} > 0{,}9875^n \Leftrightarrow n > \dfrac{\ln(1{,}04)}{\ln(0{,}995/0{,}9875)} = 5{,}184$, also ab dem 6. Jahr.

b) Für die Rendite r gilt: $(1+r)^{10} = \dfrac{(1-v)^{10} \cdot (1+s)^{10}}{1+a}$. Also: $r = \dfrac{(1-v) \cdot (1+s)}{\sqrt[10]{1+a}} - 1$.

Rendite Fonds A: $r = \dfrac{(1-v) \cdot (1+s)}{\sqrt[10]{1+a}} - 1 = \dfrac{0{,}995 \cdot 1{,}10}{\sqrt[10]{1{,}04}} - 1 = 9{,}022\%$,

Rendite Fonds B: $r = \dfrac{(1-v) \cdot (1+s)}{\sqrt[10]{1+a}} - 1 = \dfrac{0{,}9875 \cdot 1{,}10}{1} - 1 = 8{,}625\%$.

Zur Information ist in der folgenden Tabelle die Wertverläufe der Investmentfonds bei Start mit 100% und einer Wertsteigerung der Aktien von 10% p.a. angegeben:

	Fonds A	Fonds B
Ausgabeaufschlag	4%	0%
jährl. Verwaltungskosten	0,50%	1,25%
Jahr	Wert Fonds A	Wert Fonds B
0	96,15%	100,00%
1	105,24%	108,63%
2	115,19%	117,99%
3	126,07%	128,17%
4	137,98%	139,23%
5	151,02%	151,23%
6	165,30%	164,28%
7	180,92%	178,45%
8	198,01%	193,84%
9	216,72%	210,56%
10	237,21%	228,72%

Lösung Aufgabe 9.1:

a) Richtig: wie Kurve K3.
   Kurve K1 kann nicht richtig sein, da die Kurve teilweise größer als das Maximum der Einzelrenditen ist. K2 kann nicht richtig sein, da die Kurve „links unten" „wieder zurückgeht", d.h., zu einem Risikowert gibt es zwei verschiedene Renditen.

b) 12 Monate = 1 Jahr. Also Volatilität = $\sqrt{12 \cdot 0{,}012}$ = 0,379 = 37,9%.

c) „Mittelwert + Varianz" ist im Allgemeinen Unsinn, da der Mittelwert aus den Werten selbst, die Varianz aber aus den Quadraten der Werte berechnet wird.

Lösung Aufgabe 9.2:

Die Portfoliorendite beträgt $R = a\, R_{VW} + (1-a)\, R_{Lufth}$, wenn a der Anteil an VW-Aktien ist.
Die erwartete Rendite $E(R) = a \cdot 0{,}1 + (1-a) \cdot 0{,}2$.
Die Varianz der Rendite $Var(R) = a^2 \cdot 0{,}4^2 + (1-a)^2 \cdot 0{,}5^2 + 2a \cdot (1-a) \cdot 0{,}6 \cdot 0{,}4 \cdot 0{,}5$.

a) a = 0,8. Also $E(R) = 0{,}8 \cdot 10\% + 0{,}2 \cdot 20\% = 12\%$ und Risiko$(R) = \sqrt{Var(R)} = 38{,}833\%$.

b) Die Ableitung der Varianz nach a beträgt
$$\frac{d\,Var(R)}{d\,a} = 2a \cdot 0{,}4^2 - 2(1-a) \cdot 0{,}5^2 + 2(1-a) \cdot 0{,}6 \cdot 0{,}4 \cdot 0{,}5 - 2a \cdot 0{,}6 \cdot 0{,}4 \cdot 0{,}5.$$

Nullsetzen der Ableitung ergibt $a \cdot 0{,}32 - 0{,}5 + 0{,}5a + (1-a) \cdot 0{,}24 - a \cdot 0{,}24 = 0$.
Also $a = 0{,}26/0{,}34 = 0{,}7647$, d.h., der Anteil der VW-Aktien beträgt 76,47%, der Anteil der Lufthansa-Aktien 23,53%. Es liegt ein Minimum vor, da die zweite Ableitung der Varianz gleich $0{,}32 + 0{,}5 - 0{,}24 - 0{,}24 = 0{,}34$ (und somit für alle a größer als Null) ist. Auch mit den Formeln in Satz 9.2.2 können die Anteile bei minimaler Varianz ausgerechnet werden:

Anteile $a_{\min var} = \dfrac{Cov^{-1} \cdot e}{e^T \cdot Cov^{-1} \cdot e}$. Dazu wird zunächst die Kovarianzmatrix benötigt:

$Cov = \begin{pmatrix} 0{,}4^2 & 0{,}6 \cdot 0{,}4 \cdot 0{,}5 \\ 0{,}6 \cdot 0{,}4 \cdot 0{,}5 & 0{,}5^2 \end{pmatrix} = \begin{pmatrix} 0{,}16 & 0{,}12 \\ 0{,}12 & 0{,}25 \end{pmatrix}$.

Cov^{-1} kann dann beispielsweise mit Excel berechnet werden:

$Cov^{-1} = \begin{pmatrix} 9{,}765625 & -4{,}6875 \\ -4{,}6875 & 6{,}25 \end{pmatrix}$. Mit $e = \begin{pmatrix} 1 \\ 1 \end{pmatrix}$ folgt

$a_{\min var} = \dfrac{Cov^{-1} \cdot e}{e^T \cdot Cov^{-1} \cdot e} = \dfrac{\begin{pmatrix} 5{,}078125 \\ 1{,}56251 \end{pmatrix}}{(1,\ 1) \cdot \begin{pmatrix} 5{,}078125 \\ 1{,}56251 \end{pmatrix}} = \begin{pmatrix} 0{,}7647 \\ 0{,}2353 \end{pmatrix}$.

Herr Maier muss 76,47% in VW-Aktien anlegen, 23,53% in Lufthansa-Aktien. Die erwartete Rendite ist $0{,}7647 \cdot 10\% + 0{,}2353 \cdot 20\% = 12{,}4\%$.

c) Da die risikolose Anlage eine Volatilität von Null hat, muss die Gesamtanlage auch eine Volatilität von Null haben. Da die beiden anderen Anlagen eine positive Korrelation haben, muss 100% wird in die sichere Anlage gesteckt. Die Volatilität ist 0.

Lösung Aufgabe 9.3:

a) Minimiere $Var(R_P) = a^T \cdot Cov \cdot a$ unter den Nebenbedingungen $a^T \cdot e = 1$ und $a^T \cdot \mu = \mu_0$, wobei e der Vektor aus Einsen und μ_0 der geforderte Ertrag ist.

Mit Hilfe der Lagrange-Funktion L (Extremwertbestimmung unter Nebenbedingungen) kann diese Minimierungsaufgabe gelöst werden.

$L(a, \lambda_1, \lambda_2) = a^T \cdot Cov \cdot a + \lambda_1 (\mu_0 - a^T \cdot \mu) + \lambda_2 (1 - a^T \cdot e)$.

Da die Varianz $a^T \cdot Cov \cdot a$ definitionsgemäß nicht negativ sein kann, folgt, dass Cov positiv semidefinit ist. Für positiv semidefinite Matrizen ist die Funktion L konvex (wird hier nicht bewiesen). Beim Ausrechnen eines Extremwertes reicht es deshalb, die erste Ableitung zu betrachten. Ein mögliches Extremum ist dann immer ein Minimum. Die Funktion L hängt vom Anteilsvektor a und von den Lagrange-Multiplikatoren λ_1 und λ_2 ab. Es muss nun gelten:

(1) $\dfrac{\partial L}{\partial a} = 0$. Also $2 \cdot Cov \cdot a - \lambda_1 \cdot \mu - \lambda_2 \cdot e = 0$. Somit $2 \cdot Cov \cdot a = \lambda_1 \cdot \mu + \lambda_2 \cdot e$.

(2) $\dfrac{\partial L}{\partial \lambda_1} = 0$. Also $\mu_0 - a^T \cdot \mu = 0$.

(3) $\dfrac{\partial L}{\partial \lambda_2} = 0$. Also $1 - a^T \cdot e = 0$.

Multiplizieren Sie (1) von links mit dem Vektor ½ a^T, ergibt sich

$a^T \cdot Cov \cdot a = \dfrac{\lambda_1 \cdot a^T \cdot \mu + \lambda_2 \cdot a^T \cdot e}{2}$.

Die linke Seite dieser Gleichung ist die Varianz des Portfolios. Setzen Sie die Ergebnisse aus den Gleichungen (2) und (3) in die rechte Seite ein, erhalten Sie

(4) $\quad\text{Var}(R_p) = \dfrac{\lambda_1 \cdot \mu_0 + \lambda_2}{2}$.

Multiplizieren Sie (1) von links mit ½ Cov^{-1}, ergibt sich

(5) $\quad a = \dfrac{\lambda_1}{2}\text{Cov}^{-1}\cdot\mu + \dfrac{\lambda_2}{2}\text{Cov}^{-1}\cdot e$.

Setzen Sie diese Gleichung in die Gleichung (2) bzw. (3) ein, erhalten Sie:

(6) $\quad\mu_0 = (\dfrac{\lambda_1}{2}\text{Cov}^{-1}\mu + \dfrac{\lambda_2}{2}\text{Cov}^{-1}e)^T \cdot \mu$

$\qquad\quad = \dfrac{\lambda_1}{2}\mu^T\cdot\text{Cov}^{-1}\cdot\mu + \dfrac{\lambda_2}{2}e^T\cdot\text{Cov}^{-1}\cdot\mu$,

(7) $\quad 1 - (\dfrac{\lambda_1}{2}\text{Cov}^{-1}\cdot\mu + \dfrac{\lambda_2}{2}\text{Cov}^{-1}\cdot e)^T\cdot e$

$\qquad\quad = 1 - \dfrac{\lambda_1}{2}\cdot\mu^T\cdot\text{Cov}^{-1}\cdot e - \dfrac{\lambda_2}{2}e^T\cdot\text{Cov}^{-1}\cdot e = 0$.

Werden die Abkürzungen

$x = \mu^T\cdot\text{Cov}^{-1}\cdot\mu$, $\;y = \mu^T\cdot\text{Cov}^{-1}\cdot e = e^T\cdot\text{Cov}^{-1}\cdot\mu\;$ und $\;z = e^T\cdot\text{Cov}^{-1}\cdot e$

eingeführt, erhalten Sie aus (6) und (7):

(8) $\quad\mu_0 = \dfrac{\lambda_1}{2}x + \dfrac{\lambda_2}{2}y$

(9) $\quad 1 = \dfrac{\lambda_1}{2}y + \dfrac{\lambda_2}{2}z$

Die Auflösung (8) und (9) nach λ_1 bzw. von (8) und (9) nach λ_2 ergibt:

$\lambda_1 = \dfrac{2\mu_0 - \lambda_2 y}{x} = \dfrac{2 - \lambda_2 z}{y}$ bzw. $\lambda_2 = \dfrac{2\mu_0 - \lambda_1 x}{y} = \dfrac{2 - \lambda_1 y}{z}$. Damit folgt:

(10) $\quad \lambda_2 = 2\cdot\dfrac{x - \mu_0 y}{xz - y^2}$ bzw. $\lambda_1 = 2\dfrac{z\mu_0 - y}{xz - y^2}$.

Setzen Sie diese Werte in Gleichung (4) ein, ergibt sich Sie Aussage (i) der Aufgabe. Die dazugehörigen Anlageanteile erhalten Sie, wenn Sie λ_1 und λ_2 aus (10) in (5) einsetzen.

b) Um die minimale Varianz auszurechnen, ist Var(R_p) aus der bewiesenen Aussage in (i) nach μ_0 abzuleiten und die Ableitung Null zu setzen. Es ergibt sich

$\dfrac{2z\mu_0 - 2y}{xz - y^2} = 0$. Also $\mu_0 = \dfrac{y}{z}$. Setzen Sie dieses Ergebnis in die Varianzformel ein,

erhalten Sie die minimale Varianz $\dfrac{y^2/z - 2y^2/z + x}{xz - y^2} = \dfrac{1}{z}$.

Setzen Sie die obigen Lösungen in die Gleichung (5) für die Anteile a ein, erhalten Sie

$$a_{\min var} = \frac{\lambda_1}{2} Cov^{-1} \cdot \mu + \frac{\lambda_2}{2} Cov^{-1} \cdot e = \frac{Cov^{-1} \cdot e}{z}, \text{ wegen}$$

$$\lambda_1 = 2 \cdot \frac{z\mu_0 - y}{xz - y^2} = 0 \text{ und } \lambda_2 = 2 \cdot \frac{x - \mu_0 y}{xz - y^2} = 2 \cdot \frac{x - y^2/z}{xz - y^2} = \frac{2}{z}.$$

Lösung Aufgabe 9.4:

Zunächst sollten die DM-Kurse von BASF auf Euro umgerechnet werden. Der Kurs in Euro am 24.11.1998 von 34,10 € ergibt sich aus 66,70 / 1,95583 = 34,10316848. In der Tabelle auf der nächsten Seiten sind alle Euro-Werte gerundet dargestellt; mit exakten Euro-Werten wird (weiter) gerechnet. Der DAX ist ein Index und muss deshalb nicht umgerechnet werden.

Die erste Tagesrendite für BASF ergibt sich aus $r_1 = \ln(Kurs_{25.11.1998}/Kurs_{24.11.1998})$. Aus den 31 Kursen können somit 30 Renditen ermittelt werden. Der Mittelwert ist dann

$$\bar{r}_{BASF} = \frac{1}{30} \sum_{t=1}^{30} r_{BASF,t} = -0,238\% \text{ (siehe Tabelle auf der nächsten Seite).}$$

Die Standardabweichung ist $\frac{1}{29} \sum_{t=1}^{30} (r_{BASF,t} - \bar{r}_{BASF})^2 = 2,135\%$.

Die Volatilität (pro Jahr) wird aus der Tagesvolatilität (= Standardabweichung der Tagesrenditen) errechnet. Volatilität = $\sqrt{250} \cdot$ Tagesvolatilität = 33,758%.

Die Varianz ist das Quadrat der Standardabweichung. Auf Jahresbasis bei BASF ergibt sich eine Varianz von $0,33758^2 = 0,11396$.

Ein Schätzer für die Korrelation zwischen den Renditen von Anlage k und j ist:

$$\frac{\frac{1}{29} \sum_{t=1}^{30} (r_{k,t} - \bar{r}_k) \cdot (r_{j,t} - \bar{r}_j)}{\text{Standardabw}_k \cdot \text{Standardabw}_j}.$$

Die Kovarianz zwischen BASF und DAX ergibt sich aus der Multiplikation der drei Faktoren: der Korrelation zwischen BASF und DAX, der Standardabweichung von BASF und der Standardabweichung des DAX.

Beachten Sie: Die Korrelation, berechnet auf Tagesbasis oder auf Jahresbasis, ist gleich. Dies gilt nicht für die Kovarianz.

$$\text{Beta} = \frac{\text{Kovarianz}_{BASF,DAX}}{\text{Varianz}_{DAX}} = 0,08998/0,11199 = 0,803.$$

		BASF	DAX
Korrelationsmatrix		1	0,7964997
		0,7964997	1
Kovarianzmatrix		0,11396	0,08998
auf Jahresbasis		0,08998	0,11199

Datum	Kurse/Preise BASF	DAX	BASF in Euro	Rendite BASF	DAX
24.11.1998	66,70	4958,82	34,10		
25.11.1998	66,10	4944,37	33,80	-0,904%	-0,2918%
26.11.1998	65,90	5051,63	33,69	-0,303%	2,1461%
27.11.1998	65,75	5121,48	33,62	-0,228%	1,3732%
30.11.1998	64,20	5022,70	32,82	-2,386%	-1,9476%
01.12.1998	61,00	4781,73	31,19	-5,113%	-4,9165%
02.12.1998	59,75	4691,69	30,55	-2,070%	-1,9010%
03.12.1998	60,70	4787,08	31,04	1,577%	2,0128%
04.12.1998	60,80	4775,23	31,09	0,165%	-0,2478%
07.12.1998	59,50	4713,96	30,42	-2,161%	-1,2914%
08.12.1998	60,40	4699,34	30,88	1,501%	-0,3106%
09.12.1998	60,00	4663,68	30,68	-0,664%	-0,7617%
10.12.1998	60,45	4642,69	30,91	0,747%	-0,4511%
11.12.1998	59,10	4536,20	30,22	-2,259%	-2,3204%
14.12.1998	59,60	4522,86	30,47	0,842%	-0,2945%
15.12.1998	60,50	4574,50	30,93	1,499%	1,1353%
16.12.1998	59,50	4663,45	30,42	-1,667%	1,9258%
17.12.1998	59,85	4723,81	30,60	0,587%	1,2860%
18.12.1998	58,50	4629,23	29,91	-2,281%	-2,0225%
21.12.1998	60,10	4780,93	30,73	2,698%	3,2245%
22.12.1998	62,50	4825,38	31,96	3,916%	0,9254%
23.12.1998	63,90	4951,77	32,67	2,215%	2,5856%
28.12.1998	64,90	5044,77	33,18	1,553%	1,8607%
29.12.1998	64,50	5031,87	32,98	-0,618%	-0,2560%
30.12.1998	63,60	5002,39	32,52	-1,405%	-0,5876%
04.01.1999	32,90	5252,36	32,90	1,167%	4,8762%
05.01.1999	32,90	5253,91	32,90	0,000%	0,0295%
06.01.1999	34,10	5443,62	34,10	3,582%	3,5472%
07.01.1999	33,00	5323,21	33,00	-3,279%	-2,2368%
08.01.1999	32,90	5392,84	32,90	-0,303%	1,2996%
11.01.1999	31,75	5270,60	31,75	-3,558%	-2,2928%

Anzahl	30	30
Summe	-7,150%	6,0976%
Mittelwert	-0,238%	0,2033%
Standardabweichung	2,135%	2,1165%
Volatilität	33,758%	33,4653%
Beta	0,80346	1,0000

Lösung Aufgabe 9.5:

Die Formeln zur Berechnung der statistischen Kenngrößen finden Sie in der Lösung zur Aufgabe 9.4 sowie in Satz 9.2.3 der Formelsammlung.

$$\text{Beta}_{\text{Aktie}} = \frac{\text{Kovarianz}_{\text{Aktie und Index}}}{\text{Varianz}_{\text{Index}}}.$$

		(logarithmierte) Rendite		
Jahr	Index	Schwank AG	Steiger AG	Enormi AG
1				
2	6,6%	-6,5%	3,9%	-40,5%
3	13,3%	-35,7%	7,4%	22,3%
4	13,8%	17,4%	6,9%	-91,6%
5	8,2%	3,9%	6,5%	91,6%
6	-22,0%	-12,3%	0,0%	69,3%
7	29,6%	60,2%	6,1%	69,3%
8	-10,3%	25,1%	-3,0%	22,3%
9	22,9%	26,0%	11,4%	-51,1%
10	2,1%	-17,1%	5,3%	28,8%
11	5,1%	-27,1%	5,0%	48,6%
12	19,1%	-11,8%	11,5%	7,4%
13	3,3%	-2,5%	0,0%	25,1%
Anzahl Renditen	12	12	12	12
Mittelwert	7,636%	1,649%	5,081%	16,791%
Risiko	14,04%	26,72%	4,38%	54,05%
Beta-Wert	1,000	0,730	0,246	-1,084655
Korrelationsmatrix	1,00000	0,38337	0,78937	-0,28177
	0,38337	1,00000	-0,01444	-0,09462
	0,78937	-0,01444	1,00000	-0,31061
	-0,28177	-0,09462	-0,31061	1,00000
Varianz-Kovarianz-Matrix	0,0197161	0,0143833	0,0048591	-0,0213852
	0,0143833	0,0713930	-0,0001691	-0,0136650
	0,0048591	-0,0001691	0,0019219	-0,0073603
	-0,0213852	-0,0136650	-0,0073603	0,2921659

Lösung Aufgabe 10.1.1:

a) Der Preis bei Termingeschäften wird bei Abschluss des Geschäfts festgelegt.

b) Unbedingte Termingeschäfte (z. B. Futures, Forwards), bedingte Termingeschäfte (z. B. Optionen).

c) Es kann verschiedene Motive geben, Termingeschäfte durchzuführen:
   (i) Absicherung. Durch den Abschluss eines Termingeschäfts wird schon heute der Preis für den Kauf/Verkauf eines Produkts gesichert.
   (ii) Spekulation
   (iii) Arbitrageerzielung, z.B. die Ausnutzung von Preisunterschieden auf verschiedenen Märkten
   (iv) Erzeugung spezieller Anlagen mit bestimmten Risiko/Ertrags-Profilen (Payoff-Funktionen). Mit Hilfe von Derivaten lassen sich fast alle Risiko/Ertrags-Profile erzeugen.

d) OTC bedeutet „Over The Counter" (auf Deutsch: über den Tresen), das heißt, dass ein Geschäft nicht über eine Börse abgeschlossen, sondern individuell zwischen den Vertragspartnern vereinbart wird.

Lösung Aufgabe 10.1.2:

a) Richtig. Termingeschäfte werden oft während der Laufzeit glatt gestellt, d.h., die Position wird verkauft oder eine Gegenposition wird dazugekauft.

b) Falsch. Die beiden Preise hängen voneinander ab, sind aber nicht identisch.

c) Falsch, siehe Lösung von Aufgabe 10.1.1c.

d) Falsch. OTC bedeutet „Over The Counter".

Lösung Aufgabe 10.2.1:

a) Da keine genauen Datumsangaben vorliegen, kann nur monatsgenau gerechnet werden. Es gilt mit Satz 10.2.1:

$$\text{Barwert des Floaters flat} = N_0 \cdot \frac{1 + \text{years}(t_L, t_1) \cdot i_{\text{fix}}}{1 + \text{years}(t, t_1) \cdot i_{t, t_1}}.$$

Bis zur nächsten Zinszahlung sind es drei Monate. Damit ergibt sich:

$$\text{Barwert des Floaters flat} = 10.000.000 \, \text{€} \cdot \frac{1 + 0{,}04}{1 + \frac{3}{12} \cdot 0{,}04}$$

$$= 10.297.029{,}70 \, \text{€}.$$

b) Der Barwert besteht aus der Summe aus dem Barwert des Floaters flat (berechnet in Aufgabenteil a) und dem Barwert, der durch Zahlung des Spreads zustande kommt.

Wenn keine Verzinsungsart angegeben ist, wird beim Diskontieren bei Laufzeiten bis einschließlich einem Jahr mit linearer Verzinsung und bei Laufzeiten über einem Jahr mit exponentieller Verzinsung gerechnet.

Damit ergibt sich:

Lösungen zu den Aufgaben

Barwert aus Spread $= \dfrac{10.000.000\ € \cdot 0{,}003}{1+\dfrac{3}{12} \cdot 0{,}04} + \dfrac{10.000.000\ € \cdot 0{,}003}{(1+0{,}04)^{\frac{15}{12}}}$

$= 29.702{,}97\ € + 28.564{,}69\ €$

$= 58.267{,}66\ €.$

Der Gesamtbarwert des Floaters ist die Summe aus 10.297.029,70 € (von Aufgabenteil a) und 58.267,66 €. Er beträgt somit 10.355.297,36 €.

Alternativ kann der Barwert der Spreadzahlungen auch folgendermaßen berechnet werden:

PV(Spreadzahlungen) = PV(festverzinsliches Wertpapier mit Nominalverzinsung s)
  − PV(Nullkupon-Anleihe mit Nominalwert und Fälligkeit wie FRN).

Wenn Sie für die Berechnung des Barwertes eines festverzinslichen Wertpapiers mit Nominalverzinsung s die Formel aus Satz 7.1.1 verwenden, müssen Sie noch den Barwert einer Nullkupon-Anleihe abziehen. Es ergibt sich:

$\text{PV(Spreadzahlungen)} = N_0 \cdot \left(\dfrac{i_0}{i}(1+i)^{T^*-T} + (1+a-\dfrac{i_0}{i})(1+i)^{-T} \right)$ (*)

$\quad - 10.000.000\ € \ (1+0{,}04)^{-15/12}$

$= 10.000.000\ € \cdot \left(\dfrac{0{,}003}{0{,}04}(1+0{,}04)^{2-15/12} + (1+0-\dfrac{0{,}003}{0{,}04})(1+0{,}04)^{-15/12} \right)$

$\quad - 10.000.000\ € \ (1+0{,}04)^{-15/12}$

$= 9.579.836{,}74\ € \ - \ 9.521.564{,}77\ € \ = \ 58.271{,}98\ €.$

Der Unterschied zur vorigen Lösung für den Barwert der Spreadzahlungen liegt darin, dass bei der Formel (*) für den Barwert eines festverzinslichen Wertpapiers die exponentielle Verzinsung (auch im unterjährigen Bereich) verwendet wurde. Im unterjährigen Bereich wird in der Praxis jedoch die lineare Verzinsung angewandt. Der Unterschied beträgt aber weniger als 5 €.

Lösung Aufgabe 10.2.2:

a) Bei diesem Floater erfolgen die Zinszahlungen am 14.6. und am 14.12. eines jeden Jahres. Mit dem Zeitpunkt der Barwertberechnung t = 14.2.2007 ergibt sich als Zeitpunkt der letzten Zinszahlung t_L = 14.12.2006 und als Zeitpunkt der nächsten Zinszahlung t_1 = 14.6.2007. Bei Floatern wird üblicherweise die Zinstage-Methode actual/360 verwendet. Mit Satz 10.2.1 ergibt sich:

$PV = N_0 \cdot \dfrac{1+\text{years}(t_L, t_1) \cdot i_{\text{fix}}}{1+\text{years}(t, t_1) \cdot i_{t, t_1}} = 10.000.000\ € \ \dfrac{1+\dfrac{182}{360} \cdot 0{,}03}{1+\dfrac{120}{360} \cdot 0{,}031} = 10.047.839{,}00\ €.$

b) Wenn nur mit ganzen Monaten (ein zwölftel Jahr) gerechnet wird, ergibt sich:

$PV = N_0 \cdot \dfrac{1+\text{years}(t_L, t_1) \cdot i_{\text{fix}}}{1+\text{years}(t, t_1) \cdot i_{t, t_1}} = 10.000.000\ € \ \dfrac{1+\dfrac{6}{12} \cdot 0{,}03}{1+\dfrac{4}{12} \cdot 0{,}031} = 10.046.189{,}38\ €.$

Lösung Aufgabe 10.2.3:

Der Barwert beträgt 1 Million Euro, denn alle Vierteljahre (Zinszahlungstermine) ist der Barwert gleich dem Nennwert. Zu Beginn der Laufzeit, also zur Zeit 0, hat der Floater also einen Barwert von 1 Million Euro. Nach t Zeiteinheiten, gemessen in Monaten, dauert es noch $\frac{3-t}{12}$ Jahre bis zur nächsten Zinszahlung. Nach t Zeiteinheiten, gemessen in Monaten, hat der Floater dann nach Satz 10.2.1 einen Barwert von:

$$PV(t) = N_0 \cdot \frac{1 + \text{years}(t_L, t_1) \cdot i_{\text{fix}}}{1 + \text{years}(\frac{t}{12}, t_1) \cdot i_{t, t_1}} = 1.000.000\,€ \cdot \frac{1 + \frac{3}{12} \cdot 0{,}04}{1 + \frac{3-t}{12} \cdot 0{,}04}, \text{ t in Monaten.}$$

Diese Formel gilt für alle t aus dem Intervall [0, 3). (t ist in dieser Formel also nicht die Restlaufzeit des Floaters.)

Beispiel: Nach einem halben Monat beträgt der Barwert

$$PV = 1.000.000\,€ \cdot \frac{1 + \frac{3}{12} \cdot 0{,}04}{1 + \frac{3-0{,}5}{12} \cdot 0{,}04} = 1.001.652{,}89\,€.$$

Der Barwert-Verlauf wiederholt sich alle drei Monate, da sich nach Aufgabenstellung die Zinssätze im Zeitverlauf nicht ändern. Daher ist der Barwert nach 3 ½ Monaten genauso groß wie nach einem halben Monat.

Die folgende Graphik gibt den Wertverlauf des Floaters an. Zur Zeit t gleich 0 ist der Wert gleich dem Nennwert. Bis zur nächsten Zinszahlung (nach drei Monaten) steigt der Barwert an. Nach drei Monaten ist er dann wieder beim Nennwert. Die Kurve kann – sich wiederholend – bis zu t = 24 (Laufzeitende) fortgesetzt werden.

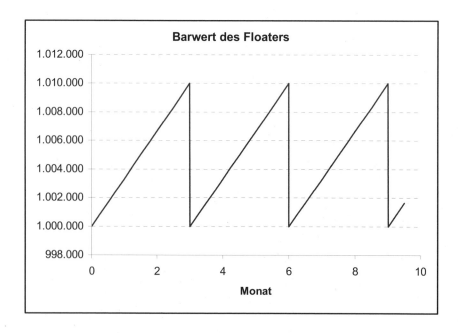

Zur Information sind in der folgenden Tabelle exemplarisch einige Barwerte angegeben:

Zeit in Monaten	Zeit in Monaten bis zur nächsten Zinszahlung	Barwert des Floaters
0,0	3,0	1.000.000,00
0,5	2,5	1.001.652,89
1,0	2,0	1.003.311,26
1,5	1,5	1.004.975,12
2,0	1,0	1.006.644,52
2,5	0,5	1.008.319,47
2,997	0,003	1.009.989,90
2,999999	0,000001	1.010.000,00
3,0	3,0	1.000.000,00
3,5	2,5	1.001.652,89
4,0	2,0	1.003.311,26
4,5	1,5	1.004.975,12
5,0	1,0	1.006.644,52

Lösung Aufgabe 10.2.4:

a) (i) Der Barwert einer festverzinslichen Anleihe ergibt sich aus den Barwerten der einzelnen Zahlungen aus der Anleihe. Die erste Zahlung ist die Zinszahlung nach drei Monaten und beträgt 1.000 € · 8% = 80 €. Die nächsten Zinszahlungen erfolgen nach 15, 27 und 39 Monaten. Am Ende der Laufzeit werden die 1.000 € zurückbezahlt. Da mit einem einheitlichen Zinssatz von 6% gerechnet werden soll, ergibt sich ein Barwert von

$$PV = \frac{80\,€}{(1+0,06)^{\frac{3}{12}}} + \frac{80\,€}{(1+0,06)^{\frac{15}{12}}} + \frac{80\,€}{(1+0,06)^{\frac{27}{12}}} + \frac{1.080\,€}{(1+0,06)^{\frac{39}{12}}} = 1.117,07\,€.$$

Alternativ kann der Barwert mit einer Formel ermittelt werden. Nach Satz 7.1.1 gilt

$$PV = N_0 \cdot \left(\frac{i_0}{i}(1+i)^{T^*-T} + (1+a-\frac{i_0}{i})(1+i)^{-T} \right),$$ wobei T^* die kleinste ganze Zahl ist, die größer oder gleich T ist. Mit $T = \frac{39}{12}$ ergibt sich $T^* = 4$. Damit folgt

$$PV = 1.000\,€ \cdot \left(\frac{0,08}{0,06}(1+0,06)^{\frac{9}{12}} + (1+0-\frac{0,08}{0,06})(1+0,06)^{-\frac{39}{12}} \right) = 1.117,07\,€.$$

(ii) Da bei einer Laufzeit bis zu einem Jahr linear und über einem Jahr exponentiell diskontiert werden soll, gibt es keine geschlossene Summenformel. Der Barwert wird jetzt durch Addition der Barwerte der einzelnen Zahlungen ermittelt. Jede Zinszahlung beträgt 80 €. Am Laufzeitende gibt es zusätzlich die Rückzahlung des Nennwerts:

$$PV = \frac{80\,€}{1+\frac{3}{12}0{,}06} + \frac{80\,€}{(1+0{,}06)^{\frac{15}{12}}} + \frac{80\,€}{(1+0{,}06)^{\frac{27}{12}}} + \frac{1.080\,€}{(1+0{,}06)^{\frac{39}{12}}} = 1.117{,}04\,€.$$

b) (i) Duration =

$$= \frac{\frac{3}{12}\cdot 80\,€\,(1{,}06)^{-\frac{3}{12}} + \frac{15}{12}\cdot 80\,€\,(1{,}06)^{-\frac{15}{12}} + \frac{27}{12}\cdot 80\,€\,(1{,}06)^{-\frac{27}{12}} + \frac{39}{12}\cdot 1.080\,€\,(1{,}06)^{-\frac{39}{12}}}{PV}$$

= 2,842 Jahre, wobei PV aus Aufgabenteil a) (i) stammt.

(ii) Duration =

$$= \frac{\frac{3}{12}\cdot\frac{80\,€}{1+\frac{3}{12}0{,}06} + \frac{15}{12}\cdot 80\,€\,(1{,}06)^{-\frac{15}{12}} + \frac{27}{12}\cdot 80\,€\,(1{,}06)^{-\frac{27}{12}} + \frac{39}{12}\cdot 1.080\,€\,(1{,}06)^{-\frac{39}{12}}}{PV}$$

= 2,842 Jahre, wobei PV aus Aufgabenteil a) (ii) stammt.

c) Die Zinsperiode des Floaters beträgt ein Jahr. Die nächste Zinszahlung erfolgt in drei Monaten. Für den Barwert des Floaters ergibt sich mit Satz 10.2.1:

$$PV = N_0 \cdot \frac{1+\text{years}(t_L, t_1)\cdot i_{\text{fix}}}{1+\text{years}(t, t_1)\cdot i_{t,t_1}} = 1.000\,€\,\frac{1+0{,}05}{1+\frac{3}{12}\cdot 0{,}06} = 1.034{,}48\,€.$$

d) Die Restlaufzeit beträgt jetzt 3 Jahre, also für den Floater drei volle Zinsperioden und auch für die festverzinsliche Anleihe drei volle Zinsperioden.
Der Floater hat deshalb als Barwert den Nennwert.
Der Barwert der festverzinslichen Anleihe ist auch der Nennwert, da der Marktzinssatz gleich dem Nominalzinssatz ist. Es gilt nämlich die Regel:
Ist bei jährlichen Zinszahlungen und ganzen Jahren Laufzeit der Nominalzinssatz gleich dem Zinssatz mit dem diskontiert wird, ist (bei einem Aufgeldsatz a von 0) der Barwert einer Anleihe der Nennwert.
Der Barwert dieser festverzinslichen Anleihe kann auch über Satz 7.1.1 errechnet werden. Mit T = 3, T* = 3, i = i_0 = 0,08 und a = 0 ergibt sich:

$$PV = N_0 \cdot \left(\frac{i_0}{i}(1+i)^{T^*-T} + \left(1+a-\frac{i_0}{i}\right)(1+i)^{-T}\right)$$

$$= 1.000\,€ \cdot \left(\frac{0{,}08}{0{,}08}(1+0{,}08)^{3-3} + \left(1+0-\frac{0{,}08}{0{,}08}\right)(1+0{,}08)^{-3}\right) = 1.000\,€$$

Insgesamt gilt also: Beide Anlagen haben jeweils einen Wert von 1.000 €.

Lösung Aufgabe 10.3.1:

a) Falsch. Der Forward-Preis (Terminpreis) ist der Abrechnungspreis (am Laufzeitende).

b) Falsch. Futures werden nur an organisierten Börsen gehandelt. Außerbörslich werden meist Forwards gehandelt.

c) Falsch. Bei einem Forward fallen vor dem Fälligkeitstag keine Zahlungen an.

d) Richtig. Bei einem Future wird börsentäglich der Kurs bestimmt. Gewinne bzw. Verluste werden über ein Margin-Konto abgerechnet.

Lösung Aufgabe 10.3.2:

Der Terminkurs beträgt nach Satz 10.3.1 (Da keine genauen Datumsangaben vorliegen, wurde mit der Zinstage-Methode 30E/360 gerechnet.):

$$F_{EUR/USD}(0, 3 \text{ Monate}) = \frac{d_{EUR}(t_0,T)}{d_{USD}(t_0,T)} \cdot S_{EUR/USD}(t_0) = \frac{\frac{1}{1+\frac{3}{12}\cdot 0,04}}{\frac{1}{1+\frac{3}{12}\cdot 0,05}} \cdot 1,21 = 1,21299505.$$

Also gilt für den Swapsatz
Swapsatz = Terminkurs − Spot-Kurs = 1,21299505 − 1,21 = 0,00299505.

Lösung Aufgabe 10.3.3:

a) Mit Satz 10.3.2(ii) ergibt sich

$$F(t_0, T) = S(t_0) \cdot d(t_0,T)^{-1} - D(t_z) \cdot d(t_z,T \mid t_0)^{-1}$$

$$= 60\,€ \cdot (1+\tfrac{1}{2}\cdot 0,035) - 2\,€ \cdot \frac{1+\tfrac{1}{2}\cdot 0,035}{1+\tfrac{1}{4}\cdot 0,03}$$

$$= 59,03\,€,$$

wobei $d(t_z,T \mid t_0)^{-1} = \dfrac{d(t_0,t_z)}{d(t_0,T)}$ nach Satz 3.5.4.

b) Der gekaufte Forward hat einen Terminpreis von K = 59,03 € (berechnet in Aufgabenteil a). Unmittelbar nach Auszahlung der Dividende, also zur Zeit $t = t_z$ gilt mit Satz 10.3.3:

$$PV_{Fw} = d(t,T) \cdot [F(t,T) - K]$$

$$= \frac{1}{1+\frac{3}{12}\cdot 0,031} \cdot [F(t,T) - 59,03\,€]$$

$$= 0,42\,€,$$

wobei der faire Terminkurs $F(t, T)$ zur Zeit t mit Hilfe von Satz 10.3.2(ii) berechnet wird, also $F(t, T) = 59\,€ \cdot (1 + \frac{1}{4} \cdot 0,031) = 59,45725\,€$.

Lösung Aufgabe 10.3.4:

Mit $S(t) = 55\,€$ und $K = 50\,€$ folgt aus Satz 10.3.3:

a) $PV_{Forward} = S(t) - d(t,T) \cdot K = 55\,€ - \dfrac{50\,€}{1+\frac{3}{12}\cdot 0,03} = 5,37\,€.$

b) $PV_{Future} = F(t,T) - K = 55\,€ \cdot (1+\frac{3}{12}\cdot 0,03) - 50\,€ = 5,41\,€.$

Lösung Aufgabe 10.3.5:

a) Mit Satz 10.3.2(i) folgt:
Forward-Preis $= S(t_0) + FK(t_0, T) - ER(t_0, T)$
$= 600\ € + (600\ € \cdot 0{,}04 + 2\ €) - 0\ €$
$= 626\ €$.

Finanzierungskosten: Da das Gold 600 € kostet, ist ein Kredit aufzunehmen. Nach einem Jahr (also bezogen auf das Laufzeitende des Forwards) sind Zinsen in Höhe von 600 € · 0,04 fällig. Dazu kommen noch die Lagerkosten, die nicht verzinst werden müssen, da sie nach Aufgabenstellung nach einem Jahr anfallen.

Ertrag aus dem Vermögenswert: Das Gold liefert keine Zinsen und Dividenden. Der Ertrag ist Null. Mit „Ertrag aus dem Vermögenswert" ist nicht die mögliche Wertsteigerung (des Goldes) gemeint.

b) Da der faire Terminpreis in Höhe von 626 € (aus Aufgabenteil a) niedriger ist als der angegebene Terminpreis in Höhe von 630 €, ist es sinnvoll, ein Forward-Geschäft abzuschließen, mit der Pflicht, am Laufzeitende Gold zu verkaufen.

Der Kauf einer Feinunze Gold, die Bezahlung mit einem Darlehen und ein Forward mit der Pflicht, am Laufzeitende zu verkaufen (d.h. Short-Forward-Position), kosten insgesamt (zum Zeitpunkt t = 0) kein Geld. Diese drei Positionen führen dann nach einem Jahr zu einem risikolosen Gewinn von 4 €, denn:
Kosten zu Beginn: $\quad - 600\ € $ (Gold) $\quad + 0\ €$ (Forward) $\quad + 600\ €$ (Darlehen) $= 0\ €$,
Ertrag bei Fälligkeit: $\quad 2\ € \quad\quad\quad\quad -630\ € \quad\quad\quad -600\ € \cdot (1 + 0{,}04) = 4\ €$.

Lösung Aufgabe 10.3.6:

a) Es gilt nach Satz 10.3.2(i):
Fairer Terminpreis = Aktueller Preis der Anleihe
  + Finanzierungskosten des Vermögenswertes
  − Ertrag aus dem Vermögenswert.

Da sich der faire Terminpreis einer Anleihe aus dem Kurs plus den Stückzinsen ergibt, gilt für die linke Seite der obigen Gleichung, wenn sich die folgenden Werte auf einen Nennwert von 100 beziehen:
Fairer Terminpreis = Future-Kurs + Stückzinsen der Anleihe (vom 4.1.2007 bis zum 12.3.2007).

Die rechte Seite der obigen Gleichung beträgt bei einem Nennwert von 100:
Kurs der Anleihe + Stückzinsen (vom 4.1.2006 bis 15.12.2006)
  + [Kurs der Anleihe + Stückzinsen (vom 4.1.2006 bis 15.12.2006)]
    · 0,038 · years (15.12.2006; 12.3.2007)
  − 3,5 [1 + 0,038 · years(4.1.2007; 12.3.2007)].

Die Stückzinsen der Anleihe vom 4.1.2007 bis zum 12.3.2007 betragen bei einem Nennwert von 100: $3{,}5 \cdot \dfrac{67}{365}$. Der (aktuelle) Kurs der Anleihe ist 105. Damit erhalten Sie insgesamt:

Future-Kurs $+ 3{,}5 \cdot \dfrac{67}{365}$

$$= 105 + 3{,}5 \cdot \frac{365-20}{365} + (105 + 3{,}5 \cdot \frac{365-20}{365}) \cdot 0{,}038 \cdot \frac{87}{365} - 3{,}5 \cdot (1+0{,}038 \cdot \frac{67}{365}).$$

Also

$$\text{Future-Kurs} = 105 + (105 + 3{,}5 \cdot \frac{365-20}{365}) \cdot 0{,}038 \cdot \frac{87}{365} - 3{,}5 \cdot \frac{87}{365} - 3{,}5 \cdot 0{,}038 \cdot \frac{67}{365}$$
$$= 105 + 0{,}981005 - 0{,}024413699 - 0{,}834246575 = 105{,}12.$$

b) Stückzinsen vermindern den Future-Kurs, denn Stückzinsen vom Valutatag bis zur Fälligkeit (im Aufgabenteil a vom 15.12.2006 bis zum 12.3.2007) werden abgezogen, siehe Formel in Teil a.

c) Der faire Kurs des Euro-Bund-Futures beträgt: $\dfrac{\text{Future} - \text{Kurs}_{CTD}}{\text{Konvertierungsfaktor}}$.

Lösung Aufgabe 10.3.7:

Der Barwert einer Anleihe mit einer Restlaufzeit RZ beträgt bei exponentieller Verzinsung nach Satz 7.1.1:

$$PV = N_0 \cdot \left(\frac{i_0}{i}(1+i)^{RZ^* - RZ} + (1 - \frac{i_0}{i})(1+i)^{-RZ} \right).$$

Der Preisfaktor (Konversionsfaktor) ist der Barwert bezogen auf den Nennwert von 1, abzüglich Stückzinsen. Also

$$\text{Preisfaktor} = 1 \cdot \left(\frac{c}{0{,}06}(1+0{,}06)^{RZ^* - RZ} + (1 - \frac{c}{0{,}06})(1+0{,}06)^{-RZ} \right) - \text{Stückzinsen}.$$

Bundesanleihen haben jährliche Zinszahlungen, d.h., die Zeit zur Berechnung der Stückzinsen ist die Zeit zwischen der letzten Zinszahlung und dem Fälligkeitstag des Forwards (= Liefertag), also RZ* − RZ. Somit ergibt sich für die Stückzinsen der Wert c (RZ* − RZ).
Damit ist die Behauptung aus Aufgabe 10.3.7 bewiesen.

Lösung Aufgabe 10.4.1:

a) In der nachstehenden Abbildung sind drei Kurven dargestellt. Sie zeigen den Gewinn in Abhängigkeit des Aktienkurses.
Zunächst wurde der Call eingezeichnet. Die Gewinn-Verlust-Kurve für den Call beginnt bei −3 €. Ab einem Aktienkurs (x-Wert) von 40 € steigt die Kurve linear an.
Die Gewinn-Verlust-Kurve <u>eines</u> Puts ist zunächst eine fallende Gerade (mit der Steigung −1) und ab einem x-Wert von 40 € (= rechts davon) bleibt die Kurve konstant bei −2 €. Da zwei Puts in der Abbildung dargestellt werden, ist die Steigung der Kurve zunächst 2 · (−1) = −2. Ab dem x-Wert von 40 € ist die Steigung Null. Der Funktionswert liegt rechts vom x-Wert 40 € bei −4 €.
Die Summe beider Kurven (in der Abbildung fett eingezeichnet) ergibt ein „schiefes V", denn die Steigung der Kurve der Gesamtposition ist zunächst −2. Dann wird die Steigung 1.

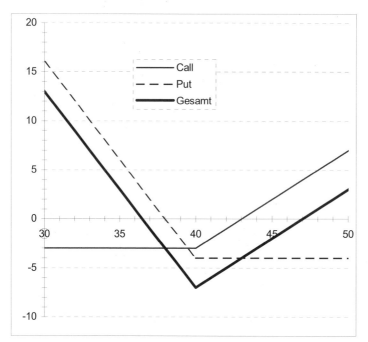

Gewinn-Verlust-Diagramm

Die Steigung des Graphen der Call-Position ist zunächst Null, dann 1.
Die Steigung der Put-Position ist zunächst –2 (da 2 Short-Puts vorhanden sind), dann 0.

b) Der aktuelle Kurs des Basiswertes ist 40, da die Optionen laut Aufgabenstellung „am Geld" (At-the-money-Optionen) sind. Der Inhaber der obigen Gesamtposition erwartet starke Kursschwankungen, d.h. einen Anstieg oder einen Kursverlust des Basiswertes, wobei ein Kursverlust vorteilhafter ist.

Lösung Aufgabe 10.4.2:

a) Sei S der Aktienkurs bei Fälligkeit, dann gilt für das Auszahlungsprofil (Payoff) eines Portfolios aus einem Call mit Basispreis 80 € und drei Short-Calls mit Basispreis 90 €:
Payoff(S) = max{S – 80 €, 0} – 3 · max{S – 90 €; 0}.
Wegen S – 80 € – 3 · (S – 90 €) < 0 => 2S > 190 €, also S > 95 €,
wird Payoff(S) negativ, wenn der Aktienkurs bei Fälligkeit größer als 95 € ist.

Das Auszahlungsprofil dieser aus vier Optionen bestehenden Kombination ist in der folgenden Abbildung dargestellt. Sie erhalten die Grafik, indem Sie zunächst den Payoff der Kaufoption A zeichnen (gestrichelte Linie in der nachfolgenden Abbildung), dann den Payoff der drei verkauften Kaufoptionen B (dünne Linie) darstellen und anschließend die Summe aus den beiden Positionen berechnen.
Die Steigung der Kurve der Gesamtposition beträgt zunächst 0, dann +1 und ab 90 € dann –2.

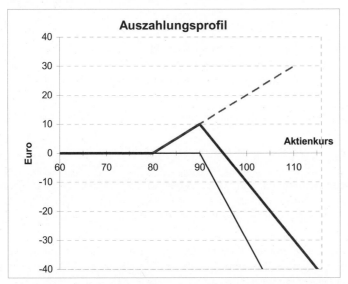

Auszahlungsprofile (Gesamtposition: dicke Linie, verkaufte Kaufoptionen: dünne Linie, Kaufoption A: gestrichelte Linie)

b) Bei einem Aktienkurs von 110 € ist die Auszahlung –30 €.
c) Die maximale Auszahlung ist 10 €, bei einem Aktienkurs von 90 €.
d) Der aktuelle Aktienkurs ist 80 €, da die Option „am Geld" ist (2. Satz in der Aufgabenstellung). Die Erwartung: leicht steigender Aktienkurs (möglichst auf 90 €). Die Gefahr besteht darin, dass der Kurs stark ansteigt, dann ist der Verlust sehr groß. Der Verlust kann beliebig groß werden.

Lösung Aufgabe 10.4.3:

a) Der Optionspreis darf nicht größer als der Aktienkurs sein, da sonst Arbitrage möglich ist: Wäre der Optionspreis größer als S, könnte durch Verkauf der Option und Kauf der Aktie ein risikoloser Gewinn erzielt werden, denn am Laufzeitende wird die Aktie geliefert, falls der Optionskäufer es will. Also entsteht am Laufzeitende kein Verlust.

Zum Beweis der anderen Ungleichung werden zur Zeit t_0 zwei Portfolios gebildet:
Das Portfolio I besteht aus einer Aktie, das Portfolio II aus einer europäischen Kaufoption und einem angelegten Geldbetrag in Höhe von $X \cdot d(t_0, T)$.
Sei S_T der Aktienkurs bei Fälligkeit der Option, also zur Zeit T.
Zum Zeitpunkt T hat das Portfolio I den Wert S_T.
Das Portfolio II hat zum Zeitpunkt T den Wert aus dem Call und dem auf X angewachsenen Geldbetrag, d.h. $\max\{S_T - X; 0\} + X = \max\{S_T; X\}$.
Also ist das Portfolio II zum Zeitpunkt T mindestens soviel wert wie Portfolio I. Damit keine Arbitrage möglich ist, muss Portfolio II auch zum Zeitpunkt t_0 mindestens soviel wert sein wie Portfolio I. Also
$C + X \cdot d(t_0, T) \geq S$ bzw. $C \geq S - X \cdot d(t_0, T)$,

wobei S der aktuelle Aktienkurs ist, also $S = S(t_0)$.
Da C nicht negativ sein darf, folgt die Behauptung.

b) Zur Lösung dieser Aufgabe werden zwei Portfolios gebildet:
Das Portfolio I besteht zum Zeitpunkt t_0 aus einer Aktie, das Portfolio II aus einer europäischen Kaufoption und einem angelegten Geldbetrag in Höhe von
$D \cdot d(t_0, t_1) + X \cdot d(t_0, T)$.
Mit analogen Überlegungen wie bei der Lösung von Teil a) ergibt sich die Aussage b):
Zum Zeitpunkt T hat das Portfolio I den Wert S_T plus die von t_1 bis T verzinste Dividende, also $D \cdot d(t_1, T \mid t_0)^{-1}$. Insgesamt ist der Wert des Portfolios I:
$S_T + D \cdot d(t_1, T \mid t_0)^{-1}$.
Das Portfolio II hat zum Zeitpunkt T den Wert aus der Kaufoption $\max\{S_T - X; 0\}$ und dem auf $[D \cdot d(t_0, t_1) + X \cdot d(t_0, T)] \cdot d(t_0, T)^{-1} = D \cdot d(t_1, T \mid t_0)^{-1} + X$ (wegen Satz 3.5.4) angewachsenen Geldbetrag, d. h., der Wert des Portfolios II beträgt am Laufzeitende: $\max\{S_T - X; 0\} + D \cdot d(t_1, T \mid t_0)^{-1} + X = \max\{S_T; X\} + D \cdot d(t_1, T \mid t_0)^{-1}$.
Also ist das Portfolio II zum Zeitpunkt T mindestens soviel wert wie Portfolio I. Damit keine Arbitrage möglich ist, muss Portfolio II auch zum Zeitpunkt t_0 mindestens soviel wert sein wie Portfolio I. Deshalb gilt:
$S \leq C + D \cdot d(t_0, t_1) + X \cdot d(t_0, T)$. D.h. $C \geq S - D \cdot d(t_0, t_1) - X \cdot d(t_0, T)$.
Da C nicht negativ sein darf, folgt die Behauptung.
$C \geq \max\{S - X \cdot d(t_0, T) - D \cdot d(t_0, t_1); 0\}$.

c) Die linke Ungleichung ergibt sich aus Arbitrageüberlegungen. Würde die Ungleichung nicht zutreffen, also $P > X \cdot d(t_0, T)$, könnte ein risikoloser Gewinn durch Verkauf der Option und Anlage des Erlöses zum risikolosen Zins erzielt werden. Begründung: Falls die Option ausgeübt würde, müsste X bezahlt werden. Das Ergebnis der Geldanlage wäre aber höher. Der Überschuss wäre der Gewinn.
Würde die Option nicht ausgeübt, bleibt die gesamte Geldanlage als Gewinn übrig.
Zum Beweis der anderen Ungleichung werden zur Zeit t_0 zwei Portfolios gebildet:
Das Portfolio I besteht aus einem Geldbetrag von $X \cdot d(t_0, T)$, der zum Zeitpunkt t_0 angelegt wird. Das Portfolio II besteht aus einer europäischen Verkaufsoption und einer Aktie.
Sei S_T der Aktienkurs bei Fälligkeit der Option. Zum Zeitpunkt T hat das Portfolio I den Wert X. Das Portfolio II hat zum Zeitpunkt T den Wert aus der Verkaufsoption und der Aktie. Also: $\max\{X - S_T; 0\} + S_T = \max\{X; S_T\}$.
Also ist das Portfolio II zum Zeitpunkt T mindestens soviel wert wie Portfolio I. Damit keine Arbitrage möglich ist, muss Portfolio II auch zum Zeitpunkt t_0 mindestens soviel wert sein wie Portfolio I. Also: $P + S \geq X \cdot d(t_0, T)$.
Da P nicht negativ sein darf, folgt die Behauptung.

d) Zur Lösung dieser Aufgabe werden zwei Portfolios gebildet:
Das Portfolio I besteht aus einem Geldbetrag von $D \cdot d(t_0, t_1) + X \cdot d(t_0, T)$, der zum Zeitpunkt t_0 angelegt wird.
Das Portfolio II besteht aus einer europäischen Verkaufsoption und einer Aktie.
Mit analogen Überlegungen wie bei der Lösung von Teil b) und c) ergibt sich die Behauptung d).

Lösung Aufgabe 10.4.4:

Was heißt es formelmäßig, dass eine Ausübung der Option nicht lohnt? Eine Ausübung lohnt sich nicht, wenn der Wert einer Option größer ist als ihr innerer Wert, denn dann ist es günstiger, die Option zu verkaufen statt auszuüben. Daher lohnt es sich nicht, die Option vorzeitig auszuüben, wenn $C_{amerikanisch} > S - X$. Dass dies gilt, wird nun gezeigt.

Nach Aufgabe 10.4.3a ist der Preis einer europäischen Kaufoption (auf eine dividendenlose Aktie) größer gleich

$S - X \cdot d(t_0, T)$.

Da eine amerikanische Option mehr Rechte als eine europäische Option hat, muss der faire Preis $C_{amerikanisch}$ einer amerikanischen Option mindestens so hoch sein wie der faire Preis einer europäischen Option. Also:

$C_{amerikanisch} \geq C_{europäisch} \geq S - X \cdot d(t_0, T) > S - X$,

wobei die letzte Ungleichung wegen $d(t_0, T) < 1$ gilt. Der Diskontierungsfaktor ist kleiner als 1, weil die Spot-Rates laut Voraussetzung größer Null sind.
Insgesamt gilt also

$C_{amerikanisch} > S - X$.

Wäre es vorteilhaft, sofort die Option auszuüben, wäre der Ertrag: $S - X$. Der faire Preis C ist aber echt größer als $S - X$, also lohnt sich die Ausübung nicht.
Wenn sich also die Ausübung der Option vor dem Laufzeitende nicht lohnt, muss der faire Optionspreis einer amerikanischen Option genauso groß sein wie der faire Preis einer europäischen Option.

Alternativer Beweis (ohne Verwendung von Aufgabe 10.4.3a):
Es ist klar, dass eine amerikanische Kaufoption nicht billiger sein kann als eine europäische Kaufoption, also $C_{amerikanisch} \geq C_{europäisch}$.
Eine europäische Kaufoption mit Basispreis X muss aber mindestens so teuer sein wie der Wert eines Forwards mit dem Forward-Preis X: $C_{europäisch} \geq PV_{Fw}$.
(Ansonsten ist der Forward zu verkaufen und die Option zu kaufen, um einen risikolosen Gewinn zu realisieren. Am Laufzeitende entstehen dadurch keine Kosten.)
Für den Preis eines Forwards gilt nach Satz 10.3.3: $PV_{Fw} = S - 0 - d(t_0, T) \cdot X$.
Insgesamt ergibt sich also:

$C_{amerikanisch} \geq C_{europäisch} \geq S - d(t_0, T) \cdot X > S - X$, da $d(t_0, T) < 1$.

Es folgt somit:

$C_{amerikanisch} > S - X$,

d. h., der Wert einer amerikanischen Kaufoption ist immer größer als ihr innerer Wert. Daher lohnt es sich nicht, die Option vorzeitig auszuüben.

Warum sollte man sich bei Kälte in eine Ecke setzen?
Dort hat es 90 Grad.

Lösung Aufgabe 10.4.5:

(a) Richtig, da die Option sofort ausgeübt werden kann.

(b) Falsch, wenn beispielsweise Dividendenzahlungen innerhalb der Laufzeit der Option erfolgen. Der Preis der Aktie wird wegen der Dividendenzahlung fallen.

(c) Richtig, da die Option sofort ausgeübt werden kann.

(d) Falsch. Beispielsweise wenn der Aktienkurs nahe Null und der Basispreis bei 10 € liegt, erbringt die sofortige Ausübung einen Ertrag von 10 €. Eine spätere Ausübung kann 10 € nicht übersteigen, da der Aktienkurs nicht negativ werden kann.

Lösung Aufgabe 10.4.6:

a) Die möglichen beiden Aktienkurse am Periodenende sind in der Aufgabenstellung angegeben. Die Optionspreise P bei Fälligkeit, also am Ende der Periode, können mit Hilfe der Payoff-Funktion
payoff(S) = max{S–X; 0}
ermittelt werden. Es ergeben sich in dieser Aufgabe folgende Aktien- und Optionspreise (im Einperiodenmodell):

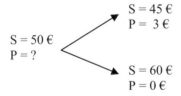

Die folgenden Arbitrageüberlegungen führen zum fairen Optionspreis am Beginn der Periode:
Statt eine Aktie zu kaufen (= Portfolio I), können Sie a Verkaufsoptionen kaufen <u>und</u> eine Geldanlage in Höhe von B durchführen (= Portfolio II). Da die beiden Portfolios zu Beginn den gleichen Wert aufweisen, müssen sie auch bei Fälligkeit der Option den gleichen Wert aufweisen, damit keine Arbitrage möglich ist. Dies ist nur möglich, wenn

(i) $45\ € = 3a + B \cdot e^{½ \cdot 0{,}06}$ und
(ii) $60\ € = 0\ € + B \cdot e^{½ \cdot 0{,}06}$ gilt.

Setzen Sie (ii) in (i) ein, erhalten Sie 45 € = 3a + 60. Also a = – 5. Aus (ii) erhalten Sie dann: $B = 60\ € \cdot e^{-½ \cdot 0{,}06}$.
Da zu Beginn der Periode die beiden Portfolios den gleichen Wert aufweisen, gilt:

50 € = a P + B. Also ist $P = \dfrac{50\ € - B}{a} = \dfrac{50\ € - 60\ € \cdot e^{-0{,}03}}{-5} = 1{,}65\ €$.

b) Entsprechend kann der Preis einer Kaufoption bestimmt werden. Folgende Arbitrageüberlegungen führen zum Optionspreis:
Statt eine Aktie zu kaufen (= Portfolio I), können Sie a Kaufoptionen erwerben <u>und</u> eine Geldanlage in Höhe von B durchführen (= Portfolio II). Da die beiden Portfolios zu Beginn den gleichen Wert aufweisen, müssen sie auch bei Fälligkeit der Option den glei-

chen Wert aufweisen, damit keine Arbitrage möglich ist.[1]

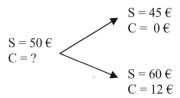

Also muss am Ende der Periode gelten:

$45\ € = B\ e^{½\ ·\ 0{,}06}$ und
$60\ € = 12a + B · e^{½\ ·\ 0{,}06}$.

Damit ergibt sich: $B = 45\ € · e^{-½\ ·\ 0{,}06}$ und $a = 1{,}25$.

Da $50\ € = a · C + B$ ist, muss gelten:

$C = (50\ € - 45\ € · e^{-½\ 0{,}06})/1{,}25 = 5{,}063960702\ € = 5{,}06\ €$.

Hinweis:
Bei diskreter Verzinsung kann der Optionspreis direkt aus Satz 10.4.4 der Formelsammlung ermittelt werden: $C = \dfrac{p · C_u + (1-p) · C_d}{1 + i_p}$, wobei $p = \dfrac{(1+i_p) - d}{u - d}$.

Bei stetiger Verzinsung ist jedoch statt $1 + i_p$ (= Aufzinsungsfaktor bei diskreter Verzinsung) $e^{½\ ·\ 0{,}06} = e^{0{,}03}$ (= Aufzinsungsfaktor bei stetiger Verzinsung für ein halbes Jahr) einzusetzen.

Mit den Steigerungsfaktoren aus der Aufgabenstellung $u = \dfrac{60}{50} = 1{,}2$ und $d = \dfrac{45}{50} = 0{,}9$ gilt:

$p = \dfrac{e^{0{,}03} - 0{,}9}{1{,}2 - 0{,}9} = \dfrac{e^{0{,}03}}{0{,}3} - 3$ und somit $C = \dfrac{p · 12 + (1-p) · 0}{e^{0{,}03}} = \dfrac{12}{0{,}3} - \dfrac{36}{e^{0{,}03}} = 5{,}06\ €$.

Dies ist natürlich das gleiche Ergebnis wie oben.

Satz 10.4.4 (mit $e^{0{,}03}$ statt $1 + i_p$) kann auch zur Berechnung des Call-Preises benutzt werden.

c) Mit Hilfe der Put-Call-Parität „ $PV_{Put} = PV_{Call} + X · d(t_0, T) - S$ ", vgl. Satz 10.4.3, ergibt sich im Beispiel aus dem Call-Preis aus b):

$PV_{Put} = (50\ € - 45\ € · e^{-½\ 0{,}06})/1{,}25 + 48\ € · e^{-½\ 0{,}06} - 50\ € = 1{,}65\ €$.

Dies ist auch das Ergebnis nach Aufgabenteil a). Somit gilt die Put-Call-Parität.

---

[1] Es kann aber auch am Laufzeitende passieren, dass in manchen Fällen der Wert eines Portfolios I größer als der Wert eines Portfolios II ist und in anderen Fällen Portfolio II einen größeren Wert liefert. In diesen Fällen ist mit Arbitrageüberlegungen nichts herzuleiten. Dann sind Portfolios mit anderen Anlagen zu erstellen, die diese Wertgleichheit zu Beginn und am Ende ermöglichen.

Lösung Aufgabe 10.4.7:

Der Zinssatz i_p pro Periode, also pro Monat, beträgt

$i_p = 1{,}05^{1/12} - 1 = 0{,}40741238\%$.

Er errechnet sich bei Verwendung exponentieller Verzinsung aus der Gleichung
$(1 + i_p)^{12} = 1 + 0{,}05$.

Schrittweise können folgende Verlaufsdaten ermittelt werden:
Zunächst werden – vom Aktienkurs 50 € ausgehend – die möglichen zukünftigen Aktienkurse ermittelt, indem der Aktienkurs mit 1,1 bzw. mit 0,95 multipliziert wird. Nach drei Monaten (= 3 Perioden) gibt es dann vier mögliche Aktienkurse: 66,550, 57,475, 49,6375 und 42,86875, vgl. die nachfolgende Abbildung.
Anschließend werden die Optionspreise am Laufzeitende ermittelt. In diesem Beispiel sind es vier Optionspreise; sie sind die inneren Werte der Option. Die Optionspreise zu den anderen Zeitpunkten werden dann von „rechts nach links" berechnet. Zunächst werden die Optionspreise eine Periode vor dem Laufzeitende mit Hilfe von Satz 10.4.4(i), dann die Optionspreise zwei Perioden vor Laufzeitende ermittelt, bis schließlich der Laufzeitbeginn erreicht wird.

Mit Satz 10.4.4(ii) aus der Formelsammlung kann der Optionspreis zur Zeit t = 0 auch direkt ermittelt werden. Es gilt:

$$C = \frac{\sum_{j=0}^{3}\binom{3}{j} \cdot p^j \cdot (1-p)^{n-j} \cdot \max\{0;\ u^j d^{3-j} S - X\}}{(1+i_p)^3}$$. Daraus folgt

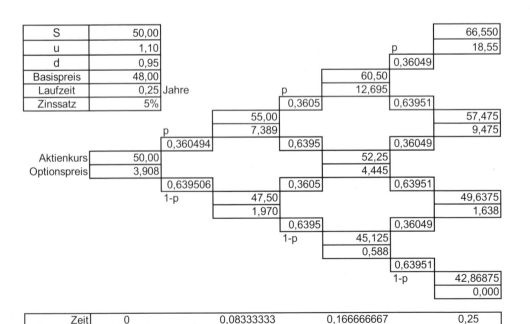

$$C = \frac{(1-p)^3 \cdot \max\{0; 0.95^3 \cdot 50\,€ - 48\} + 3p(1-p)^2 \cdot \max\{0; 1.1 \cdot 0.95^2 \cdot 50\,€ - 48\} +}{(1+0.05)^{1/4}}$$

$$\frac{+ 3p^2(1-p) \cdot \max\{0; 1.1^2 \cdot 0.95 \cdot 50\,€ - 48\} + p^3 \cdot \max\{0; 1.1^3 \cdot 50\,€ - 48\}}{}$$

$$= \frac{(1-p)^3 \cdot 0\,€ + 3p(1-p)^2 \cdot \frac{131}{80}\,€ + 3p^2(1-p) \cdot \frac{379}{40}\,€ + p^3 \cdot \frac{371}{20}\,€}{(1+0.05)^{1/4}}$$

Setzen Sie $p = \frac{(1+i_p) - d}{u - d} = \frac{1.05^{1/12} - 0.95}{1.10 - 0.95} = \frac{1.05^{1/12} - 0.95}{0.15} = 0.3604941585577$ ein, erhalten Sie den Optionspreis:

C = 3,90766889 €.

Lösung Aufgabe 10.4.8:

a) Der faire Preis kann nach der Black/Scholes/Merton-Formel in Satz 10.4.6 der Formelsammlung ermittelt werden.

$PV_{Call} = S \cdot e^{-r_d \cdot (T-t_0)} \cdot N(d_1) - X \cdot e^{-r_c \cdot (T-t_0)} \cdot N(d_2) = 0{,}57\,€$,

wobei S = 60 €, X = 70 €, r_d = 0%, r_c = 3%, $T - t_0$ = 5/12, σ = 0,20,

$d_1 = \frac{\ln(S/X) + (r_c - r_d) \cdot (T - t_0)}{\sigma \cdot \sqrt{T - t_0}} + \frac{1}{2} \sigma \cdot \sqrt{T - t_0} = -1{,}03267$ und

$d_2 = d_1 - \sigma \cdot \sqrt{T - t_0} = -1{,}16177117$,

$N(d_1)$ = 0,15087879 (ermittelt mit der Funktion STANDNORMVERT in MS-Excel) und
$N(d_2)$ = 0,12266427 (ermittelt mit der Funktion STANDNORMVERT in MS-Excel).

Mit einem Binomialmodell kann der faire Preis bei dieser Aufgabe nicht ausgerechnet werden, da dafür Angaben in der Aufgabenstellung fehlen.

b) Der faire Preis ist der gleiche Preis wie bei der europäischen Option, da keine Dividenden anfallen, vgl. Aufgabe 10.4.4.

Gebildet ist, wer Parallelen zu sehen vermag.
Dummköpfe sehen immer wieder etwas ganz Neues.

Sigmund Graff, deutscher Schriftsteller, 1898 - 1979

Lösung Aufgabe 10.4.9:

Für die Option A gilt mit Satz 10.4.6:

$$PV_{Call} = S \cdot e^{-r_d \cdot (T-t_0)} \cdot N(d_1) - X \cdot e^{-r_c \cdot (T-t_0)} \cdot N(d_2)$$

$$= 60 \, € \cdot e^{-0 \cdot \frac{1}{2}} \cdot N(d_1) - 50 \, € \cdot e^{-0{,}04 \cdot \frac{1}{2}} \cdot N(d_2)$$

mit

$$d_1 = \frac{\ln(S/X) + (r_c - r_d) \cdot (T-t_0)}{\sigma \cdot \sqrt{T-t_0}} + \frac{1}{2} \sigma \cdot \sqrt{T-t_0}$$

$$= \frac{\ln(60/50) + 0{,}04 \cdot \frac{1}{2}}{0{,}25 \cdot \sqrt{\frac{1}{2}}} + \frac{1}{2} 0{,}25 \cdot \sqrt{\frac{1}{2}}$$

$$= 1{,}2328919.$$

$$d_2 = d_1 - \sigma \cdot \sqrt{T-t_0} = 1{,}05611521.$$

Wenn Sie eine Tabelle der Normalverteilung verwenden, die nur Verteilungswerte für x mit zwei Nachkommastellen enthält (Tabelle in Kapitel 12 der Formelsammlung in Teil IV), kann der Wert der Normalverteilung mit linearer Interpolation berechnet werden:

$$
\begin{aligned}
N(1{,}2328919) &= N(1{,}23) &&+ 0{,}28919 \cdot (N(1{,}24) - N1{,}23)) \\
&= 0{,}8907 &&+ 0{,}28919 \cdot (0{,}8925 - 0{,}8907) \\
&= 0{,}8907 &&+ 0{,}0005 \\
&= 0{,}8912. \\
N(1{,}05611521) &= N(1{,}05) &&+ 0{,}611521 \cdot (N(1{,}06) - N(1{,}05)) \\
&= 0{,}8531 &&+ 0{,}611521 \cdot (0{,}8554 - 0{,}8531) \\
&= 0{,}8531 &&+ 0{,}0014 \\
&= 0{,}8545.
\end{aligned}
$$

Damit ergibt sich $PV_{Call} = 60 \, € \cdot e^{-0 \cdot \frac{1}{2}} \cdot 0{,}8912 - 50 \, € \cdot e^{-0{,}04 \cdot \frac{1}{2}} \cdot 0{,}8545 = 11{,}59 \, €.$

Für die Option B gilt:
Analog zur Berechnung des Call-Preises kann der faire Put-Preis berechnet werden. Es ergibt sich mit Satz 10.4.6 der Formelsammlung: $PV_{Put} = 0{,}60 \, €$.

Tipp: Wenn der Call-Preis bekannt ist, kann der Put-Preis einfacher und schneller über die Put-Call-Parität $PV_{Put} + S = PV_{Call} + X \cdot d(t_0, T)$ ermittelt werden, vgl. Satz 10.4.3 oder auch Aufgabe 10.4.12:

$$PV_{Put} = PV_{Call} + X \cdot d(t_0, T) - S = 11{,}59 \, € + 50 \, € \cdot e^{-0{,}04 \cdot \frac{1}{2}} - 60 \, € = 0{,}60 \, €.$$

Diskontiert wird mit stetiger Verzinsung.

Das Aufgeld kann nach der Formel in Satz 10.4.1 ermittelt werden. Für den Call A ergibt sich:

$$A = \frac{X + \frac{C}{h} - S}{S} = \frac{50\,€ + \frac{11{,}59\,€}{1} - 60\,€}{60\,€} = 0{,}02650.$$

Für den Put B gilt:

$$A = \frac{S - X + \frac{C}{h}}{S} = \frac{60\,€ - 50\,€ + \frac{0{,}60\,€}{1}}{60\,€} = 0{,}17667,$$

wenn Sie jeweils die gerundeten Optionspreise in die Formeln einsetzen. Mit nicht gerundeten Optionspreisen ergeben sich die in der weiter unten stehenden Tabelle angegebenen Werte.

Als weiterer Zahlenwert wird das Vega der Option C ermittelt. Nach Satz 10.4.7 in der Formelsammlung gilt:

$$\text{Vega} = S \cdot e^{-r_d \cdot t} \cdot n(d_1) \cdot \sqrt{t} = 60\,€ \cdot 1 \cdot n(d_1) \cdot \sqrt{\tfrac{8}{12}} = 19{,}0220432, \text{ wobei}$$

$$d_1 = \frac{\ln(S/X) + (r_c - r_d) \cdot (T - t_0)}{\sigma \cdot \sqrt{T - t_0}} + \frac{1}{2}\sigma \cdot \sqrt{T - t_0}$$

$$= \frac{\ln(60/60) + (0{,}04 - 0) \cdot \tfrac{8}{12}}{0{,}25 \cdot \sqrt{\tfrac{8}{12}}} + \frac{1}{2} \cdot 0{,}25 \cdot \sqrt{\tfrac{8}{12}}$$

$$= 0{,}2327015256 \text{ und}$$

$$n(d_1) = \frac{1}{\sqrt{2 \cdot \pi}} \cdot e^{-\frac{d_1^2}{2}} = 0{,}388285831.$$

Unter Anwendung der Sätze 10.4.1, 10.4.6 und 10.4.7 ist die folgende Tabelle erstellt worden.

Bildung kommt von Bildschirm.
und nicht von Buch, sonst hieße es ja Buchung.

Dieter Hildebrandt, deutscher Kabarettist, *1928

Name	A	B	C	D
Art	Call	Put	Call	Call
Aktienkurs	60 €	60 €	60 €	60 €
Basispreis (Strike)	50 €	50 €	60 €	50 €
Laufzeit	6 Monate	6 Monate	8 Monate	9 Monate
Volatilität	25%	25%	25%	25%
risikoloser Zins	4%	4%	4%	4%
Dividendenrendite	0%	0%	0%	0%
d_1	1,2328919	1,2328919	0,2327015	1,0889244
$N(d_1)$	0,8911919	0,8911919	0,5920034	0,8619064
d_2	1,05612	1,05612	0,02858	0,87242
$N(d_2)$	0,8545422	0,8545422	0,5113992	0,8085099
fairer Peis C	**11,59 €**	**0,60 €**	**5,64 €**	**12,48 €**
innerer Wert IW	10,00 €	0,00 €	0,00 €	10,00 €
Zeitwert ZW	1,59 €	0,60 €	5,64 €	2,48 €
(rel.) Aufgeld A	2,651%	17,667%	9,406%	4,139%
Break-Even-Punkt	61,59 €	49,40 €	65,64 €	62,48 €
einfacher Hebel H	5,177	99,935	10,631	4,806
Delta	0,89119189	–0,10880811	0,59200336	0,86190636
Gamma	0,01758997	0,01758997	0,03170341	0,01697479
Omega	4,6134083	–10,8737208	6,29380869	4,14257177
Vega	7,91548694	7,91548694	19,0220432	11,457984

Options-Kennzahlen bei Aufgabe 10.4.9

Achtung:
Es wurden in der obigen Tabelle die Werte der Normalverteilung mit einem Tabellenkalkulationsprogramm ermittelt.
Die Berechnungen erfolgen mit Rechnergenauigkeit[1]. Zwischenergebnisse werden gerundet dargestellt. Es wird aber – wie bei den anderen Aufgaben auch – mit Rechnergenauigkeit weiter gerechnet.

---

[1] MS-Excel liefert in manchen Fällen bei verschiedenen Excel-Versionen „unterschiedliche" Werte der Standardnormalverteilung.

Lösungen zu den Aufgaben 129

Lösung Aufgabe 10.4.10:

Für den fairen Preis eines europäischen Calls gilt nach Satz 10.4.6:

$$PV = S \cdot e^{-r_d \cdot (T-t_0)} \cdot N(d_1) - X \cdot e^{-r_c \cdot (T-t_0)} \cdot N(d_2),$$

wobei: $d_1 = \dfrac{\ln(S/X) + (r_c - r_d) \cdot (T-t_0)}{\sigma \cdot \sqrt{T-t_0}} + \dfrac{1}{2}\sigma \cdot \sqrt{T-t_0}$ und $d_2 = d_1 - \sigma \cdot \sqrt{T-t_0}$.

a) Für $T - t_0$ gegen 0 geht der Wert der beiden e-Funktionen in der obigen Barwert-Formel gegen 1.

Beim Ausdruck $d_1 = \dfrac{\ln(S/X)}{\sigma \cdot \sqrt{T-t_0}} + \dfrac{(r_c - r_d) \cdot \sqrt{(T-t_0)}}{\sigma} + \dfrac{1}{2}\sigma \cdot \sqrt{T-t_0}$ gehen die beiden letzten Summanden gegen Null. Der erste Summand geht gegen ∞, falls S/X > 1, gegen –∞, falls S/X < 1 bzw. gegen 0, falls S/X = 1.
Für $N(d_1)$ gibt es jetzt auch drei Fälle:
$N(d_1)$ geht dann gegen 1 [und $N(-d_1)$ gegen 0], falls S/X > 1,
$N(d_1)$ geht gegen 0 [und $N(-d_1)$ gegen 1], falls S/X < 1 bzw.
$N(d_1)$ geht gegen ½ [und $N(-d_1)$ gegen ½], falls S/X = 1.

Also erhalten Sie für den ersten Summanden in der Preisformel für den Call als Grenzwert S, falls S/X > 1, als Grenzwert 0, falls S/X < 1 bzw. ½ S, falls S/X = 1 ist.

d_2 geht gegen den gleichen Grenzwert wie d_1. Damit geht der zweite Summand der Optionspreisformel, also $-X \cdot e^{-r_c \cdot (T-t_0)} \cdot N(d_2)$, gegen –X, falls S/X > 1, gegen 0, falls S/X < 1 bzw. gegen – ½ X, falls S/X = 1 ist.

Insgesamt geht also der faire Preis gegen S – X, falls S/X > 1, gegen 0, falls S/X < 1 bzw. auch gegen 0, falls S/X = 1 ist. Da S/X > 1 äquivalent zu S > X ist, können die drei Fälle zusammengefasst werden und als Grenzwert ergibt sich: max{S – X; 0}.
Dies ist genau der Wert der Option bei Laufzeitende bzw. die Payoff-Funktion.
Analog geht für $T - t_0$ gegen 0 der Put-Preis

$$PV_{Put} = X \cdot e^{-r_c \cdot (T-t_0)} \cdot N(-d_2) - S \cdot e^{-r_d \cdot (T-t_0)} \cdot N(-d_1)$$

gegen max{X – S; 0}.

b) Für X gegen 0 strebt ln(S/X) und somit auch d_1 und d_2 gegen ∞. Also geht der Call-Preis PV gegen $S \cdot e^{-r_d \cdot (T-t_0)} - 0 = S \cdot e^{-r_d \cdot (T-t_0)}$.

Für X gegen 0 strebt ln(S/X) und somit auch d_1 und d_2 gegen ∞. Also geht der Put-Preis gegen $0 - S \cdot e^{-r_d \cdot (T-t_0)} \cdot 0 = 0$. Dieses Ergebnis kann auch anschaulich erklärt werden: Ein Put mit Ausübung 0 € bedeutet das Recht, die Aktie zu verschenken. Dieses Recht ist wertlos.

Lösung Aufgabe 10.4.11:

a) Für den Payoff eines Cash-or-Nothing-Calls bzw. eines Cash-or-Nothing-Puts mit Auszahlung a und Strike c gilt:

$$\text{Payoff}_{\text{Cash-or-Nothing-Call}}(S) = a \cdot \begin{cases} 0 & \text{falls } S \leq c \\ 1 & \text{falls } S > c \end{cases},$$

$$\text{Payoff}_{\text{Cash-or-Nothing-Put}}(S) = a \cdot \begin{cases} 0 & \text{falls } S \geq c \\ 1 & \text{falls } S < c \end{cases}.$$

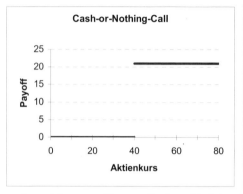
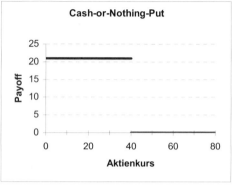

Auszahlungsprofile von Cash-or-Nothing-Optionen (c = 40, a = 21)

Bemerkungen:
Die obigen Optionen heißen auch digitale Optionen.

Für die Auszahlungsprofile der Asset-or-Nothing-Optionen mit Strike c gilt:

$$\text{Payoff}_{\text{Asset-or-Nothing-Call}}(S) = \begin{cases} 0 & \text{falls } S \leq c \\ S & \text{falls } S > c \end{cases},$$

$$\text{Payoff}_{\text{Asset-or-Nothing-Put}}(S) = \begin{cases} 0 & \text{falls } S \geq c \\ S & \text{falls } S < c \end{cases}.$$

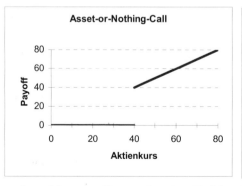
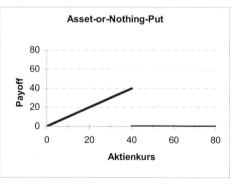

Auszahlungsprofile von Asset-or-Nothing-Optionen (c = 40)

Lösungen zu den Aufgaben

In der Literatur sind die obigen Optionen an der Sprungstelle $S = c$ manchmal so definiert, dass der Funktionswert zum anderen Bereich gehört. Bei stetigen Modellen, wie beispielsweise beim Aktienkursverlauf nach Black/Scholes, hat das keine Auswirkungen auf die Berechnung des fairen Preises der Option.

b) Ein Plain-Vanilla-Call kann durch den Kauf eines Asset-or-Nothing-Calls (Long-Position) und den Verkauf eines Cash-or-Nothing-Calls (Short-Position) nachgebildet werden.

Payoff$_{\text{Plain-Vanilla-Call mit Strike X}}$
= Payoff$_{\text{Asset-or-Nothing-Call mit Strike X}}$ − Payoff$_{\text{Cash-or-Nothing-Call mit Strike X und Auszahlung X}}$

(− bedeutet: Short-Position)

Payoff$_{\text{Plain-Vanilla-Put mit Strike X}}$
= Payoff$_{\text{Cash-or-Nothing-Put mit Strike X und Auszahlung X}}$ − Payoff$_{\text{Asset-or-Nothing-Put mit Strike X}}$

(− bedeutet: Short-Position)

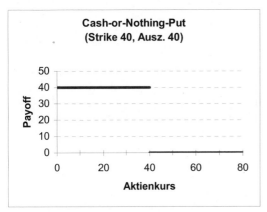

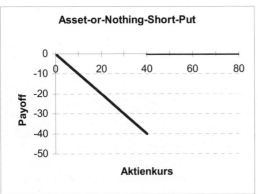

Anhand der nebenstehenden Graphiken können Sie leicht nachvollziehen, dass die Summe der Payoff-Funktionen der beiden einzelnen Produkte die Payoff-Funktion einer Plain-Vanilla-Verkaufsoption ergibt.

Auszahlungsprofile zweier Finanzprodukte ($c = 40$, $a = 40$)

Lösung Aufgabe 10.4.12:

Im Folgenden ist zu beachten, dass t die Laufzeit der Option ist. Das heißt, gesucht ist der Zusammenhang zwischen den Barwerten PV_{Call} und PV_{Put} (zur Zeit Null).

Es werden zwei Portfolios A und B gebildet.
Portfolio A besteht aus zwei Positionen: Einer gekauften europäischen Verkaufsoption auf eine Aktie und $e^{-r_d t}$ Aktien, wobei r_d die stetige Dividendenrendite ist. Für dieses Portfolio müssen Sie den Betrag von $PV_{Put} + S \cdot e^{-r_d t}$ aufwenden.

Wird der Ertrag aus der Aktie laufend wieder in Aktien angelegt, heißt dies, dass aus $e^{-r_d t}$ Aktien zum Zeitpunkt 0 eine Aktie zum Zeitpunkt t wird.[1]
Wie hoch ist nun der Wert des Portfolios A zum Zeitpunkt t?
Wenn der Aktienkurs zum Zeitpunkt t, also S(t), größer oder gleich X ist, verfällt die Verkaufsoption wertlos. Aus der zweiten Position des Portfolios A besitzen Sie eine Aktie.
Wenn der Aktienkurs zum Zeitpunkt t, also S(t), kleiner als X ist, hat die Option einen Wert von X – S(t). Aus der zweiten Position des Portfolios A besitzen Sie eine Aktie, vgl. nachfolgende Abbildung.

Portfolio B besteht aus einem gekauften Call und einem Kredit, dessen Rückzahlung (mit Zinsen) X ist. Das heißt, der Kredit hat eine Höhe von $X \cdot e^{-r_c t}$.

	Zeitpunkt 0	Zeitpunkt t	
		S(t) < X	S(t) ≥ X
Portfolio A Put $e^{-r_d t}$ Aktien	PV_{Put} $e^{-r_d t} \cdot S$	X – S(t) S(t)	0 S(t)
Insgesamt A	$PV_{Put} + e^{-r_d t} \cdot S$	X	S(t)
Portfolio B Call Kreditvergabe	PV_{Call} $+ X \cdot e^{-r_c t}$	0 X	S(t) – X X
Insgesamt B	$PV_{Call} + X \cdot e^{-r_c t}$	X	S(t)

---

[1] Anschauliche Begründung:
Im Zeitintervall $[0, \Delta t]$ für kleines Δt erzielt die Aktie eine Dividende von näherungsweise $S \cdot r_d \cdot \Delta t$. Bei $e^{-r_d t}$ Aktien also einen Ertrag von $S \cdot r_d \cdot \Delta t \cdot e^{-r_d t}$. Dieser Betrag wird in Aktien reinvestiert. Unter der Annahme, dass sich der Kurs nicht wesentlich ändert, sind dann insgesamt $(1 + r_d \cdot \Delta t) \, e^{-r_d t}$ Aktien vorhanden. Da $e^x \approx 1 + x$ (Taylor-Polynom) für kleine x gilt, sind also $(1 + r_d \cdot \Delta t) \approx e^{r_d \Delta t} \cdot e^{-r_d t} = e^{-r_d(t-\Delta t)}$ Aktien vorhanden.
Diese Überlegungen können mit dem Grenzübergang Δt gegen Null exakt formuliert werden, sodass nach s Zeiteinheiten genau $e^{-r_d(t-s)}$ Aktien im Portfolio A enthalten sind. Zur Zeit s = t ist dann genau eine Aktie ($= e^{-r_d(t-t)} = 1$) im Portfolio A.

Am Laufzeitende der Option liefert Portfolio B in allen Fällen den gleichen Wert wie Portfolio A.

Da beide Portfolios zum Zeitpunkt t in gleichen Umweltzuständen auch den gleichen Ertrag erbringen, müssen sie zum Zeitpunkt 0 auch gleich teuer sein, damit keine Arbitrage möglich ist. Also gilt:

$$PV_{Put} + S \cdot e^{-r_d t} = PV_{Call} + X \cdot e^{-r_c t}.$$

Bemerkung: Die Put-Call-Parität gilt für europäische Optionen unabhängig davon, wie der Aktienkursverlauf ist. Das heißt, unabhängig davon, ob das Binomialmodell, das Black/Scholes/Merton-Modell oder ein anderes Modell zur Berechnung des Optionspreises verwendet wird. Unabhängig davon ist zu beachten, dass bei der obigen Put-Call-Parität mit stetiger Verzinsung gerechnet wird.

Lösung Aufgabe 10.4.13:

a) Nach der Put-Call-Parität (Aufgabe 10.4.12) gilt:

$PV_{Put} = PV_{Call} + X \cdot e^{-r_c t} - S \cdot e^{-r_d t}$. Da das Delta die partielle Ableitung des Barwertes (Preises) nach S ist, folgt somit sofort:

$$\frac{\partial PV_{Put}}{\partial S} = \frac{\partial PV_{Call}}{\partial S} + \frac{\partial (X \cdot e^{-r_c t})}{\partial S} - \frac{\partial (S \cdot e^{-r_d t})}{\partial S}$$

$$= N(d_1) \cdot e^{-r_d \cdot t} + 0 - e^{-r_d t}$$

$$= [N(d_1) - 1] \cdot e^{-r_d \cdot t}.$$

b) Für das Rho_d einer Verkaufsoption gilt im Black/Scholes/Merton-Modell:

$$Rho_d = \frac{\partial PV_{Put}}{\partial r_d} = \frac{\partial PV_{Call}}{\partial S} + \frac{\partial (X \cdot e^{-r_c t})}{\partial r_d} - \frac{\partial (S \cdot e^{-r_d t})}{\partial r_d}$$

$$= -S \cdot t \cdot e^{-r_d \cdot t} \cdot N(d_1) + 0 - S \cdot (-t) \cdot e^{-r_d t}$$

$$= S \cdot t \cdot e^{-r_d \cdot t} \cdot (1 - N(d_1))$$

$$= S \cdot t \cdot e^{-r_d \cdot t} \cdot N(-d_1).$$

Lösung Aufgabe 10.4.14:

a) Es gilt $t_0 = 0$, $S(0) = 50$. Dann folgt nach Satz 10.4.5 für die Verteilung des Aktienkurses in neun Monaten (= 0,75 Jahre):
Die Zufallsvariable $\ln(S(0,75))$ ist normalverteilt mit dem Erwartungswert

$$\mu_{0,75} = \ln(50) + (0,1 - \frac{0,4^2}{2}) \cdot 0,75 = 3,927023 \text{ und der Standardabweichung}$$

$\sigma_{0,75} = 0,4 \cdot \sqrt{0,75} = 0,3464102$.

Also ist die Zufallsvariable $S(0,75)$ lognormalverteilt mit den Parametern $\mu_{0,75}$ und $\sigma_{0,75}^2$.

b) Der Erwartungswert des Aktienkurses in 9 Monaten ist:
$E(S(0,75)) = 50 \cdot e^{0,1 \cdot 0,75} = 53,89$.

Die Standardabweichung beträgt $\sqrt{50^2 \cdot e^{2 \cdot 0,1 \cdot 0,75} \cdot (e^{0,4^2 \cdot 0,75} - 1)} = 19,244$.

c) Mit 99,9%iger Wahrscheinlichkeit gilt dann:
$$\mu_{0,75} - q^{SN}_{\frac{1+0,999}{2}} \cdot \sigma_{0,75} < \ln(S(0,75)) < \mu_{0,75} + q^{SN}_{\frac{1+0,999}{2}} \cdot \sigma_{0,75},$$

wobei $q^{SN}_{\frac{1+0,999}{2}} = 3,290$ das 0,9995-Quantil der Normalverteilung ist, vgl. Tabelle in Kap. 12 der Formelsammlung. Also

$$3,927023 - 3,290 \cdot 0,3464102 < \ln(S(0,75)) < 3,927023 + 3,290 \cdot 0,3464102$$
$$e^{3,927023 - 3,290 \cdot 0,3464102} < S(0,75) < e^{3,927023 + 3,290 \cdot 0,3464102}$$
$$16,23 < S(0,75) < 158,68.$$

Mit 99,9%iger Wahrscheinlichkeit liegt der Aktienkurs zwischen 16,23 und 158,68.

Lösung Aufgabe 10.4.15:

a) Es gilt $t_0 = 0$, $S(0) = 22$. Dann folgt nach Satz 10.4.5 für die Verteilung des Aktienkurses in drei Monaten (= 0,25 Jahre), wobei die Angaben für den Aktienkurs der Einfachheit halber ohne Eurozeichen erfolgen:

Die Zufallsvariable $S(¼)$ ist lognormalverteilt mit den Parametern
$$\mu_{0,25} = \ln(22) + (0,15 - \frac{0,4^2}{2}) \cdot 0,25 = 3,1085 \text{ und } \sigma^2_{0,25} = 0,4 \cdot \sqrt{0,25} = 0,2^2 = 0,04.$$

b) Mit 90%iger Wahrscheinlichkeit gilt dann:
$$\mu_{0,25} - q^{SN}_{\frac{1+0,90}{2}} \cdot \sigma_{0,25} < \ln(S(¼)) < \mu_{0,25} + q^{SN}_{\frac{1+0,90}{2}} \cdot \sigma_{0,25},$$

wobei $q^{SN}_{\frac{1+0,90}{2}}$ das 95%-Quantil der Normalverteilung ist. Mit der Tabelle aus Kap. 12 der Formelsammlung:

$$3,1085 - 1,645 \cdot 0,2 < \ln(S(¼)) < 3,1085 + 1,645 \cdot 0,2$$
$$e^{3,1085 - 1,645 \cdot 0,2} < S(¼) < e^{3,1085 + 1,645 \cdot 0,2}$$
$$16,11 < S(¼) < 31,11.$$

Mit 90%iger Wahrscheinlichkeit liegt der Aktienkurs zwischen 16,11 € und 31,11 €.

c) Gesucht ist die Wahrscheinlichkeit: $P(S(¼) > 47)$.
$$\begin{aligned} P(S(¼) > 47) &= P(\ln(S(¼)) > \ln 47) = 1 - P(\ln(S(¼)) \leq 47) \\ &= 1 - N([\ln(47) - 3,1085]/0,2) \\ &= 1 - N(3,708) \\ &= 1 - 0,9999 = 0,0001. \end{aligned}$$

$N(3,708)$ ist der Wert der Standard-Normalverteilung aus der Tabelle in Kap. 12 der Formelsammlung: $N(3,70) = 0,9999$ und $N(3,71) = 0,9999$. Also $N(3,708) = 0,9999$.

Lösungen zu den Aufgaben

d) Die Verkaufsoption wird ausgeübt, wenn die Kaufoption nicht ausgeübt wird. Also
P(S(¼) < 47 €) = 1 − 0,0001 = 0,9999.

Lösung Aufgabe 10.4.16:

Da $\ln(Y) = \ln\left(\dfrac{1}{X}\right) = -\ln(X)$ gilt, ist $\ln(Y)$ genauso verteilt wie $-\ln(X)$. Also ist $\ln(Y)$ normalverteilt mit den Parametern $-\mu$ (= Erwartungswert) und σ^2 (= Varianz). Damit ist Y lognormalverteilt mit den Parametern $-\mu$ und σ^2.

Lösung Aufgabe 10.5.1:

a) Da nur Monate angegeben sind, kann nicht taggenau gerechnet werden. Da alle Zeiten unter einem Jahr liegen, wird mit linearen Zinsen gerechnet. Implizite Forward-Zinssätze (= Forward-Rates) werden folgendermaßen berechnet:
Das Endkapital einer Anlage für eine Laufzeit von k Monaten muss genauso groß sein wie das Endkapital einer Anlage, die erst j Monate und dann noch einmal k−j Monate angelegt wird. Also

$1 + k/12 \cdot i_{0, k/12} = (1 + j/12 \cdot i_{0, j/12}) \cdot (1 + (k-j)/12 \cdot i_{j/12, k/12 \mid 0})$.

$i_{j/12, k/12 \mid 0} = \left(\dfrac{1+\frac{k}{12} i_{0,k/12}}{1+\frac{j}{12} i_{0,j/12}} - 1\right) \cdot \dfrac{12}{k-j}$.

Für den Diskontierungsfaktor gilt: $d(j/12; k/12 \mid 0) = \dfrac{1}{1+\frac{k-j}{12} \cdot i_{j/12, k/12 \mid 0}}$.

Ein Zahlenbeispiel:
Der Forward-Zinssatz für eine Anlage in 3 Monaten für 2 Monate ist

$i_{3/12, 5/12 \mid 0} = \left(\dfrac{1+\frac{5}{12} 0,035}{1+\frac{3}{12} 0,033} - 1\right) \cdot \dfrac{12}{5-3} = 3,7689\%$.

Damit beträgt der Diskontierungsfaktor:

$d(3/12; 5/12 \mid 0) = \dfrac{1}{1+\frac{5-3}{12} \cdot i_{3/12, 5/12 \mid 0}} = \dfrac{1}{1+\frac{2}{12} \cdot 0,037689} = 0,99376$.

Laufzeit in Monaten	1	2	3	4	5	6	7
Spot-Rate	3,1%	3,2%	3,3%	3,4%	3,5%	3,6%	3,7%
Diskontierungsfaktor	0,997423	0,99469	0,99182	0,98879	0,98563	0,9823	0,97887

Implizite Forward-Zinssätze (Zeitangaben in Monaten):

von \ bis	1	2	3	4	5	6	7
0	3,100%	3,200%	3,300%	3,400%	3,500%	3,600%	3,700%
1		3,291%	3,391%	3,491%	3,591%	3,690%	3,790%
2			3,481%	3,581%	3,680%	3,780%	3,879%
3				3,670%	3,769%	3,868%	3,967%
4					3,856%	3,955%	4,054%
5						4,041%	4,140%
6							4,224%

Implizite Forward-Diskontierungsfaktoren d(j/12, k/12 | 0) für k > j:

von \ bis	1	2	3	4	5	6	7
0	0,99742	0,99469	0,99182	0,98879	0,98563	0,98232	0,97887
1		0,99726	0,99438	0,99135	0,98817	0,98486	0,98140
2			0,99711	0,99407	0,99088	0,98756	0,98409
3				0,99695	0,99376	0,99042	0,98695
4					0,99680	0,99345	0,98997
5						0,99664	0,99315
6							0,99649

b) Gesucht ist der faire FRA-Satz eines 3 x 5 -FRA. Nach Satz 10.5.1(i) gilt:

$$i_{FRA_{fair}} = \left(\frac{1+\text{years}(t_0,t_2)\cdot i_{t_0,t_2}}{1+\text{years}(t_0,t_1)\cdot i_{t_0,t_1}}-1\right)\cdot\frac{1}{\text{years}(t_1,t_2)}$$

$$= \left(\frac{1+\frac{5}{12}\cdot 0,035}{1+\frac{3}{12}\cdot 0,033}-1\right)\cdot\frac{1}{\frac{2}{12}} = 3,769\%.$$

Der faire FRA-Satz stimmt mit dem impliziten Forward-Zinssatz aus Teil a) überein.

Mit Diskontierungsfaktoren ausgedrückt gilt:

$$d_{FRA-Satz_{fair}}(t_1,t_2) = \frac{d(t_0,t_2)}{d(t_0,t_1)} = \frac{0,98563}{0,99182} = 0,99376.$$

Markets can remain irrational,
longer than you remain solvent.

John Maynard Keynes, 1883 - 1946
britischer Volkswirtschaftler, Publizist und Politiker

Lösung Aufgabe 10.5.2:

a) Vom 7.3.2007 bis zum 7.12.2007 sind es 275 Tage (= „9 mal 30" + „5 Monate mit 31 Tagen"). Vom 7.3.2007 bis zum 7.3.2008 sind es 366 Tage. Die Absicherung läuft 366 Tage minus 275 Tage, also 91 Tage.
Mit $t_0 = 7.3.2007$, $t_1 = 7.12.2007$ und $t_2 = 7.3.2008$ folgt nach Satz 10.5.1(i)

$$i_{FRA_{fair}} = \left(\frac{1 + \text{years}(t_0, t_2) \cdot \text{EURIBOR}_{t_0, t_2}}{1 + \text{years}(t_0, t_1) \cdot \text{EURIBOR}_{t_0, t_1}} - 1\right) \cdot \frac{1}{\text{years}(t_1, t_2)}$$

$$= \left(\frac{1 + \frac{366}{360} \cdot 0{,}035}{1 + \frac{275}{360} \cdot 0{,}033} - 1\right) \cdot \frac{1}{\frac{366-275}{360}} = 4{,}003474680166\% = 4{,}003\%.$$

b) Am 7.6.2007 sind genau 92 Tage seit dem 7.3.2007 vergangen. Mit $t = 7.6.2007$ (aktueller Zeitpunkt), $t_1 = 7.12.2007$, $t_2 = 7.3.2008$ und Satz 10.5.1(iii) ergibt sich:

$$PV = N_0 \cdot \left[\frac{1}{1 + \text{EURIBOR}_{t, t_1} \cdot \frac{\text{caldays}(t, t_1)}{360}} - \frac{1 + i_{FRA} \cdot \frac{\text{caldays}(t_1, t_2)}{360}}{1 + \text{EURIBOR}_{t, t_2} \cdot \frac{\text{caldays}(t, t_2)}{360}}\right]$$

$$= 1.000.000\,€ \cdot \left[\frac{1}{1 + 0{,}031 \cdot \frac{275-92}{360}} - \frac{1 + 0{,}04003 \cdot \frac{91}{360}}{1 + 0{,}033 \cdot \frac{366-92}{360}}\right]$$

$$= -883{,}36\,€.$$

c) Mit Satz 10.5.1(ii) folgt:

$$\text{Ausgleichsbetrag} = \frac{N_0 \cdot (\text{EURIBOR} - i_{FRA}) \cdot \frac{\text{caldays}(t_1, t_2)}{360}}{1 + \frac{\text{caldays}(t_1, t_2)}{360} \cdot \text{EURIBOR}}$$

$$= \frac{1.000.000\,€ \cdot (0{,}029 - 0{,}04003) \cdot \frac{91}{360}}{1 + \frac{91}{360} \cdot 0{,}029}$$

$$= -2.767{,}85\,€.$$

Es gibt Menschen, die zahlen für Geld jeden Preis.

Arthur Schopenhauer, deutscher Philosoph, 1788 - 1860

Lösung Aufgabe 10.6.1:

a) In der folgenden Abbildung ist der Gewinn des Caps und des Short-Floors eingezeichnet Beide Kurven sehen genauso aus wie bei einem Call bzw. einem Short-Put. Die Summe der beiden Kurven ergibt die Graphik des Collars. Da der Cap genauso viel kostet, wie der Floor erbringt, ist zwischen den beiden Basiswerten von 4% und 8% die Summe 0%.

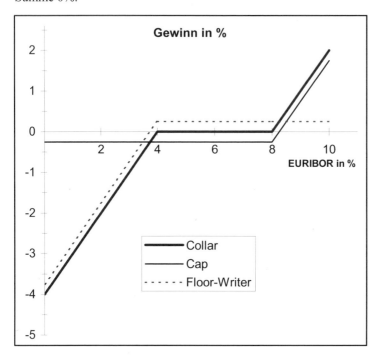

b) Der Käufer des Collars erwartet steigende Zinsen. Der Kauf dieses Collars bietet dem Käufer den Vorteil, dass er die Zinsabsicherung nach oben, d.h. im Bereich größer als 4% kostenneutral erreicht. Der maximale Verlust liegt bei 4%, falls der EURIBOR auf 0% fällt.

Lösung Aufgabe 10.6.2:

Mit Satz 10.6.1 ($t_0 = 1$, $t_1 = 2$) gilt für die Barwertberechnung zur Zeit $t = 0$:

$$d_{1,1} = \frac{\ln\left(\frac{i_{t_0,t_1|t}}{i_G}\right)}{\sigma_0 \cdot \sqrt{\text{years}_{\text{Option}}(t,t_0)}} + \frac{1}{2}\sigma_0 \cdot \sqrt{\text{years}_{\text{Option}}(t,t_0)}$$

$$= \frac{\ln\left(\frac{0{,}06}{0{,}07}\right)}{0{,}20 \cdot \sqrt{1-0}} + \frac{1}{2} \cdot 0{,}2 \cdot \sqrt{1-0} = -0{,}6707534 \quad \text{und}$$

Lösungen zu den Aufgaben 139

$d_{2,1} = d_{1,1} - \sigma_0 \cdot \sqrt{years_{Option}(t,t_0)} = d_{1,1} - 0,2 \cdot \sqrt{1} = -0,8707534.$

Mit Excel erhalten Sie: $N(d_{1,1}) = 0,25118875$ und $N(d_{2,1}) = 0,19194436$. Also

$$PV_{Caplet} = N_0 \cdot years_{Cap}(t_0,t_1) \cdot d(t,t_1) \cdot \left\{ i_{t_0,t_1|t} \cdot N(d_{1,1}) - i_G \cdot N(d_{2,1}) \right\}$$

$$= 1.000.000 \, € \cdot (2-1) \cdot e^{-2 \cdot 0,05} \cdot \left\{ 0,06 \cdot N(d_{1,1}) - 0,07 \cdot N(d_{2,1}) \right\}$$

$$= 1.479,61 \, €,$$

wobei zum Diskontieren bei der Black/Scholes-Formel die stetige Verzinsung verwendet wird.

Die obigen Werte der Standardnormalverteilung können vom Rechnertyp und von der verwendeten Excel-Version abhängen. Deshalb werden die Werte $N(d_{1,1})$ und $N(d_{2,1})$ zusätzlich mit der Tabelle aus Kapitel 12 der Formelsammlung ermittelt:

$N(d_{1,1})$ = $N(-0,6707534)$ = $1 - N(0,6707534)$
 = $1 - [\, N(0,67) + 0,07534 \cdot (\, N(0,68) - N(0,67) \,) \,]$
 = $1 - [\, 0,7486 + 0,07534 \cdot (0,7517 - 0,7486) \,]$
 = $0,2512.$

$N(d_{2,1})$ = $N(-0,8707534)$ = $1 - N(0,8707534)$
 = $1 - [\, N(0,87) + 0,07534 \cdot (\, N(0,88) - N(0,87) \,) \,]$
 = $1 - [\, 0,8078 + 0,07534 \cdot (0,8106 - 0,8078) \,]$
 = $0,1920.$

$$PV_{Caplet} = N_0 \cdot years_{Cap}(t_0,t_1) \cdot d(t,t_1) \cdot \left\{ i_{t_0,t_1|t} \cdot N(d_{1,1}) - i_G \cdot N(d_{2,1}) \right\}$$

$$= 1.000.000 \, € \cdot (2-1) \cdot e^{-2 \cdot 0,05} \cdot \left\{ 0,06 \cdot N(d_{1,1}) - 0,07 \cdot N(d_{2,1}) \right\}$$

$$= 1.476,69 \, €,$$

wobei zum Diskontieren bei der Black/Scholes-Formel wieder die stetige Verzinsung verwendet wird.

Lösung Aufgabe 10.6.3:

a) Aus den Diskontierungsfaktoren $d(0,t)$, $t = 1, 2, 3, 4, 5, 6$ können mit Satz 3.5.4 die einjährigen Forward-Diskontierungsfaktoren errechnet werden:

$$d(t, t+1 \mid 0) = \frac{d(0, t+1)}{d(0, t)}, t = 1, 2, 3, 4, 5.$$

Z.B. ergibt sich

$$d(1, 2 \mid 0) = \frac{0,92}{0,96} = 0,9583333 \quad \text{und} \quad d(3, 4 \mid 0) = \frac{0,82}{0,87} = 0,942528736.$$

Die jährlichen Forward-Zinssätze ergeben sich durch den Kehrwert der Diskontierungsfaktoren minus 1. Also $i_{t,t+1|0} = d(t,t+1|0)^{-1} - 1 = \dfrac{d(0,t)}{d(0,t+1)} - 1$.

Z. B. ergibt sich $i_{1,2|0} = \dfrac{d(0,1)}{d(0,2)} - 1 = \dfrac{0,96}{0,92} - 1 = 0,04347826087$;

$i_{3,4|0} = \dfrac{d(0,3)}{d(0,4)} - 1 = \dfrac{0,870}{0,820} - 1 = 0,06097560976$.

Insgesamt gibt es fünf Caplets, deren Barwerte zu berechnen sind:
Die Laufzeit des ersten Caplets beginnt nach einem Jahr und endet nach zwei Jahren; die Laufzeit des fünften (und letzten) Caplets beginnt nach fünf Jahren und endet nach sechs Jahren. Bei Anwendung von Satz 10.6 1 gilt mit t = 0 (= Zeitpunkt der Barwertberechnung), $t_0 = 1$ (= Beginn des 1. Caplets), $t_1 = 2$ (= Ende des 1. Caplets und gleichzeitig Beginn des 2. Caplets), $t_2 = 3$, $t_3 = 4$, $t_4 = 5$ und $t_5 = 6$ (= Ende des 5. Caplets).

Für das erste Caplet ergibt sich

$$d_{1,1} = \dfrac{\ln\left(\dfrac{i_{t_0,t_1|t}}{i_G}\right)}{\sigma_0 \cdot \sqrt{\text{years}_{\text{Option}}(t,t_0)}} + \dfrac{1}{2}\sigma_0 \cdot \sqrt{\text{years}_{\text{Option}}(t,t_0)}$$

$$= \dfrac{\ln\left(\dfrac{0,04347826087}{0,06}\right)}{0,25 \cdot \sqrt{1-0}} + \dfrac{1}{2} \cdot 0,25 \cdot \sqrt{1-0}$$

$$= -1,16333400$$

und

$$d_{2,1} = d_{1,1} - \sigma_0 \cdot \sqrt{\text{years}_{\text{Option}}(t,t_0)}$$

$$= d_{1,1} - 0,25 \cdot \sqrt{1} = -1,413333997.$$

Mit MS-Excel erhalten Sie: $N(d_{1,1}) = 0,12234706$ und $N(d_{2,1}) = 0,07877882$. Also

$$\text{PV}_{\text{Caplet 1}} = N_0 \cdot \text{years}_{\text{Cap}}(t_0,t_1) \cdot d(t,t_1) \cdot \left\{i_{t_0,t_1|t} \cdot N(d_{1,1}) - i_G \cdot N(d_{2,1})\right\}$$

$$= 10.000.000\,\text{€} \cdot 0,96 \cdot \left\{0,04347826087 \cdot N(d_{1,1}) - 0,06 \cdot N(d_{2,1})\right\}$$

$$= 5.452,92\,\text{€}.$$

Diese und die weiteren Ergebnisse sind in der folgenden Tabelle angegeben. Die Werte der Normalverteilung wurden mit MS-Excel errechnet. Wenn Sie die Tabellenwerte in Kapitel 12 der Formelsammlung verwenden, erhalten Sie etwas andere Werte der Normalverteilung und somit auch andere Werte der Caplets und des Caps.

Lösungen zu den Aufgaben

Zeit	Diskon-tierungs-faktor	1-Jahres Forward- Diskon-tierungs-faktor	1-Jahres Forward-Zinssatz					Wert Caplet
t	d(0, t)	d(t, t+1 | 0)	$i_{t, t+1 \mid 0}$	d_1	$N(d_1)$	d_2	$N(d_2)$	PV_{Caplet}
0	1,000	0,960000000	4,167%					
1	0,960	0,958333333	4,348%	-1,163333997	0,12234706	-1,413333997	0,078778821	5.452,92
2	0,920	0,945652174	5,747%	0,054986067	0,52192529	-0,298567323	0,382635165	61.227,09
3	0,870	0,942528736	6,098%	0,253755563	0,60015774	-0,179257139	0,428867906	89.075,86
4	0,820	0,939024390	6,494%	0,408086415	0,65839484	-0,091913585	0,463383286	115.114,34
5	0,770	0,935064935	6,944%	0,541007721	0,70574890	-0,018009273	0,492815691	139.978,07
6	0,720							

Der Barwert des Caps beträgt 410.848,28 €. Er ist die Summe der Barwerte aller Caplets.

b) Mit den Ergebnissen von Aufgabenteil a erhalten Sie:

Zeit	Diskon-tierungs-faktor	1-Jahres Forward- Diskon-tierungs-faktor	1-Jahres Forward-Zinssatz					Wert Floorlet
t	d(0, t)	d(t, t+1 | 0)	$i_{t, t+1 \mid 0}$	d_1	$N(-d_1)$	d_2	$N(-d_2)$	$PV_{Floorlet}$
0	1,000	0,960000000	4,167%					
1	0,960	0,958333333	4,348%	3,231115158	0,00061660	2,981115158	0,00143607	17,60
2	0,920	0,945652174	5,747%	3,162330864	0,00078262	2,808777474	0,00248656	41,35
3	0,870	0,942528736	6,098%	2,790891965	0,00262821	2,357879263	0,00918982	193,03
4	0,820	0,939024390	6,494%	2,605310992	0,00458958	2,105310992	0,01763206	420,55
5	0,770	0,935064935	6,944%	2,506265128	0,00610072	1,947248133	0,02575243	657,99
6	0,720							

Der Wert des Floors ist die Summe aller Barwerte der Floorlets und beträgt 1.330,51 €.

Lösung Aufgabe 10.6.4:

a) Die Laufzeiten der Caplets beginnen am 19.11. und am 19.5. jeden Jahres, es sei denn, diese Tage sind Bankfeiertage. In diesem Fall verschieben sich die Tage auf den ersten Bankarbeitstag danach. Der 19.11.2007 ist ein Samstag; deshalb muss Montag, der 21.11.2005, genommen werden. In der Tabelle weiter unten sind die Datumsangaben in der zweiten Spalte angegeben.

b) Insgesamt gibt es sieben Caplets, die zu bewerten sind.
Der erste Caplet läuft vom 19.05.2004 bis zum 19.11.2004, der zweite vom 19.11.2004 bis zum 19.05.2005 usw. Die Forward-Zinssätze können aus den Forward-Diskontierungsfaktoren ermittelt werden. Da die Zinssätze für ein halbes Jahr zu berechnen sind, wird die Zinstage-Methode actual/360 verwendet.

Nach Satz 3.5.4 gilt allgemein:

$$d(t_1, t_2 \mid t_0) = \frac{d(t_0, t_2)}{d(t_0, t_1)} \text{ für beliebige Zeitpunkt mit } t_0 \leq t_1 \leq t_2.$$

Des Weiteren gilt bei linearer Verzinsung: $d(t_1, t_2 \mid t_0) = \dfrac{1}{1 + \text{years}(t_1, t_2) \cdot i_{t_1, t_2 \mid t_0}}$.

Aus beiden Gleichungen folgt $i_{t_1, t_2 \mid t_0} = \left(\dfrac{d(t_0, t_1)}{d(t_0, t_2)} - 1 \right) \cdot \dfrac{1}{\text{years}(t_1, t_2)}$.

Als Beispiele werden die Forward-Zinssätze vom 19.05.2004 bis 19.11.2004 und vom 19.5.2005 bis 21.11.2005 berechnet. Es gilt:

$$i_{19.5.2004,\ 19.11.2004 \mid 19.11.2003} = \left(\frac{0{,}989010010869220}{0{,}976714316759848} - 1 \right) \cdot \frac{1}{\frac{184}{360}} = 0{,}02463032681,$$

gerundet 0,02463;

$$i_{19.5.2005,\ 21.11.2005 \mid 19.11.2003} = \left(\frac{0{,}962311790940213}{0{,}945641417796717} - 1 \right) \cdot \frac{1}{\frac{186}{360}} = 0{,}03411995.$$

Alle benötigten Forward-Zinssätze sind in der unten stehenden Tabelle angegeben.

c) Zur Berechnung der Barwerte der Caplets sind die Laufzeiten der Optionen zu ermitteln. Für das erste Caplet mit einer Laufzeit vom 19.11.2003 bis zum 19.5.2004 ergibt sich bei der Zinstage-Methode actual/365 eine Laufzeit von $\dfrac{182}{365}$ Jahre = 0,49863 Jahre.

Für das vierte Caplet ergibt sich eine Laufzeit der Option vom 19.11.2003 bis zum 21.11.2005. Dies sind 2 Jahre und 2 Tage. Da in dieser Zeit ein Schaltjahr vorkommt, sind dies (2 · 365 + 1 + 2) Tage = 733 Tage, also $\dfrac{733}{365}$ Jahre = 2,008219 Jahre.

Für das erste Caplet (mit der Laufzeit vom 19.05.2004 bis 19.11.2004) ergibt sich mit Satz 10.6.1 (t = 19.11.2003, t_0 = 19.05.2004, t_1 = 19.11.2005):

$$d_{1,1} = \frac{\ln\left(\dfrac{i_{t_0, t_1 \mid t}}{i_G}\right)}{\sigma_0 \cdot \sqrt{\text{years}_{\text{Option}}(t, t_0)}} + \frac{1}{2} \sigma_0 \cdot \sqrt{\text{years}_{\text{Option}}(t, t_0)}$$

$$= \frac{\ln\left(\dfrac{0{,}02463}{0{,}04}\right)}{0{,}20 \cdot \sqrt{0{,}49863}} + \frac{1}{2} \cdot 0{,}20 \cdot \sqrt{0{,}49863}$$

$$= -3{,}3629.$$

Alle weiteren Werte sind in der unten stehenden Tabelle angegeben.

d) Der Barwert des Caps ist die Summe aller Barwerte der sieben Caplets und beträgt 117.779,76 €.

Lösungen zu den Aufgaben 143

Jahre	Datum	d	halbj. Forward-Zinssatz	$t_{actual/365}$	d_1	d_2	$N(d_1)$	$N(d_2)$	Barwert der Caplets
0	19.11.03	1	0,021980						0,00
0,5	19.05.04	0,98901	0,024630	0,49863	-3,3628605	-3,5040880	0,0003858	0,00022913	1,68
1	19.11.04	0,9767143	0,029768	1,00274	-1,3751040	-1,5753778	0,0845497	0,05758464	1.032,84
1,5	19.05.05	0,9623118	0,034120	1,49863	-0,5269813	-0,7718184	0,2991033	0,22011092	6.844,79
2	21.11.05	0,9456414	0,036938	2,008219	-0,1392943	-0,4227176	0,4446087	0,33625067	13.726,06
2,5	19.05.06	0,9285867	0,040675	2,49863	0,2109966	-0,1051445	0,5835550	0,4581305	25.291,31
3	20.11.06	0,9095744	0,042069	3,005479	0,3188024	-0,0279240	0,6250617	0,48886133	30.353,04
3,5	21.05.07	0,8906324	0,045130	3,50411	0,5095069	0,1351216	0,6948015	0,55374216	40.530,05
4	19.11.07	0,8707652							

Lösung Aufgabe 10.7.1:

a) Ein Zinsswap ist ein Vertrag über den Tausch von Zinszahlungen. Ein Plain-Vanilla-Zinsswap ist ein so genannter Standard-Zinsswap, bei dem der eine Vertragspartner einen (vorab festgelegten) festen Zinssatz und der andere Partner einen variablen Zinssatz jeweils bezogen auf den gleichen Nennwert zahlt. Der variable Zinssatz wird dabei vor jeder Zinsperiode neu ermittelt, z.B. nach dem 3-Monats-EURIBOR.

b) – Ein Unternehmen, das einen Festzinskredit aufgenommen hat, kann die Zinszahlungen in variable Zinszahlungen wandeln, wenn es mit fallenden Zinsen rechnet.
 – Ein Unternehmen, das einen Kredit mit variabler Verzinsung aufgenommen hat, kann sich mit einem Zinsswap gegen Zinsschwankungen absichern.

c) Die Swap-Rate ist der Zinssatz, der auf der Festsatzseite gezahlt wird. Er ist bei Neuabschluss eines Swaps so gewählt, dass der Swap nichts kostet. Da sich der Barwert eines Swaps aus dem Barwert eines Floaters minus dem Barwert einer festverzinslichen Anleihe mit dem Swapsatz als Nominalverzinsung ergibt, muss der Barwert dieser Anleihe bei Abschluss des Swaps gleich dem Nennwert sein.
Die Par-Yield oder Par-Rate ist derjenige Nominalzinssatz einer Anleihe, der gezahlt werden muss, damit der Anleihewert gleich dem Nennwert ist. Zu Beginn einer Kuponperiode ist die Swap-Rate gleich der Par-Rate.

Weisheit erwerben ist besser als Gold
und Einsicht erwerben edler als Silber.
Sprüche Salomos 16, 16

Lösung Aufgabe 10.7.2:

Das Unternehmen A nimmt einen Kredit zu variablen Zinsen auf, nämlich zum EURIBOR + 1,125%. Das Unternehmen B nimmt einen Kredit zu festen Zinsen auf, nämlich zu 6,5%. Diese Art von Kredit wollen die Unternehmen eigentlich nicht. Deshalb tauschen nun Unternehmen A und B Zahlungen, genauer Zinszahlungen, beispielsweise durch folgende Vereinbarung (Swap):

Das Unternehmen A zahlt Zinsen von 6,4% an das Unternehmen B.
Das Unternehmen B zahlt an das Unternehmen A variable Zinsen nach dem Zinssatz EURIBOR.

In der folgenden Abbildung sind alle Zinszahlungen dargestellt:

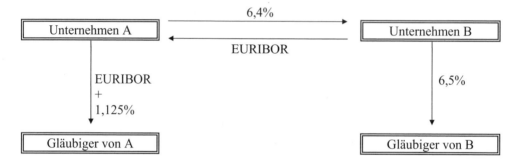

Was ist nun das Ergebnis aller Zinszahlungen?

Unternehmen A muss insgesamt das Folgende zahlen:
(EURIBOR + 1,125%) + 6,4% − EURIBOR = 7,525%.
Dies ist ein Festzinskredit, der um 0,475 Prozentpunkte billiger ist als bei dem direkten Festzinskredit von 8%.

Das Ergebnis für Unternehmen B:
EURIBOR + 6,5% − 6,4% = EURIBOR + 0,1%.
Unternehmen B hat also variable Zinsen zu zahlen bei einem Kredit, der um 0,275% billiger ist.

Bemerkungen:

- Für beide Unternehmen ist also der obige Zinstausch günstig. Üblicherweise schließen in der Praxis die Unternehmen nicht miteinander einen Swap ab, sondern eine (weitere) Bank wird als Intermediär dazwischengeschaltet. Dies kostet zwar etwas, reduziert aber das Kontrahentenrisiko, also das Risiko, ob das Unternehmen vom anderen Unternehmen sein Geld wirklich bekommt.
- Der obige Swap ist nur eine Möglichkeit. Es gibt noch andere Tauschmöglichkeiten, die zu Vorteilen für beide Unternehmen führen. Beispielsweise führt der Swap
EURIBOR gegen einen Festsatzzins von 6,5%
auch zu Kostenvorteilen für beide Unternehmen.

Lösungen zu den Aufgaben

Lösung Aufgabe 10.7.3:

a) Zahlungen erfolgen bei diesem Swap zu den Zeiten 1, 2 und 3:

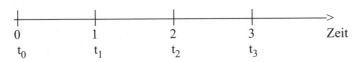

Mit Satz 10.7.1(ii) ergibt sich, wobei die Anzahl n der Zahlungen gleich 3 und der zeitliche Abstand zweier benachbarter Zinszahlungen, also years(t_{k-1}, t_k), gleich 1 ist:

$$i_{fair} = \frac{1-d(t_0,t_n)}{\sum_{k=1}^{n} years(t_{k-1},t_k) \cdot d(t_0,t_k)} = \frac{1-\frac{1}{(1+0{,}045)^3}}{1 \cdot \frac{1}{1+0{,}04} + 1 \cdot \frac{1}{(1+0{,}0425)^2} + 1 \cdot \frac{1}{(1+0{,}045)^3}}$$

$$= 4{,}485319\%.$$

b) Mit Satz 10.7.1(i) folgt:

$$PV_{Swap} = PV_{Floater} - PV_{\text{Anleihe mit Swapsatz als Nominalverzinsung}}$$

$$= 1.000.000 \text{ €} - 1.000.000 \text{ €} \cdot \left(\frac{0{,}05}{1+0{,}04} + \frac{0{,}05}{(1+0{,}0425)^2} + \frac{1+0{,}05}{(1+0{,}045)^3} \right)$$

$$= -14.194{,}72 \text{ €}.$$

Lösung Aufgabe 10.7.4:

Da keine genauen Datumsangaben vorliegen, wird mit halben Jahren, linearer Verzinsung bis zu einem Jahr und exponentieller Verzinsung ab einem Jahr gerechnet. Über die gesamte Laufzeit gibt es sechs Zinszahlungen.
Der Zinssatz für 1,5 und für 2,5 Jahre wird mit linearer Interpolation bestimmt. Es ergibt sich $i_{0,\,1{,}5} = \frac{1}{2} \cdot (4\% + 4{,}25\%) = 4{,}125\%$ und $i_{0,\,2{,}5} = \frac{1}{2} \cdot (4{,}25\% + 4{,}5\%) = 4{,}375\%$.
Mit Satz 10.7.1(ii) gilt:

$$i_{fair} = \frac{1-d(t_0,t_n)}{\sum_{k=1}^{n} years(t_{k-1},t_k) \cdot d(t_0,t_k)} = \frac{1-d(t_0,t_6)}{\sum_{k=1}^{6} \frac{1}{2} \cdot d(t_0,t_k)}$$

$$= \frac{1-\frac{1}{(1+0{,}045)^3}}{\frac{1}{2} \cdot \left(\frac{1}{1+\frac{1}{2} \cdot 0{,}0375} + \frac{1}{1+0{,}04} + \frac{1}{(1+0{,}04125)^{1{,}5}} + \frac{1}{(1+0{,}0425)^2} + \frac{1}{(1+0{,}04375)^{2{,}5}} + \frac{1}{(1+0{,}045)^3} \right)}$$

$$= 4{,}434\%.$$

Lösung Aufgabe 10.7.5:

Der Wert des Ausfalls ist der Barwert aller ausgefallenen Zahlungen des Swaps. Deshalb wird eine Tabelle der ausgefallenen Zahlungen erstellt. „Kurz vor Ende des siebten Jahres" fällt der Swap aus. Zu diesem Zeitpunkt stehen noch vier Zahlungszeitpunkte des Swaps aus, vgl. Spalte (1) in der folgenden Tabelle.

Jahr (1)	Zahlung der Solvent AG (2)	Zahlung der Bank (3)	Zahlung der Bank in EUR (4)	Differenz (5) = (2) − (4)	Barwert (6)
7	300.000 €	660.000 $	528.000,00	-228.000,00 €	-228.000,00 €
8	300.000 €	660.000 $	517.942,86	-217.942,86 €	-211.595,01 €
9	300.000 €	660.000 $	508.077,28	-208.077,28 €	-196.132,79 €
10	10.300.000 €	11.660.000 $	8.805.059,89	1.494.940,11 €	1.368.081,97 €
				Gesamt:	732.354,17 €

Der Ausfall kostet die Bank 732.354,17 €.

Die Spalten (2) und (3) ergeben sich direkt aus der Aufgabenstellung. Die Solvent AG muss jährlich 3% von 10. Millionen Euro zahlen, also 300.000 €. Die Bank hat dagegen 6% von 11 Millionen US-Dollar, also 660.00 $ zu zahlen. Am Laufzeitende erfolgen dann noch zusätzlich die Kapitalrückzahlungen.

Die Spalte (4) wird mit Hilfe des Umrechnungskurses zwischen Dollar und Euro berechnet. Der aktuelle Kurs ist $S = S_{EUR/USD}(7) = 1{,}25$. Genauer 1,25 $/€. 660.000 $ entsprechen somit 660.000 $ /(1,25 $/€) = 528.000 €.

Damit keine Arbitrage möglich ist, werden die US-Dollar-Zahlungen im Jahr 8, im Jahr 9 und im Jahr 10 mit dem jeweiligen Forward-Wechselkurs umgerechnet. Der Forward-Kurs beträgt nach Satz 10.3.1:

$$F_{EUR/USD}(t_0, T) = \frac{d_{EUR}(t_0, T)}{d_{USD}(t_0, T)} \cdot S_{EUR/USD}(t_0).$$ Damit gilt:

$$F_{EUR/USD}(7, 8) = \frac{\frac{1}{1{,}03}}{\frac{1}{1{,}05}} \cdot 1{,}25 = 1{,}274271845;$$

$$F_{EUR/USD}(7, 9) = \frac{\frac{1}{1{,}03^2}}{\frac{1}{1{,}05^2}} \cdot 1{,}25 = 1{,}299014987;$$

$$F_{EUR/USD}(7, 10) = \frac{\frac{1}{1{,}03^3}}{\frac{1}{1{,}05^3}} \cdot 1{,}25 = 1{,}324238579.$$

In Spalte (4) sind die in Euro umgerechneten Zahlungen angegeben. Beispielsweise entspricht die Zahlung zum Zeitpunkt 9: 660.000 $ / (1,299014987 $/€) = 508.077,28 €.

Die Differenz der Swap-Zahlungen der Solvent AG und der Bank ist in Spalte (5) aufgeführt.

Die Spalte (6) gibt den Barwert dieser Zahlungen an: Die erste Zahlung (Jahr 7) wird nicht diskontiert (weil der Zahlungsausfall kurz vor dem siebten Jahr erfolgt), die zweite Zahlung (Jahr 8) wird ein Jahr mit 3% diskontiert usw. Die Zahlung im 10. Jahr des Swaps wird drei Jahre diskontiert.

Alternative Berechnungsweise:

Der Wert des Ausfalls kann auch ohne Berechnung der Forward-Devisenkurse ermittelt werden. Dazu ist die Differenz aus dem Barwert der Zahlungen der Solvent AG und dem Barwert der Zahlungen der Bank zu ermitteln.

$$\text{Wert des Ausfalls} = \left(300.000\,€ + \frac{300.000\,€}{1,03} + \frac{300.000\,€}{1,03^2} + \frac{10.300.000\,€}{1,03^3} \right)$$

$$- \left(660.000\,\$ + \frac{600.000\,\$}{1,05} + \frac{600.000\,\$}{1,05^2} + \frac{11.600.000\,\$}{1,05^3} \right)$$

$$= 10.300.000\,€ - 11.959.557,28\,\$$$

$$= 10.300.000\,€ - 11.959.557,28\,\$ / (1,25\,€/\$)$$

$$= 10.300.000\,€ - 9.567.645,83\,€$$

$$= 732.354,17\,€.$$

Lösung Aufgabe 10.8.1:

a) Statt diese Aktienanleihe zu kaufen, können folgende t + 1 Anlagen gekauft werden, um den gleichen Ertrag zu erhalten:

1) Nullkupon-Anleihe mit einer Laufzeit von einem Jahr im Nennwert von 100 €.
2) Nullkupon-Anleihe mit einer Laufzeit von zwei Jahren im Nennwert von 100 €.
...
t) Nullkupon-Anleihe mit einer Laufzeit von t Jahren im Nennwert von 1.100 €.
t+1) Verkauf von 20 Verkaufsoptionen mit einem Basispreis von 1.000 € / 20 = 50 € mit einer Laufzeit von t Jahren.

Begründung:
Die einzelnen Zinszahlungen aus der Aktienanleihe können jeweils aufgefasst werden als Nullkupon-Anleihen jeweils im Nennwert von 1.000 € · 10% = 100 €.
Dies gilt für die ersten t – 1 Jahre.
Am Laufzeitende, also nach t Jahren, ist die Rückzahlung entweder 100 € plus Nennwert oder 100 € plus 20 Aktien. Welcher Fall eintritt, hängt vom Aktienkurs ab. Da 1.000 € bei 20 Aktien genau 50 € pro Aktie sind, werden 20 Aktien (plus 100 € Zinsen)

zurückgezahlt, falls der Aktienkurs unter 50 € liegt. Ist der Aktienkurs oberhalb 50 € werden (einschließlich Zinsen) 1.100 € zurückgezahlt.

In der folgenden Abbildung ist der Payoff (= Wert der Auszahlung) am Laufzeitende in Abhängigkeit des Aktienkurses am Laufzeitende dargestellt. Wäre der Aktienkurs Null, würden somit 20 Aktien im Wert 0 € und die 100 € Zinsen, also insgesamt 100 € am Laufzeitende zurückbezahlt.

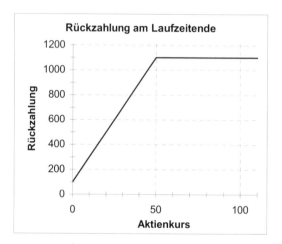

Wie kann nun dieses Auszahlungsprofil durch Optionen und Nullkupon-Anleihen dargestellt werden?

Die Form der Kurve in der obigen Abbildung sieht aus wie das Auszahlungsprofil eines Short-Puts, also wie der Payoff eines Verkaufs einer Verkaufsoption. Exakter: 20 Short-Puts mit Basispreis 50 € ergeben genau die Form der Kurve aus der obigen Abbildung. Allerdings ist diese Kurve nach unten verschoben: Bei Aktienkursen oberhalb des Basispreises ist die Auszahlung bei den Puts 0 € und nicht 1.100 €.

Um die gleiche Auszahlung wie in der obigen Abbildung zu erhalten, ist neben den 20 Short-Puts noch eine Nullkupon-Anleihe im Nennwert von 1.100 € zu kaufen.

b) Damit keine Arbitrage möglich ist, muss gelten:
Preis der Aktienanleihe =
  Kosten einer Nullkupon-Anleihe mit einer Laufzeit von einem Jahr im Nennwert von 1.100 €
  minus Kosten von 20 Puts mit Basispreis von 50 € (= 1.000 €, geteilt durch 20).

Also:

Preis der Aktienanleihe   = 1.100 €/1,03 − 20 · Put-Preis
                         = 1.100 €/1,03 − 20 · 7 €
                         = 927,96 €.

Fairer Kurs der Aktienanleihe: 92,796.

Lösung Aufgabe 10.8.2:

Die Prämie beträgt 30 Mio. € · 0,005 · ½ = 75.000 €. (50 Basispunkte entsprechen 0,5% bzw. 0,005.)
Da vom Nennwert nur 40% an Wert vorhanden sind, werden 60% ersetzt, also 30 Mio. € · (1 – 0,4) = 18 Mio. €. Es bleibt eine Schlussprämie von nur 37.500 € zu zahlen, da von der letzten Prämienzahlung (nach 3 Jahren) bis zum Kreditereignis (nach 3¼ Jahren) nur ein viertel Jahr vergangen ist.

Zeitpunkt	Zahlung des Risikoverkäufers (oft auch Käufer des CDS genannt)	Zahlung des Risikokäufers (oft auch Verkäufer des CDS genannt)
0		
½	75.000 €	
1	75.000 €	
1½	75.000 €	
2	75.000 €	
2½	75.000 €	
3	75.000 €	
3 ¼	37.500 €	18.000.000 €

Lösung Aufgabe 10.8.3:

Ein Discount-Zertifikat kann bezüglich des Auszahlungsprofils (Payoffs) aufgefasst werden als eine Aktie[1] und eine Short-Call-Position auf diese Aktie mit dem Cap als Basispreis.
In der Aufgabenstellung ist angegeben, dass die Aktie aktuell 60 € kostet.
Eine Verkaufsoption auf diese Aktie (Basispreis 60 €, Laufzeit 8 Monate; risikoloser Zinssatz 4%, keine Dividende) beträgt nach dem Black/Scholes/Merton-Modell (Satz 10.4.6) 5,64 €. Dies wurde bei Option C in Aufgabe 10.4.9 ausgerechnet.
Ein fairer Preis ist somit: 60 € – 5,64 € = 54,36 €.
Bemerkung: Da Banken noch etwas verdienen wollen, liegt der tatsächlich zu zahlende Preis normalerweise über dem fairen Preis.

Lösung Aufgabe 10.8.4:

Bei der Bewertung von komplexen derivativen Finanzprodukten wird meist davon ausgegangen, dass keine risikolosen Gewinne möglich sind, also dass für gleiche Finanzprodukte auch gleiche Preise gezahlt werden. Das heißt, bei der Preisberechnung für Finanzprodukte liegt kein Geld auf der Straße.
Trotzdem kommt es in der Praxis immer wieder zu Preisunterschieden für gleiche Produkte. Allerdings sind die Preisunterschiede meist nur für kurze Zeit gegeben, denn sie

---

[1] Streng genommen nicht „eine Aktie", sondern „eine Kaufoption auf eine Aktie mit Basispreis 0 €". Da aber bei der Dabau-Aktie keine Dividende während der Laufzeit gezahlt wird und auch keine Bonitätsbetrachtungen einbezogen werden, entspricht eine Aktie genau einer Option mit Basispreis 0 € auf diese Aktie.

werden – falls erkannt – von Marktteilnehmer sofort ausgenutzt. Dies führt dann dazu, dass sich die unterschiedlichen Preise für das gleiche Finanzprodukt aufeinander zu bewegen.

Lösung Aufgabe 11.1:

a) Der Portfoliowert der Aktien beträgt 2.000 · 90 € = 180.000 €.

Die Volatilität pro Tag beträgt $\frac{14\%}{\sqrt{250}}$ = 0,8854377% (bei Anwendung von 250 Tagen pro Jahr). Die erwartete Rendite pro Tag: 10% / 250 = 0,04%[1].
Also gilt nach Satz 11.1.1 (und Anwendung von Satz 9.3.2):

$$\text{VaR} = \sigma \cdot q_c^{SN} - \mu$$
$$= 180.000 \text{ €} \cdot 0,8854377\% \cdot 2,326342 - 180.000 \text{ €} \cdot 0,04\%$$
$$= 180.000 \text{ €} \cdot (0,8854377\% \cdot 2,326342 - 0,04\%)$$
$$= 3.635,70 \text{ €}.$$

b) Die Standardabweichung der täglichen Wertänderungen beträgt für jede Anlage 1% von 10.000 €, also 100 €. Damit ergibt sich eine Standardabweichung des Portfolios von

$$\sqrt{\sigma_1^2 + \sigma_2^2 + 2 \cdot r \cdot \sigma_1 \cdot \sigma_2}$$
$$= \sqrt{100^2 + 100^2 + 2 \cdot 0,3 \cdot 100 \cdot 100} \text{ €} = \sqrt{26.000} \text{ €} = 161,25 \text{ €}.$$

Da für die Normalverteilung N(2,326342) = 0,99 gilt, ergibt nach Satz 11.1.1(ii) ein Value-at-Risk von

$$\sqrt{26.000} \text{ €} \cdot 2,326342 \cdot \sqrt{2} = 530,49 \text{ €}.$$

Mit $\sqrt{2}$ muss multipliziert werden, da der VaR für eine Haltedauer von zwei Tagen berechnet werden soll.

Lösung Aufgabe 11.2:

a) Wegen N(1,645) = 0,95 (siehe Tabelle der Quantile der Normalverteilung in Kapitel 12 der Formelsammlung) ergibt sich VaR = 100.000 € · 1,645 · 30% · $\sqrt{\frac{10}{250}}$ = 9.870 €.

b) In Abhängigkeit des Konfidenzniveaus gilt:

$$\text{VaR} = 100.000 \text{ €} \cdot q_c^{SN} \cdot 30\% \cdot \sqrt{\frac{10}{250}} = 6.000 \text{ €} \cdot q_c^{SN}.$$

Der VaR ist keine lineare Funktion bezüglich der Sicherheitswahrscheinlichkeit, wie Sie auch an der folgenden Abbildung erkennen:

---

[1] Der Zinssatz pro Jahr wird durch 250 geteilt, um auf die tägliche Wertänderung zu kommen, d.h., es wird mit linearen Zinsen gerechnet. Da bei festverzinslichen Wertpapieren oder unterjährigen Geldanlagen lineare Zinsen bzw. Stückzinsen gezahlt werden, ist diese Annahme sinnvoll. Wird mit täglicher Verzinsung gerechnet, ergibt sich eine tägliche Rendite von
$1,10^{\frac{1}{250}} - 1 = 0,03813\%$ und ein Value-at-Risk von 3.639,06 €, eine Differenz von nur 3,36 € (oder 0,1%) gegenüber dem Wert von 3.635,70 € bei linearen Zinsen.

Lösungen zu den Aufgaben 151

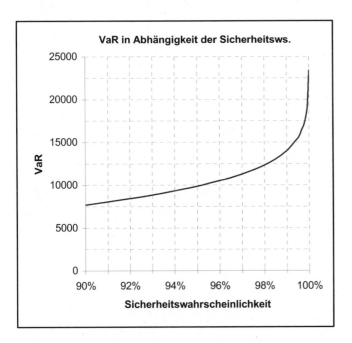

c) In Abhängigkeit der Volatilität gilt:

$$\text{VaR} = 100.000\ €\cdot 1{,}645 \cdot \text{Vola} \cdot \sqrt{\frac{10}{250}} = 32.897{,}06\ €\cdot \text{Vola}.$$

Dieser VaR ist eine lineare Funktion der Volatilität, vgl. Sie dazu die folgende Abbildung.

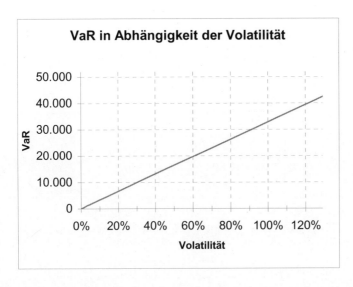

Lösung Aufgabe 11.3:

Es gilt N(2,326342) = 0,99, siehe Tabelle in der Formelsammlung in Kapitel 12.
Zunächst wird der Value-at-Risk der Aktien berechnet:
Der Risikofaktor ist der Aktienkurs S. Für die Ableitung des Barwertes gilt:

$\frac{dPV}{dS}$ = Anzahl der Aktien. Die Volatilität bezogen auf fünf Tage ist $30\% \cdot \sqrt{\frac{5}{250}}$.

Somit beträgt der Value-at-Risk der Aktien nach Satz 11.1.2(i):

$$VaR_{Aktien} = q_c^{SN} \cdot |Rf \cdot \frac{dPV}{dRf}| \cdot Vola_{Rf} = 2,326342 \cdot |40€ \cdot 25| \cdot 30\% \cdot \sqrt{\frac{5}{250}} = 98,70 \,€.$$

Jetzt wird der VaR der Nullkupon-Anleihe ermittelt. RF ist die Spot-Rate für 3 Jahre. Es

gilt $\frac{dPV}{di} = \frac{d\frac{N_0}{(1+i)^3}}{di} = -\frac{3N_0}{(1+i)^4}$, (*)

wobei N_0 der Nennwert der Anleihe ist.

Ergänzung: Liegt keine Nullkupon-Anleihe, sondern eine Kupon-Anleihe vor, kann für die Ableitung des Barwertes (exponentielle Verzinsung) die folgende Formel benutzt werden:

$$\frac{dPV}{di} = -PV \cdot \frac{D}{1+i}, \quad (**)$$

wobei D die Duration ist. Diese Formel aus Satz 7.6.1 setzt für alle Laufzeiten einen einheitlichen Zinssatz i beim Diskontieren der Kuponzahlungen voraus.
Im Falle einer Nullkupon-Anleihe mit Laufzeit n ist die Duration gleich der Laufzeit. Dann ergibt Formel (*) und Formel (**) das gleiche Ergebnis, denn

$$\frac{dPV}{di} = -PV \cdot \frac{D}{1+i} = -\frac{N_0}{(1+i)^n} \cdot \frac{n}{1+i} = -\frac{n \cdot N_0}{(1+i)^{n+1}}. \quad (***)$$

Der Value-at-Risk der Nullkupon-Anleihe (mit dem Risikofaktor $Rf = i_{0,3}$) beträgt somit:

$$VaR_{Nullkupon-Anleihe} = q_c^{SN} \cdot |Rf \cdot \frac{dPV}{dRf}| \cdot Vola_{Rf}$$

$$= 2,326342 \cdot |0,05 \cdot [-\frac{10.000\,€}{(1+0,05)^3} \cdot \frac{3}{1+0,05}]| \cdot 1\% \cdot \sqrt{5} = 64,19 \,€.$$

Der Value-at-Risk für das Portfolio beträgt

$$VaR_{Portfolio} = \sqrt{\sum_{k,j=1}^{2} VaR_k \cdot \rho_{k,j} \cdot VaR_j}$$

$$= \sqrt{98,70^2 + 64,19^2 + 2 \cdot 0,25 \cdot 98,70 \cdot 64,19} \,€ = 130,50 \,€.$$

Lösungen zu den Aufgaben 153

Lösung Aufgabe 11.4:

a) Der Wert (= Barwert) des Portfolios:

$$PV_{Portfolio} = \frac{100.000}{(1+0,04)^2} € + \frac{300.000}{(1+0,05)^5} € + 2.000 \cdot 50 € = 427.513,47 €.$$

b) Am einfachsten ist die VaR–Berechnung für die Aktien, wenn die Aktienkursvolatilität vorliegt. Der einzige Risikofaktor für die Aktie ist der Aktienkurs S.

Weil „PV = Anzahl Aktien · Aktienkurs S" ist, folgt: $\frac{dPV}{dS}$ = Anzahl Aktien.

Es gilt mit N(0,90) = 1,282 (aus Tabelle S. 205) und Satz 11.1.2(i):

$$VaR_{Aktien} = q_c^{SN} \cdot \left| S \cdot \frac{dPV}{dS} \right| \cdot Vola_S = 1,282 \cdot |50 € \cdot 2.000| \cdot 4\% = 5.128 €.$$

Da $\frac{dPV}{di_{0,2}} = -\frac{1}{1+i_{0,2}} \cdot D \cdot PV$ gilt (Begründung siehe Aufgabe 11.3), folgt für die 2-jährige Nullkupon-Anleihe $\frac{dPV}{di_{0,2}} = -\frac{1}{1+4\%} \cdot 2 \cdot \frac{100.000}{(1+4\%)^2} € = -177.799,27 €$. Damit ergibt sich

$$VaR_{Bond\ 2J.} = q_c^{SN} \cdot \left| i_{0,2} \cdot \frac{dPV}{di_{0,2}} \right| \cdot Vola_{i_{0,2}} = 1,282 \cdot 0,04 \cdot 177.799,27 € \cdot 1\% = 91,18 €,$$

wobei $Vola_{i_{0,2}}$ die Volatilität der zweijährigen Spot-Rate ist.

Analog wird der Value-at-Risk für die andere Nullkupon-Anleihe berechnet. Es ergibt sich: $VaR_{Bond\ 5J.} = q_c^{SN} \cdot \left| i_{0,5} \cdot \frac{dPV}{di_{0,5}} \right| \cdot Vola_{i_{0,5}} = 1.434,97 €.$

Haltedauer -->	Barwert	* 1 Tag VaR bei 90%	** 1 Tag VaR bei 90%	*** 5 Tage VaR bei 90%
Bond A	92.455,62	91,18	91,14	203,80
Bond B	235.057,85	1.434,97	1.434,47	3.207,57
Aktie	100.000,00	5.128,00	5.126,20	11.462,54
Portfolio	427.513,47	5.407,91	5.406,02	12.088,23

Beachten Sie:
Spalte *: Es wird als 90%-Quantil 1,282 verwendet.
Spalte ** und Spalte ***: Es wird das Quantil mit dem Kalkulationsprogramm Excel berechnet und dazu die Excel-Funktion NORMINV verwendet.

Der Unterschied in der obigen Tabelle zwischen 5.407,91 € und 5.406,02 € liegt an der Verwendung unterschiedlicher Werte für das 90%-Quantils.

Insgesamt gilt für das Portfolio aus den drei Anlagen für eine Haltedauer von einem Tag nach Satz 11.1.2(ii):

$$\text{VaR}_{\text{Portfolio}} = \sqrt{(91{,}18 \quad 1.434{,}97 \quad 5.128{,}00) \cdot \begin{pmatrix} 1 & 0{,}2 & 0{,}1 \\ 0{,}2 & 1 & 0{,}05 \\ 0{,}1 & 0{,}05 & 1 \end{pmatrix} \cdot \begin{pmatrix} 91{,}18 \\ 1.434{,}97 \\ 5.128{,}00 \end{pmatrix}}$$

$$= 5.407{,}91 \text{ €}.$$

Lösung Aufgabe 11.5:

a) Der Kaufpreis des Floaters ist der Nennwert, weil der Floater zu Beginn einer Zinsperiode erworben wurde.

b) Beim Kauf des Floaters am 15.6. wurde der Zinssatz für die erste Zinsperiode auf 4% (= EURIBOR für Laufzeit 6 Monate) festgelegt. Der Barwert des Floaters (am 15.8.) ergibt sich mit Satz 10.2.1:

$$\text{PV} = \frac{100.000 \text{ €} \cdot (1 + \frac{1}{2} \cdot 0{,}04)}{1 + \frac{4}{12} \cdot 0{,}03} = \frac{102.000 \text{ €}}{1{,}01} = 100.990{,}10 \text{ €}.$$

c) Der einzige Risikofaktor ist der Zinssatz für eine Laufzeit von 4 Monaten.

$$\text{PV} = \frac{102.000 \text{ €}}{1 + \frac{4}{12} i}. \text{ Also } \frac{d\text{PV}}{di} = \left| -\frac{102.000 \text{ €}}{(1 + \frac{4}{12} i)^2} \cdot \frac{4}{12} \right|.$$

Der Zinssatz am 15.8. für 4 Monate beträgt 3%. Die dazugehörige Volatilität ist 1,3%. Also

$$\text{VaR} = q_c^{SN} \cdot \left| \text{Rf} \cdot \frac{d\text{PV}}{d\text{Rf}} \right| \cdot \text{Vola}_{\text{Rf}}$$

$$= 1{,}282 \cdot 0{,}03 \cdot \frac{102.000 \text{ €}}{(1 + \frac{4}{12} 0{,}03)^2} \cdot \frac{4}{12} \cdot 0{,}013$$

$$= 16{,}66 \text{ €}.$$

Lösung Aufgabe 11.6:

(i) Mit Satz 11.1.3 folgt: Wegen $[n \cdot (1-c)] = 500 \cdot (1 - 0{,}99) = 5$, ist die kleinste natürliche Zahl größer als 5, also 6, gesucht. Der sechstkleinste Wert ist $-2{,}44\%$. Da Renditen gegeben sind, muss noch mit dem Portfoliowert multipliziert werden, um die Wertänderung pro Tag zu erhalten. Für eine Haltedauer von einem Tag ergibt sich:

$$\text{VaR} = 500.000 \text{ €} \cdot \max\{0; 0{,}0244\} = 12.200 \text{ €}.$$

Bei einer Haltedauer von 10 Tagen ergibt sich ein Value-at-Risk von

$$\text{VaR} = 12.200 \text{ €} \cdot \sqrt{10} = 38.579{,}79 \text{ €}.$$

Lösungen zu den Aufgaben 155

(ii) Bei einer Sicherheitswahrscheinlichkeit von 99,5% ist
n · (1 − c) = 500 · (1 − 0,995) = 2,5.

Also ist nach Satz 11.1.3 der drittkleinste Wert zu nehmen, deshalb gilt
VaR = 500.000 € · 0,0269 · $\sqrt{10}$ = 42.532,63 €.

Lösung Aufgabe 11.7:
Der Floater kann aufgefasst werden als eine Nullkupon-Anleihe im Nennwert von
10.000.000 € · (1 + 0,031) = 10.310.000 €
mit einer Laufzeit von drei Monaten. Der Diskontierungsfaktor für drei Monate beträgt

$$d(0, \tfrac{3}{12}) = \frac{1}{1 + \tfrac{3}{12} \cdot 0,035} = \frac{800}{807} = 0,9913258984.$$

Der Marktwert (Barwert) des Floaters ist
PV = 10.310.000 € · $d(0, \tfrac{3}{12})$ = 10.220.570,01 €.

Damit gilt nach Satz 11.1.2(i) mit dem 3-monatigen Diskontierungsfaktor als Risikofaktor:

$$\text{VaR} = q_c^{SN} \cdot |Rf \cdot \frac{dPV}{dRf}| \cdot \text{Vola}_{Rf}.$$

$$= 2,326342 \cdot |\,0,9913258984 \cdot 10.310.000\,€\,| \cdot 0,06\% \cdot \sqrt{\frac{10}{250}}$$

$$= 2.853,18\ €$$

(Die Ableitung des Barwertes nach dem Risikofaktor ist der Nennwert der Nullkupon-Anleihe, also 10.310.000 €).

Lösung Aufgabe 11.8:
Nach Satz 11.1.2(ii) gilt:

$$\text{VaR} = \sqrt{(\text{VaR}_1, \text{VaR}_2) \cdot \text{Korrelationsmatrix} \cdot \begin{pmatrix} \text{VaR}_1 \\ \text{VaR}_2 \end{pmatrix}}$$

$$= \sqrt{\text{VaR}_1^2 + \text{VaR}_2^2 + 2 \cdot r \cdot \text{VaR}_1 \cdot \text{VaR}_2}$$

$$= \sqrt{15^2 + 10^2 + 2 \cdot r \cdot 15 \cdot 10}\ \text{Mio. €} \ \leq\ 20\ \text{Mio. €}.$$

Quadriert und nach dem Korrelationskoeffizienten r aufgelöst ergibt:

$$r \leq \frac{20^2 - 15^2 - 10^2}{2 \cdot 15 \cdot 10} = 0,25.$$

Der Korrelationskoeffizient muss kleiner oder gleich 0,25 sein, damit das Limit der Bank von 20 Millionen Euro eingehalten wird.

Lösung Aufgabe 11.9:

a) Der Barwert eines FRA ergibt sich aus Satz 10.5.1:

$$PV = N_0 \cdot \left[\frac{1}{1 + \text{EURIBOR}_{t,t_1} \cdot \frac{\text{caldays}(t,t_1)}{360}} - \frac{1 + i_{FRA} \cdot \frac{\text{caldays}(t_1,t_2)}{360}}{1 + \text{EURIBOR}_{t,t_2} \cdot \frac{\text{caldays}(t,t_2)}{360}} \right].$$

Daran erkennen Sie: Der Barwert besteht aus zwei Summanden. Die beiden Risikofaktoren sind die Zinssätze bis t_1 und bis t_2, also die Zinssätze für eine Laufzeit von 3 und 9 Monaten, da nach Abschluss des FRA die anderen Größen bekannt sind. (Statt dieser Risikofaktoren können auch die Diskontierungsfaktoren als Risikofaktoren genommen werden. Dann sind die entsprechenden Formeln aus Satz 10.5.1 zu verwenden.)

b) Anhand obiger Barwertformel kann das FRA als zwei Zahlungen dargestellt werden: eine Zahlung in Höhe des Nennwerts (nach 3 Monaten) minus einer Zahlung des Nennwerts plus FRA-Zinsen (nach 9 Monaten). Da eine Short-Position vorliegt, ist das Vorzeichen jeweils zu ändern:

Der Zahlungsstrom (bezüglich der Risikofaktoren) besteht also aus:

$-$ 100.000 € in 3 Monaten und

$+$ 100.000 € $\cdot (1 + \frac{9}{12} \cdot i_{FRA_{fair}}) = 102.082,82$ € in 9 Monaten,

da nach Satz 10.5.1(i) gilt:

$$i_{FRA_{fair}} = \left(\frac{1 + \text{years}(t_0,t_2) \cdot i_{t_0,t_2}}{1 + \text{years}(t_0,t_1) \cdot i_{t_0,t_1}} - 1 \right) \cdot \frac{1}{\text{years}(t_1,t_2)}$$

$$= \left(\frac{1 + \frac{9}{12} \cdot 0{,}049}{1 + \frac{3}{12} \cdot 0{,}043} - 1 \right) \cdot \frac{1}{\frac{6}{12}}$$

$$= 4{,}165634\%.$$

Lösung Aufgabe 11.10:

Unter Annahme, dass der Aktienkurs der einzige Risikofaktor ist (nicht aber ein anderer Einflussfaktor wie die Volatilität oder der Zinssatz), gilt mit Satz 11.1.2(i):

$$\text{VaR}_{Put} = q_c^{SN} \cdot \left| S \cdot \frac{dPV_{Put}}{dS} \right| \cdot \text{Vola}_S$$

$$= \left| \frac{dPV_{Put}}{dS} \right| \cdot (q_c^{SN} \cdot S \cdot \text{Vola}_S)$$

$$= |\text{Delta}_{Put}| \cdot \text{VaR}_{Aktie},$$

denn bei einer Aktie ist der Kurswert gleich dem Barwert der Aktie.

Lösungen zu den Aufgaben   157

Lösung Aufgabe 11.11:

Die Zahlung von 10.000 € in 1,75 Jahren muss auf eine Zahlung nach einem Jahr und eine Zahlung nach zwei Jahren aufgeteilt werden. Bei linearer Interpolation ergibt $i_{0,\,1,75}$ = 5,75%. Mit $t_1 = 1$ und $t_2 = 1,75$; $Z_2 = 10.000$ € und $t_3 = 2$ folgt mit Satz 11.2.1 für die Zahlung nach einem Jahr:
$$Z_1 = \frac{Z_2}{(1+i_{0,t_2})^{t_2}} \cdot \frac{\dfrac{t_3}{1+i_{0,t_3}} - \dfrac{t_2}{1+i_{0,t_2}}}{\dfrac{t_3}{1+i_{0,t_3}} - \dfrac{t_1}{1+i_{0,t_1}}} \cdot (1+i_{0,t_1})^{t_1} = 2.363{,}46\ €$$

und für die Zahlung nach zwei Jahren:

$$Z_3 = \frac{Z_2}{(1+i_{0,t_2})^{t_2}} \cdot \frac{\dfrac{t_2}{1+i_{0,t_2}} - \dfrac{t_1}{1+i_{0,t_1}}}{\dfrac{t_3}{1+i_{0,t_3}} - \dfrac{t_1}{1+i_{0,t_1}}} \cdot (1+i_{0,t_3})^{t_3} = 7.659{,}63\ €.$$

Die beiden Zahlungen werden als zwei Nullkupon-Anleihen aufgefasst. Für diese beiden Nullkupon-Anleihen wird nun der Value-at-Risk berechnet.
Der Risikofaktor bei der ersten Zahlung ist der Zinssatz für eine Laufzeit von einem Jahr. Nach Satz 11.1.2(ii) und Formel (***) aus Aufgabe 11.3 gilt für den VaR der Zahlung Z_1:
$\text{VaR}_1 = 2{,}326342 \cdot 0{,}05 \cdot 1 \cdot 2.363{,}46\ €\ /\ 1{,}05^2 \cdot 0{,}03 = 7{,}48\ €.$

Nun wird der VaR für die zweite Nullkupon-Anleihe berechnet. Sie hat eine Laufzeit von zwei Jahren; deshalb ist jetzt der Risikofaktor die Spot-Rate für zwei Jahre.
$\text{VaR}_2 = 2{,}326342 \cdot 0{,}06 \cdot 2 \cdot 7.659{,}63\ €\ /\ 1{,}06^3 \cdot 0{,}043 = 71{,}81\ €.$

Damit ergibt sich insgesamt

$$\text{VaR}_{\text{Gesamt}} = \sqrt{\sum_{k,j=1}^{2} \text{VaR}_k \cdot \rho_{k,j} \cdot \text{VaR}_j}$$

$$= \sqrt{7{,}48^2 + 71{,}81^2 + 2 \cdot 0{,}7 \cdot 7{,}48 \cdot 71{,}23}\ € = 77{,}23\ €.$$

Der VaR-Wert bezieht sich auf eine Haltedauer von einem Tag. Der gesuchte Value-at-Risk für 20 Tage beträgt:
$\text{VaR}_{\text{Gesamt}} = 77{,}2347\ €\ \cdot \sqrt{20} = 345{,}40\ €.$

t	Spot-Rate	Vola (1 Tag)	Mapping	Barwert	VaR (1 Tag)
1	5,00%	3,00%	2.363,46	2.250,91	7,48055
2	6,00%	4,00%	7.659,63	6.817,04	71,81332
	(Zwischenwerte gerundet		Summe:	9.067,95	
	angegeben)		VaR Gesamt (1 Tag)		77,2347
			VaR Gesamt (20 Tage)		345,40

Lösungen zum Test 1

Lösung Aufgabe T1.1:

a) Die Laufzeit beträgt drei Monate, das sind vom 12.10. bis zum 12.1. kalendergenau 92 Tage, da der Oktober und der Dezember 31 Tage haben. Damit ergibt sich:
Zinsbetrag: 5.000 € · 92/360 · 0,037 = 47,28 €.

b) K_{2008} = [500 € (1 + 8/12 · 0.03) − 200 € (1 + 2/12 · 0,03)] · $1,03^2$
= [510 € − 201 €] · $1,03^2$ = 327,82 €.

c) Der Barwert der Einzahlungen muss gleich dem Barwert aller Auszahlungen sein. Die Diskontierung erfolgt mit exponentieller Verzinsung. Also
500 € = 200 € · $(1 + i_{eff})^{-6/12}$ + 327,82 € · $(1 + i_{eff})^{-32/12}$.

d) 821,93 € = 1.000 € · $(1 + i_{eff})^{-5}$. Also i_{eff} = $(1.000 / 821,93)^{1/5}$ − 1 = 4,000%.

Lösung Aufgabe T1.2:

a) Der (maximale) geometrisch-degressive Abschreibungssatz beträgt
i = min{2/25; 0,20} = 8%.

b) Der Wechsel auf lineare Abschreibung erfolgt nach Satz 5.7.1, wenn
n > 25 + 1 − 1/0,08 = 13,5.
Es wird zunächst 13 Jahre geometrisch-degressiv abgeschrieben.

c) AfA_3 = 150.000 € · $(1 - 0,08)^2$ · 0,08 = 10.156,80 €.

d) Um die letzte Abschreibung zu berechnen, wird der Buchwert am Ende der geometrisch-degressiven Abschreibung benötigt.
Buchwert nach 13 Jahren = 150.000 € · $(1 - 0,08)^{13}$ = 50.737,96 €.
Für die restlichen 12 Jahre erfolgt die lineare Abschreibung.
Also AfA_{25} = 50.737,96 € / 12 = 4.228,16 €.

e) Der gesamte Steuervorteil ergibt sich aus der Summe des Steuervorteils aus der geometrisch-degressiven Abschreibung und der linearen Abschreibung.
Zuerst zur Berechnung der geometrisch-degressiven Abschreibung:
AfA_1 = 150.000 € · 0,08 = 12.000 €. Der erste Steuervorteil ist somit
12.000 € · 10% = 1.200 €.
Mit der Endwertformel für dynamische Renten ergibt sich dann nach Division durch $1,05^{12}$ ein Barwert des Steuervorteils aus den ersten 13 Jahren von
1.200 € · $(0,92^{13} - 1,05^{13})$ / $(0,92 - 1,05)$ / $1,05^{13}$
= 1.200 € · 10,986 / $1,05^{13}$
= 7.574,93 €.
Hinzu kommt der Steuervorteil für die nächsten 12 Jahre (Jahr 14 bis Jahr 25) bei linearer Abschreibung. Die AfA wurde in Aufgabenteil d) berechnet. Der Barwert des gesamten Steuervorteils der linearen Abschreibung beträgt:
[4.228,16 € · 0,10 · $(1,05^{12} - 1)/0,05$] / $1,05^{25}$ = 1.987,39 €.
(Zur Erklärung: Die „Rente" der Steuerersparnis von 4.228,16 € läuft 12 Jahre. Der

Rentenendwert ist dann 25 Jahre zu diskontieren.)
Insgesamt beträgt also der Barwert des gesamten Steuervorteils aus der geometrisch-degressiven und der linearen Abschreibung
7.574,93 € + 1.987,39 € = 9.562,32 €.

Lösung Aufgabe T1.3:

a) Da die Zahlungen weder vorschüssig noch nachschüssig (gleichmäßig über das Jahr verteilt) erfolgen, ist die jährliche Ersatzrente nicht mit einer fertigen Formel auszurechnen, sondern wird durch Aufzinsen ermittelt und beträgt:

r_e = 200 € (1 + 11/12 i) + 200 € (1 + 9/12 i) + 200 € (1 + 6/12 i)
   = 200 € (3 + 26/12 i) = 626 €, da i = 6%.

Das Endkapital nach 10 Jahren beträgt: 626 € · $(1,06^{10} - 1)/0,06$ = 8.251,18 €.

b) Der Auszahlungsbetrag ist der Barwert aller zu leistenden Zahlungen, diskontiert mit dem effektiven Zinssatz von 15%.

Auszahlungsbetrag = 400 € · $[1,15^{-1/12} + 1,15^{-2/12} + ... + 1,15^{-35/12}]$ + 300 € · $1,15^{-36/12}$

$$= 400\,€ \cdot \sum_{k=1}^{35} \frac{1}{1,15^{\frac{k}{12}}} + 300\,€\, \frac{1}{1,15^{\frac{36}{12}}}.$$

c) Größer, da beim Zwölffachen
1. die monatliche Zahlungsweise (Zinseszinseffekt) nicht berücksichtigt wird und 2. die Zinsen von der Restschuld und nicht von der gesamten Kredithöhe zu berechnen sind.

Lösung Aufgabe T1.4:

a) i_{Bank} = 0,02 · 100/80 + 20/1000 = 2,5% + 2% = 4,5%, siehe Satz 6.3.2.

b) Mit Satz 6.3.1 (mit a = 0) ergibt sich:
80 = 2 $[(1 - (1 + i_{eff})^{-10})/i_{eff}]$ + 100 $(1 + i_{eff})^{-10}$.

c) i_1 = 2%, i_2 = 4,5%, f(i) = 2 · $(1 - (1 + i)^{-10})/i$ + 100 $(1 + i)^{-10}$ − 80.
f(i_1) = 20, f(i_2) = 0,218204. Damit ergibt sich i_3 = 4,527576%.

Alle folgenden Angaben beziehen sich auf einen Nennwert von 100 €. Für einen Nennwert von 1.000 € sind die Gleichungen mit 10 zu multiplizieren, da alle auftretenden Kosten und Erträge proportional zum Nennwert sind. Der effektive Zinssatz ist bei beiden Fällen der gleiche.

d1) Die Stückzinsen beim Verkauf betragen 3/12 · 2 € = 0,50 €.
80 € = (83 € + 0,50 €) $(1 + i_{eff})^{-3/12}$ => i_{eff} = $(83,5/80)^4$ − 1 = 18,682%.

d2) 80 € (1 + 3/12 i_{eff}) = 83,50 €.

d3) Sie bezahlen 80 € und erhalten dann jährlich 2 €. D.h. nach einem Jahr erhalten Sie 2 € und nach dem nächsten Jahren weitere 2 €. Dann verkaufen Sie das Wertpapier für 90 €.

Also gilt für die effektive Verzinsung: $$80\,€ = \frac{2\,€}{1+i_{eff}} + \frac{2\,€ + 90\,€}{(1+i_{eff})^2} \qquad (*)$$

oder auf den Verkaufszeitpunkt bezogen: 80 € $(1 + i_{eff})^2$ = 2 € $(1 + i_{eff})$ + 2 € + 90 €.

Alternative Möglichkeit zur Erstellung der Gleichung für den Effektivzins:

Da Sie das Wertpapier genau zwei Jahre behalten, können Sie es auch als ein Wertpapier mit einer Laufzeit von zwei Jahren betrachten. Das Wertpapier liefert eine Nominalverzinsung von 2% und wird am Ende zu 90% zurückgezahlt. Mit Satz 6.3.1 ergibt sich

$$80 = 100 \cdot \left(0{,}02 \cdot \frac{1-(1+i_{eff})^{-2}}{i_{eff}} + (1-0{,}10) \cdot (1+i_{eff})^{-2} \right). \qquad (**)$$

a ist dabei –0,10: Da die Rückzahlung (= der Verkauf) zu 90 €, d.h. zu 90% des Nennwerts erfolgt, ergibt dies einen Abschlag vom Nennwert von 10%, also a = –0,10.

Gleichung (*) und Gleichung (**) liefern den gleichen Effektivzinssatz, denn die rechte Seite von (**) ist die gleiche wie von (*):

$$\begin{aligned}
80 &= 100 \cdot \left(0{,}02 \cdot \frac{1-(1+i_{eff})^{-2}}{i_{eff}} + (1-0{,}10) \cdot (1+i_{eff})^{-2} \right) \\
&= \frac{2}{i_{eff}} \cdot \left(1 - (1+i_{eff})^{-2}\right) + 90 \cdot (1+i_{eff})^{-2} \\
&= \left(\frac{(1+i_{eff})^2 \cdot 2}{i_{eff}} - \frac{2}{i_{eff}} \right) \cdot (1+ieff)^{-2} + 90 \cdot (1+i_{eff})^{-2} \\
&= \left(\frac{2 + 4i_{eff} + 2i_{eff}^2 - 2}{i_{eff}} \right) \cdot (1+ieff)^{-2} + 90 \cdot (1+i_{eff})^{-2} \\
&= (4 + 2i_{eff}) \cdot (1+i_{eff})^{-2} + 90 \cdot (1+i_{eff})^{-2} \\
&= (2 + (2 + 2i_{eff})) \cdot (1+i_{eff})^{-2} + 90 \cdot (1+i_{eff})^{-2} \\
&= 2 \cdot (1+i_{eff})^{-2} + 2 \cdot (1+i_{eff})^{-1} + 90 \cdot (1+i_{eff})^{-2} \\
&= \frac{2}{1+i_{eff}} + \frac{2 + 90}{(1+i_{eff})^2}.
\end{aligned}$$

Der Vorteil von Gleichung (**) besteht darin, dass diese Gleichung bei ganzen Jahren auch für andere Laufzeiten gilt, wenn die „–2" durch „–Laufzeitjahre" ersetzt wird.

d4) Es ergibt sich die gleiche Gleichung wie bei Aufgabenteil d3), da nur jährliche Zahlungen vorliegen.

Lösung Aufgabe T1.5:

a) Es ist ein Darlehen in Höhe von 28.500 € / (1 – 0,05) aufzunehmen, da das Disagio 5% beträgt.
   Monatliche Zahlung = A = 28.500 € / 0,95 · (6% + 2%)/12 = 200 €.

b) K_{180} = 30.000 € · $(1 + 0{,}06/12)^{180}$ – 200 € $((1 + 0{,}06/12)^{180} - 1)$ / $(0{,}06/12)$
   = 73.622,81 € – 58.163,74 € = 15.459,06 €.

c) $K_{180\,M.} = K_{60\,Quartale}$
$= 30.000\,€\,(1 + 0{,}06/4)^{60} - 600\,€\,((1 + 0{,}06/4)^{60} - 1)/(0{,}06/4)$
$= 73.296{,}59\,€ - 57.728{,}79\,€ = 15.567{,}80\,€.$

d) $K_{36} = 30.000\,€ \cdot (1 + 0{,}06/12)^{36} - 200\,€\,((1 + 0{,}06/12)^{36} - 1)/(0{,}06/12)$
$= 35.900{,}42\,€ - 7.867{,}22 = 28.033{,}19\,€.$

Mit der Sonderzahlung beläuft sich die Restschuld auf 25.000 €. Nach weiteren 144 Monaten, also nach insgesamt 180 Monaten (= Ende der Zinsbindung), beträgt die Restschuld:

$K_{weitere\,144\,M.} = 25.000\,€\,(1 + 0{,}06/12)^{144} - 200\,€\,((1 + 0{,}06/12)^{144} - 1)/(0{,}06/12)$
$= 9.238{,}74\,€.$

Die Restschuld kann auch einfacher ausgerechnet werden:
Vom Endkapital bei sofortiger Zins- und Tilgungsverrechnung ohne Sonderzahlung (bekannt aus Aufgabenteil b) wird noch die um 144 Monate aufgezinste Sonderzahlung abgezogen, da diese die Restschuld verringert.

$K_{180} = 15.459{,}06\,€ - 3.033{,}19\,€\,(1 + 0{,}06/12)^{144}$
$= 9.238{,}74\,€.$

Hinweis:
Wenn Sie die Restschuld aus Aufgabenteil b), also 15.459,06 €, nicht runden, sondern mit dem „genauen" Wert weiterrechnen, erhalten Sie bei Aufgabenteil d) als Endergebnis 9.238,75 €.

Alles, was lediglich wahrscheinlich ist,
ist wahrscheinlich falsch.

René Descartes (latinisiert Renatus Cartesius),
franz. Philosoph und Mathematiker, 1596 - 1650

Lösungen zum Test 2

Lösung Aufgabe T2.1:

a) i) Gleichung der zeitgewichteten Rendite $(1 + r_{Zeit})^{10} = 1{,}10^5 \cdot 1{,}05^5$. Also
$r_{Zeit} = \sqrt[10]{1{,}10^5 \cdot 1{,}05^5} - 1 = 7{,}471\%$.

Wertgewichtete Renditegleichung:
$1.000 \, € \cdot (1 + r_{wert})^{10} + 1.000 \, € \cdot (1 + r_{wert})^5 = $ Endkapital.

Das Endkapital beträgt
$1.000 \, € \cdot (1 + 0{,}10)^5 (1 + 0{,}05)^5 + 1.000 \, € \cdot (1 + 0{,}05)^5 = 3.331{,}74578 \, €$.

Also: $1.000 \, € \cdot (1 + r_{wert})^{10} + 1.000 \, € \cdot (1 + r_{wert})^5 = 3.331{,}74578 \, €$. (*)

Ergänzung (Angabe laut Aufgabenstellung nicht erforderlich):
Die wertgewichtete Renditegleichung (*) ergibt mit der Substitution $x = (1 + r_{wert})^5$ eine quadratische Gleichung für x, deren einzige positive Lösung $x = 1{,}3925500$ ist. Damit erhalten Sie $r_{wert} = 6{,}847\%$.

ii) Nein. Die wertgewichtete Rendite muss kleiner als die zeitgewichtete Rendite sein, da in den Jahren der höheren jährlichen Wertsteigerung (von 10%) nur 1.000 € investiert wurden; später bei 5% jährlicher Wertsteigerung aber 2.000 €.

b) Nach Satz 7.6.5: $\Delta PV \approx -D_{mod} \cdot PV \cdot \Delta i = -5 \cdot 10.000 \, € \cdot 0{,}01 = -500 \, €$.
Der Wertverlust beträgt näherungsweise 500 €.

c) $C = \dfrac{\sum_{k=1}^{n} t_k \cdot (t_k + 1) \cdot Z_k \cdot (1+i)^{-t_k}}{(1+i)^2 \cdot PV} = \dfrac{5 \cdot 6 \cdot N_0 \cdot (1+i)^{-5}}{(1+i)^2 \cdot N_0 \cdot (1+i)^{-5}} = \dfrac{5 \cdot 6}{(1+i)^2} = 26{,}700$,

wobei $i = 0{,}06$ ist.

Lösung Aufgabe T2.2:

a) Die Spot-Rate $i_{0,1}$ wird aus den Daten der Nullkupon-Anleihe berechnet:

$i_{0,1} = \dfrac{100}{96{,}15385} - 1 = 4{,}000\%$.

$i_{0,2}$ ergibt sich danach mit Hilfe der Daten der festverzinslichen Anleihe:

$101{,}8594 = \dfrac{6}{1{,}04} + \dfrac{106}{(1+i_{0,2})^2} \Rightarrow i_{0,2} = \sqrt{\dfrac{106}{101{,}8594 - \dfrac{6}{1{,}04}}} - 1 = 5{,}030\%$.

b) Die Rendite der Nullkupon-Anleihe ist gleich der Spot-Rate, also 4,000%.
Für die Rendite des festverzinslichen Wertpapiers gilt die Gleichung:

$101{,}8594 = \dfrac{6}{1 + i_{eff}} + \dfrac{106}{(1 + i_{eff})^2}$.

Umgeformt ergibt dies folgende quadratische Gleichung für $x = 1 + i_{eff}$:

101,8594 $x^2 - 6x - 106 = 0$.
Dies ergibt für x die beiden Lösungen x = 1,05 und x = − 0.991095.
Damit ergibt sich i_{eff} = 1,05 − 1 = 5,000%. Da die zweite Lösung einen negativen effektiven Zinssatz ergibt, kann sie nicht die gesuchte Lösung sein, denn der effektive Zinssatz kann nicht negativ sein, da die festverzinsliche Anleihe mehr Ertrag (6 + 106) erbringt als sie kostet (101,8594).

c) Damit keine Arbitrage möglich ist, muss gelten: $(1 + i_{0,1}) \cdot (1 + i_{1,2|0}) = (1 + i_{0,2})^2$. Die beiden Zinssätze $i_{0,1}$ und $i_{0,2}$ sind aus Aufgabenteil a) bekannt. Somit gilt

$$i_{1,2|0} = \frac{(1 + 0,05030)^2}{1 + 0,04} - 1 = 6,070\%.$$

d) Um eine Nullkupon-Anleihe mit einer Laufzeit von zwei Jahren zu erhalten, muss die festverzinsliche Anleihe im Nennwert von 100/106 = 94,3396 gekauft und gleichzeitig die Nullkupon-Anleihe im Nennwert von 94,3396 · 0,06 = 5,6603773 verkauft werden. Begründung: Durch die festverzinsliche Anleihe im Nennwert 94,3396 erhalten Sie nach zwei Jahren einen Ertrag von 100. Zusätzlich erhalten Sie schon nach einem Jahr 6% Zinsen auf den Nennwert, also 5,6603773. Da Sie eine zweijährige Nullkupon-Anleihe erzeugen wollen, darf aber keine Zinszahlung zum Zeitpunkt 1 erfolgen. Dies erreichen Sie, wenn Sie (zum Zeitpunkt 0) eine einjährige Nullkupon-Anleihe mit dem Zinsbetrag als Nennwert verkaufen. Durch den Verkauf müssen Sie zum Zeitpunkt 1 eine Zahlung leisten. Zusammen mit der Zinszahlung aus der festverzinslichen Anleihe gleichen sich die Zahlungen zum Zeitpunkt 1 aus.

e) Die Duration der Nullkupon-Anleihe beträgt 1 Jahr.

Die Duration der festverzinslichen Anleihe beträgt $\dfrac{1 \cdot \dfrac{6}{1,05} + 2 \cdot \dfrac{106}{1,05^2}}{101,8594}$ = 1,944 Jahre,

wobei als Zinssatz die Rendite benutzt wurde. Sie beträgt nach Aufgabenteil b) 5%.

f) Die Restlaufzeit in 3 Monaten ist $1 - \frac{3}{12}$.

Der Kurs der Nullkupon-Anleihe in drei Monaten beträgt $\dfrac{100}{1,04^{1-\frac{3}{12}}}$ = 97,10128909.

Die Rendite der Nullkupon-Anleihe ergibt sich aus 96,15385 $(1 + i_{eff})^{3/12}$ = 97,101289. Also i_{eff} = 4,000%. Diesen Prozentsatz erhalten Sie mit folgender Überlegung auch ohne Rechnung: Der Zinssatz hat sich nicht verändert; er bleibt bei 4%. Da mit exponentieller Verzinsung gerechnet wurde, bleibt die Rendite bei 4%.
Für die festverzinsliche Anleihe gilt:

Barwert in drei Monaten = $\dfrac{6}{1,04^{\frac{9}{12}}} + \dfrac{106}{1,04^{\frac{21}{12}}}$ = 104,794706.

Ziehen Sie davon die Stückzinsen von $\frac{3}{12} \cdot 6$ = 1,50 ab, erhalten Sie den Kurs von 103,294706. Insgesamt ergibt sich aus der Renditegleichung

101,8594 $(1 + i_{eff})^{3/12}$ = 1,50 + 103,294706 eine Rendite von i_{eff} = 12,035%.
Die erzielte Rendite ist deshalb so hoch, und damit so verschieden von der der anderen

Anlage, weil die Rendite dieses festverzinslichen Wertpapiers von 5% auf 4% fällt. Bei sinkenden Renditen steigt der Kurs eines festverzinslichen Wertpapiers und somit der Verkaufserlös.

Lösung Aufgabe T2.3:

a) Überschrift der 3. Spalte: $\ln(S_t/S_{t-1})$.
   Überschrift der 4. Spalte: $(\ln(S_t/S_{t-1}) - \bar{u})^2$, wobei $\bar{u}$ der Mittelwert der Werte aus der 3. Spalte ist.

b) Fehlender Wert in der 3. Spalte = $\ln(26/25) = 0{,}0392207$.
   Fehlender Wert in der 4. Spalte = $(0{,}0392207 - \dfrac{0{,}1133287}{5})^2 = 0{,}0002741$.

c) Volatilität = $\sqrt{\dfrac{1}{5-1} \cdot 0{,}0133472} = 0{,}057765041$. Die auf das Jahr bezogene Volatilität beträgt das Wurzel(52)-fache dieses Wertes, also $0{,}41655 = 41{,}655\%$.
   In den meisten Modellen wird vorausgesetzt, dass sich die Volatilität (Schwankung) mit der Zeit nicht ändert.

d) Der Portfoliowert beträgt $100 \cdot 28\,€ = 2.800\,€$. Die Standardabweichung der absoluten Wertänderung ist dann näherungsweise $2.800\,€ \cdot 0{,}057765041 = 161{,}74\,€$, vgl. Satz 9.3.2.

Lösung Aufgabe T2.4:

a) $R_M = 0{,}4 R_B + 0{,}6 R_C$. Dann gilt $E(R_M) = 0{,}4 \cdot 15\% + 0{,}6 \cdot 30\% = 24\%$.
   $Var(R_M) = 0{,}4^2 \cdot 0{,}35^2 + 0{,}6^2 \cdot 0{,}5^2 + 2 \cdot 0{,}4 \cdot 0{,}6 \cdot (-0{,}1) \cdot 0{,}35 \cdot 0{,}5$ (vgl. Satz 9.1.1).
   Die Standardabweichung ist die Wurzel daraus und beträgt $31{,}812\%$.

b) Eine Mischung aus A und C soll auch 24% Rendite (wie in Aufgabenteil a) abwerfen. Sei a der Anteil von Anlage A. Dann muss für den Erwartungswert gelten:
   $0{,}2a + 0{,}3(1 - a) = 0{,}24$, d.h., $0{,}1a = 0{,}06$. Also $a = 0{,}6$ und damit $1 - a = 0{,}4$.
   Bei der Mischung (60% A und 40% C, also $E(R_M) = 0{,}6 R_A + 0{,}4 \cdot R_C$) ist die Varianz
   $Var(R_M) = 0{,}6^2 \cdot 0{,}3^2 + 0{,}4^2 \cdot 0{,}5^2 + 2 \cdot 0{,}6 \cdot 0{,}4 \cdot 0{,}25 \cdot 0{,}3 \cdot 0{,}5 = 0{,}0904$.
   Die Wurzel daraus, also die Standardabweichung, beträgt $30{,}067\%$. Da dieser Wert kleiner als die in a) berechnete Standardabweichung von $31{,}812\%$ ist, handelt es sich bei dem unter a) angegebenen Portfolio um kein effizientes Portfolio.

c) Die Varianz $Var(a)$ der Mischung in Abhängigkeit des Anteils a an Anlage A:
   $Var(a) = 0{,}09\,a^2 + 0{,}25 \cdot (1 - a)^2 + 2a(1 - a) \cdot 0{,}25 \cdot 0{,}3 \cdot 0{,}5$.
   Um die minimale Varianz zu finden, wird diese Funktion nach a abgeleitet und Null gesetzt. Es ergibt sich: $0{,}18a - 0{,}5(1 - a) + 0{,}5 \cdot 0{,}3 \cdot 0{,}5 - 4a \cdot 0{,}25 \cdot 0{,}3 \cdot 0{,}5 = 0$.
   Also $-0{,}425 + 0{,}53a = 0$ und somit $a = 0{,}80189$. Der Anteil von A beträgt somit $80{,}189\%$ und der von C $19{,}811\%$. Bei diesen Anteilen ist die Standardabweichung der Mischung $\sqrt{Var(0{,}80189)} = 28{,}213\%$.
   Die zweite Ableitung der Varianzfunktion $Var(a)$ nach der Variablen a abgeleitet beträgt $0{,}18 + 0{,}5 - 0{,}15$. Dies ist für alle a immer größer Null. Also liegt an der Stelle $a = 0{,}80189$ ein Minimum vor.

Lösungen zum Test 3

Lösung Aufgabe T3.1:

a) Es gelte $t_0 = 0$, $S(0) = 15$. Dann folgt für die Verteilung des Aktienkurses $S(0{,}75)$ in neun Monaten nach Satz 10.4.5:
Die Zufallsvariable $\ln(S(0{,}75))$ ist normalverteilt mit dem Erwartungswert

$$\mu_{0,75} = \ln(15) + (0{,}10 - \frac{0{,}3^2}{2}) \cdot 0{,}75 = 2{,}749$$

und der Standardabweichung

$$\sigma_{0,75} = 0{,}3 \cdot \sqrt{0{,}75} = 0{,}2598 \text{ bzw. der Varianz } \sigma^2_{0,75} = 0{,}0675.$$

Also ist $S(0{,}75)$ lognormalverteilt mit den Parametern $\mu_{0,75}$ und $\sigma^2_{0,75}$.

b) Mit 99%iger Wahrscheinlichkeit gilt dann:

$$\mu_{0,75} - q^{SN}_{\frac{1+0,99}{2}} \cdot \sigma_{0,75} < \ln(S(0{,}75)) < \mu_{0,75} + q^{SN}_{\frac{1+0,99}{2}} \cdot \sigma_{0,75}.$$

wobei $q^{SN}_{\frac{1+0,99}{2}}$ das 0,995-Quantil der Normalverteilung ist. Also

$$2{,}7493 - 2{,}576 \cdot 0{,}2598 < \ln(S(0{,}75)) < 2{,}7493 + 2{,}576 \cdot 0{,}2598$$
$$e^{2,7493 - 2,576 \cdot 0,2598} < S(0{,}75) < e^{2,7493 + 2,576 \cdot 0,2598}$$
$$8{,}01 < S(0{,}75) < 30{,}53.$$

Mit 99%iger Wahrscheinlichkeit liegt der Aktienkurs zwischen 8,01 € und 30,53 €.

c) Wenn die Kauf- und die Verkaufsoption bei Fälligkeit mit gleicher Wahrscheinlichkeit ausgeübt werden sollen, muss diese Wahrscheinlichkeit 0,5 sein. Gesucht ist also der Median der Verteilung des Aktienkurses in 9 Monaten (= 0,75 Jahre). Der Median der Lognormalverteilung beträgt nach Satz 12.2 der Formelsammlung:

$$e^{\mu_{0,75}} = e^{\ln(15) + (0{,}1 - \frac{0{,}09}{2}) \cdot 0{,}75} = e^{2,749} = 15{,}63.$$

($\mu_{0,75}$ wurde in Aufgabenteil a berechnet.)

Alternative Berechnung: Wenn Sie Satz 10.4.5(iii) benutzen, erhalten Sie

$$S(t_0) \cdot e^{(\mu - \sigma^2/2) \cdot (T - t_0)} = 15 \cdot e^{(0,1 - \frac{0,09}{2}) \cdot 0,75} = 15{,}63.$$

Lösung Aufgabe T3.2:

a) Für den fairen Forward-Preis F gilt bei stetiger Verzinsung unter Verwendung von Satz 10.3.2(ii):

$$F = S \cdot d(t, T)^{-1} - 0 = S \cdot e^{i(T-t)}.$$

(Die Aktie liefert nach Voraussetzung keine Dividende während der Laufzeit.)

b) Die Behauptung enthält einen Zusammenhang zwischen dem Forward-Kurs F und dF.

Deshalb erscheint es sinnvoll, $G(S, t) = F = S \cdot e^{i(T-t)}$ im Lemma von Itô (Ergänzung nach Satz 10.4.5 in der Formelsammlung) zu wählen. Wegen $\frac{dG}{dt} = -S \cdot i \cdot e^{i(T-t)}$ und $\frac{\partial G}{\partial S} = e^{i(T-t)}$ folgt:

$$dF = (e^{i(T-t)} \cdot \mu \cdot S - S \cdot i \cdot e^{i(T-t)} + \frac{1}{2} \cdot 0)\,dt + e^{i(T-t)} \cdot \sigma \cdot S \cdot dW$$
$$= (\mu \cdot F - i \cdot F)\,dt + \sigma \cdot F \cdot dW.$$

c) Nach Satz 10.3.3(i):
$$PV_{Fw} = S(t) - D(t_z) \cdot d(t, t_z) - d(t, T) \cdot K$$
$$= 19\,€ - 0\,€ - e^{-0{,}03 \cdot 1} \cdot 18\,€$$
$$= 1{,}53\,€.$$

Lösung Aufgabe T3.3:

a) Eine europäische Option liefert vor der Fälligkeit keine Erträge. Deshalb ist der faire Forward-Preis nach Satz 10.3.2(ii) der aufgezinste aktuelle Wert:
$$F = C(t_0) \cdot d(t_0, t_1)^{-1}.$$

b) Nach Satz 10.3.3(i) gilt:
PV $= d(t_0, t_1) \cdot (F - TP)$, wobei F der in Teilaufgabe a) berechnete faire Forward-Preis ist.

c) Sei X_g der geometrische Mittelwert. Dann gilt: $X_g = \sqrt[n]{X_1 \cdot X_2 \cdot \ldots \cdot X_n}$.

Also $\ln(X_g) = \ln\left(\sqrt[n]{X_1 \cdot X_2 \cdot \ldots \cdot X_n}\right) = \ln\left((X_1 \cdot X_2 \cdot \ldots \cdot X_n)^{\frac{1}{n}}\right)$
$$= \frac{1}{n}\left(\ln(X_1) + \ln(X_2) + \ldots + \ln(X_n)\right),$$

wobei $\ln(X_k)$ normalverteilt ist, $k = 1, 2, \ldots, n$. Eine Summe von unabhängigen, normalverteilten Zufallsgrößen ist wieder normalverteilt, ebenso eine durch n geteilte normalverteilte Zufallsvariable.
Somit ist $\ln(X_g)$ normalverteilt, d.h., X_g ist lognormalverteilt. Die Parameter dieser lognormalverteilten Zufallsgröße X_g sind

$$\mu_g = E\left(\frac{1}{n}\left(\ln(X_1) + \ln(X_2) + \ldots + \ln(X_n)\right)\right) = \frac{1}{n}\underbrace{(\mu + \mu + \ldots + \mu)}_{\text{n Summanden}} = \mu;$$

$$\sigma_g = \sqrt{\sigma_g^2} = \sqrt{\text{Var}\left(\frac{1}{n}\left(\ln(X_1) + \ln(X_2) + \ldots + \ln(X_n)\right)\right)}$$

$$= \sqrt{\frac{1}{n^2}\underbrace{(\sigma^2 + \sigma^2 + \ldots + \sigma^2)}_{\text{n Summanden}}} = \sqrt{\frac{\sigma^2}{n}} = \frac{\sigma}{\sqrt{n}} \quad \text{bzw.} \quad \sigma_g^2 = \frac{\sigma^2}{n}.$$

Bei der Berechnung der Varianz wird die Unabhängigkeit der n Zufallsgrößen verwendet.

Lösung Aufgabe T3.4:

a) Der Kaufpreis der Floating-Rate-Note am 15.6. ist der Nennwert, also 100.000 €. Der Wert am 15.8. beträgt nach Satz 10.2.1:

$$\frac{100.000\,€ \cdot (1 + \frac{1}{2} \cdot 0{,}04)}{1 + \frac{4}{12} \cdot 0{,}03} = 100.990{,}10\,€.$$

b) Das FRA kostet bei Abschluss 0 €. Am 15.8. hat er nach Satz 10.5.1 einen Wert von

$$200.000\,€ \cdot \left(\frac{1}{1 + \frac{30}{360} \cdot 0{,}02} - \frac{1 + \frac{120}{360} \cdot 0{,}05}{1 + \frac{150}{360} \cdot 0{,}035} \right) = -743{,}46\,€.$$

c) Der Swap kostet 0 €.

Lösung Aufgabe T3.5:

a) $\text{PV} = \dfrac{1.000\,€}{(1+i)^2} + 1.000\,€ = \dfrac{1.000\,€}{(1+0{,}04)^2} + 1.000\,€ = 1.924{,}56\,€.$

b1) Mit Rf = S gilt

$$\text{VaR}_{\text{Aktie}} = q_c^{SN} \cdot \left| S \cdot \frac{d\,PV}{d\,S} \right| \cdot \text{Vola}_S$$

$$= 1{,}645 \cdot 1.000\,€ \cdot \frac{40\%}{\sqrt{\frac{250}{10}}}$$

$$= 131{,}60\,€.$$

b2) Mit Rf = $i_{0,2}$ gilt

$$\frac{d\,PV}{d\,Rf} = \frac{d}{d\,i_{0,2}} \left(\frac{1.000\,€}{(1+i_{0,2})^2} \right) = -\frac{2 \cdot 1.000\,€}{(1+i_{0,2})^3}$$

und somit

$$\text{VaR}_{\text{Bond}} = q_c^{SN} \cdot \left| Rf \cdot \frac{d\,PV}{d\,Rf} \right| \cdot \text{Vola}_{Rf}$$

$$= 1{,}645 \cdot 0{,}04 \cdot \frac{2 \cdot 1.000\,€}{(1+0{,}04)^3} \cdot (0{,}06 \cdot \sqrt{10})$$

$$= 22{,}20\,€.$$

b3) $\text{VaR}_{\text{Portfolio}} = \sqrt{(131{,}60\,€;\ 22{,}20\,€) \cdot \begin{pmatrix} 1 & 0{,}4 \\ 0{,}4 & 1 \end{pmatrix} \cdot \begin{pmatrix} 131{,}60\,€ \\ 22{,}20\,€ \end{pmatrix}}$

$$= \sqrt{(140{,}48\,€;\ 74{,}84\,€) \cdot \begin{pmatrix} 131{,}60\,€ \\ 22{,}20\,€ \end{pmatrix}}$$

$$= 141{,}95\,€.$$

Teil IV: Formelsammlung

In diesem Teil werden wichtige Sätze der Finanzmathematik aufgeführt. Die Nummerierung entspricht weitestgehend der Nummerierung aus dem Lehrbuch „Praktische Finanzmathematik", erschienen im Verlag Harri Deutsch.

1 Grundlagen

Satz 1.3.1 (Summenberechnung I):

Es gilt:
$$\sum_{k=1}^{n} k = 1+2+3+\ldots+(n-1)+n = \frac{n(n+1)}{2} \quad \text{für alle } n = 1, 2, 3, \ldots, \quad (I)$$

$$\sum_{k=0}^{n} q^k = 1+q+q^2+q^3+\ldots+q^{n-1}+q^n = \frac{q^{n+1}-1}{q-1}, \text{ wobei } q \neq 1, \quad (II)$$

$$\sum_{k=1}^{n} q^k = \frac{q^{n+1}-q}{q-1}, \text{ wobei } q \neq 1. \quad (III)$$

Satz 1.3.2 (Summenberechnung II):

Es gilt:
$$\sum_{k=1}^{n} k \cdot q^k = \frac{q \cdot (1-q^n-nq^n+nq^{n+1})}{(q-1)^2}, \text{ falls } q \neq 1.$$

2 Zinsrechnung

Satz 2.2.1 (einfache Verzinsung, lineare Verzinsung):
Sei K_0 das Anfangskapital, t die Laufzeit, K_t das Endkapital am Ende der Laufzeit und i der Zinssatz. i und t beziehen sich auf die gleiche Zeiteinheit. Dann gilt bei einfachen (nachschüssigen) Zinsen:

Zinsen: $\quad Z_t = K_0 \cdot t \cdot i,$ $\hfill$ (I)

Endkapital: $\quad K_t = K_0 \cdot (1 + t \cdot i),$ $\hfill$ (II)

Anfangskapital: $\quad K_0 = \dfrac{K_t}{1 + t \cdot i},$ $\hfill$ (III)

Laufzeit: $\quad t = \dfrac{K_t - K_0}{K_0 \cdot i},$ $\hfill$ (IV)

Zinssatz: $\quad i = \dfrac{K_t - K_0}{K_0 \cdot t}.$ $\hfill$ (V)

Wird der Zinssatz pro Jahr angegeben, ist

2 Zinsrechnung

$t = \text{years}(t_1, t_2) = \dfrac{\text{Zinstage}}{\text{Jahreslänge in Tagen}}$ die Zeit in Jahren zwischen t_1 und t_2, wobei

$t_1 = T1.M1.J1$ der Tag, der Monat und das Jahr des ersten Datums (Anfangsdatum) und

$t_2 = T2.M2.J2$ der Tag, der Monat und das Jahr des zweiten Datums (Enddatum).

Die Anzahl der Zinstage und die Jahreslänge in Tagen hängt von der gewählten Zinstage-Methode ab. Gebräuchliche Zinstage-Methoden sind:

Zinstage-Methode	Berechnung
30E/360	Unabhängig von der tatsächlichen Länge des Monats hat jeder Monat 30 Tage und das Jahr 360 Tage. Bei Monaten mit 31 Tagen ist der 31. kein Zinstag. $$t = \dfrac{(J2-J1)\cdot 360 + (M2-M1)\cdot 30 + \min\{T2,30\} - \min\{T1,30\}}{360}$$
30/360	Ähnlich wie 30E/360. Sei $T2^* = 30$, falls $T2 = 31$ und ($T1 = 30$ oder $T1 = 31$), andernfalls $T2^* = T2$. $$t = \dfrac{(J2-J1)\cdot 360 + (M2-M1)\cdot 30 + T2^* - \min\{T1,30\}}{360}$$
actual/360 (taggenau/360)	$t = \dfrac{\text{caldays}(t_1, t_2)}{360}$
actual/365 (taggenau/365)	$t = \dfrac{\text{caldays}(t_1, t_2)}{365}$
actual/actual nach ICMA (taggenau)	$t = \dfrac{\text{caldays}(t_1, t_2)}{\text{Anzahl der Kuponzahlungen pro Jahr} \cdot \text{Tage der Kuponperiode}}$
actual/actual (kalenderjährlich) (taggenau-kalenderjährlich)	Sei B_k der Beginn des Jahres k, also der 1.1. des Jahres k Für $J1 = J2$: $t = \dfrac{\text{caldays}(t_1, t_2)}{\text{caldays}(B_{J1}, B_{J1+1})}$, andernfalls: t = Bruchteil des Startjahres + Anzahl der „vollen" Jahre + Anteil des Schlussjahres $= \dfrac{\text{caldays}(t_1, B_{J1+1})}{\text{exakte Tage im Jahr J1}} + J2 - J1 - 1 + \dfrac{\text{caldays}(B_{J2}, t_2)}{\text{exakte Tage im Jahr J2}}$, wobei $B_{J1} \leq t_1 < B_{J1+1} \leq B_{J2} \leq t_2 < B_{J2+1}$

caldays(t_1, t_2) ist die exakte Anzahl der Kalendertage vom Anfangsdatum t_1 bis zum Enddatum t_2. **min**$\{x, y\}$ gibt den kleinsten Wert von x und y an.

Oftmals wird statt $\text{years}(t_1, t_2)$ kurz $\mathbf{t_2 - t_1}$ geschrieben.

Satz 2.3.1 (exponentielle Verzinsung, auch Verzinsung mit Zinseszinsen, diskrete Verzinsung oder geometrische Verzinsung genannt):
Sei i der Zinssatz pro Zinsperiode. Bei Zinseszinsen führt ein Kapital K_0 nach t Zinsperioden auf ein Endkapital von

$$K_t = K_0 \cdot (1+i)^t \qquad \text{(Zinseszinsformel),} \qquad \text{(I)}$$

für den Barwert ergibt sich:

$$K_0 = \frac{K_t}{(1+i)^t}, \qquad \text{(II)}$$

für die Laufzeit t gilt bei gegebenem Zinssatz, Anfangskapital und Endkapital:

$$t = \frac{\ln\left(\dfrac{K_t}{K_0}\right)}{\ln(1+i)}, \qquad \text{(III)}$$

für den Zinssatz, der notwendig ist, bei gegebener Laufzeit und gegebenem Anfangskapital ein bestimmtes Endkapital zu erhalten, gilt:

$$i = \sqrt[t]{\frac{K_t}{K_0}} - 1, \qquad \text{(IV)}$$

wobei:
t   Laufzeit = Zahl der Zinsperioden ($t \in \mathbb{N}$, kann formal erweitert werden auf $t \in \mathbb{R}$),
K_0 Anfangskapital, Gegenwartswert oder Barwert,
K_t Endkapital, Endwert, Zeitwert oder kurz Wert nach t Zinsperioden,
1 + i Zinsfaktor (wird oft auch mit q bezeichnet) oder Aufzinsungsfaktor,
$(1+i)^t$ Aufzinsungsfaktor bei exponentieller Verzinsung (für t Perioden),
$\dfrac{1}{(1+i)^t}$ Diskontierungsfaktor (Abzinsungsfaktor) bei exponentieller Verzinsung,

auch mit d(0, t) bezeichnet, vgl. Satz 3.5.1.

Satz 2.3.2 (Näherungsformel für Verdopplung des Kapitals):
Ist der Zinsfuß p, so verdoppelt sich bei Zinseszinsen ein Kapital in ca. 70/p Zinsperioden (i = p/100).

Satz 2.3.3 (Endkapital und effektiver Zinssatz bei verschiedenen Zinssätzen):
Ist i_k der Zinssatz in der k-ten Zinsperiode, wächst ein Kapital K_0 bei Zinseszinsen in t Zinsperioden ($t \in \mathbb{N}$) auf den Endwert

$$K_t = K_0 \cdot (1+i_1) \cdot (1+i_2) \cdot \ldots \cdot (1+i_t).$$

Der Zinssatz i pro Zinsperiode, der bei konstanter Verzinsung gezahlt werden muss, um zum gleichen Endkapital zu gelangen, beträgt: $i = \sqrt[t]{(1+i_1) \cdot (1+i_2) \cdot \ldots \cdot (1+i_t)} - 1$.

2 Zinsrechnung

Satz 2.4.1 (vorschüssige Verzinsung):
Ist t die Zahl der Zinsperioden und i_v der Zinssatz pro Zinsperiode, dann gilt bei der Zinseszinsrechnung mit vorschüssiger Verzinsung für den Endwert: $K_t = \dfrac{K_0}{(1-i_v)^t}$.

Bei vorschüssiger einfacher Verzinsung gilt für den Endwert: $K_t = \dfrac{K_0}{1-t \cdot i_v}$.

Satz 2.5.1 (gemischte Verzinsung, jährliche Verzinsung):
Bei einem Anfangskapital von K_0, einer gesamten Laufzeit von t Jahren und einem jährlichen Zinssatz i beträgt der Endwert bei der gemischten Verzinsung:

$$K_t = K_0 \cdot (1+i \cdot t_1) \cdot (1+i)^N \cdot (1+i \cdot t_2) \quad \text{mit } t = t_1 + N + t_2,$$

wobei t_1 Laufzeit bis zum Jahresende, N Anzahl der folgenden ganzen Jahre,
t_2 Laufzeit vom "letzten" Jahresende bis zum Laufzeitende.

Satz 2.6.1 (unterjährige Verzinsung):
Ist i der (nominelle) Zinssatz, der auf ein Jahr bezogen ist, und m die Anzahl der (gleich langen) Zinsperioden pro Jahr, beträgt der Zinssatz pro Zinsperiode i/m (= relativer unterjähriger Zinssatz, relativer Periodenzinssatz). Das Endkapital einer einmaligen Anlage K_0 bei unterjähriger Verzinsung ist nach t Jahren:

$$K_t = K_0 \cdot \left(1 + \frac{i}{m}\right)^{t \cdot m}.$$

Satz 2.6.2 (Effektivzins bei unterjähriger Verzinsung):
Ist i der nominelle Zinssatz p.a. mit m gleich langen Zinsperioden im Jahr und i_{eff} der dazugehörige äquivalente Jahreszinssatz, so gilt:

$$i_{eff} = \left(1 + \frac{i}{m}\right)^m - 1 \quad \text{und} \quad i = m \cdot (\sqrt[m]{1+i_{eff}} - 1).$$

Satz 2.7.1 (stetige Verzinsung):
Bei stetiger Verzinsung mit dem Jahreszinssatz i_s gilt für den Endwert:

$$K_t = K_0 \, e^{i_s \cdot t}.$$

Zwischen dem Zinssatz i_s bei stetiger Verzinsung und dem Jahreszinssatz i bei exponentieller Verzinsung gilt, wenn beide Verzinsungsarten zu den gleichen Endwerten führen:

$$1 + i = e^{i_s} \quad \text{oder} \quad i = e^{i_s} - 1 \quad \text{oder} \quad i_s = \ln(1+i).$$

Satz 2.8.1 (Vergleich verschiedener Verzinsungen):
Sei der Zinssatz $i \geq 0$, $t \in \mathbb{R}$. Dann gilt:
(i) $1 + i \cdot t \leq (1+i)^t$ für $t \geq 1$ und $1 + i \cdot t \geq (1+i)^t$ für $0 \leq t \leq 1$.
(ii) $(1+i)^t \leq e^{i \cdot t}$ für $t \geq 0$.

3 Äquivalenz und Effektivverzinsung

Zwei Zahlungsströme (Leistung / Gegenleistung oder Zahlungsstrom 1 / Zahlungsstrom 2) können miteinander verglichen werden, wenn alle auftretenden Zahlungen auf einen Zeitpunkt (= Bezugszeitpunkt oder Stichtag) auf- bzw. abgezinst werden. Die Auf- und Abzinsung hängt von der gewählten Verzinsungsmethode ab. Der verwendete Zinssatz heißt Kalkulationszinssatz. Die Summe aller auf- bzw. abgezinsten Zahlungen heißt Wert eines Zahlungsstroms, vgl. auch Satz 3.5.1. Der Zinssatz (pro Jahr), bei dem zwei Zahlungsströme den gleichen Wert haben (= äquivalent sind), heißt effektiver Jahreszins, Effektivzins(satz), Rendite oder interner Zinssatz.

Satz 3.1.1 (Äquivalenz bei exponentieller Verzinsung):
Bei exponentieller Verzinsung sind zwei Zahlungsströme zu jedem Bezugszeitpunkt äquivalent, wenn sie an einem beliebigen Zeitpunkt äquivalent sind.

Satz 3.2.1 (Lösung quadratischer Gleichungen):
Die Lösungen der Gleichung $ax^2 + bx + c = 0$ mit $a \neq 0$ sind:

$$x_{1,2} = \frac{-b \pm \sqrt{b^2 - 4ac}}{2a}.$$

Die Lösungen der Gleichung $x^2 + px + q = 0$ sind:

$$x_{1,2} = -\frac{p}{2} \pm \sqrt{\left(\frac{p}{2}\right)^2 - q}.$$

Satz 3.2.2 (Sekantenverfahren, Regula Falsi):
Gesucht ist die Lösung der Gleichung $f(x) = 0$. Gegeben seien zwei Werte x_1 und x_2, die so genannten Startwerte. Die weiteren Näherungen werden folgendermaßen ermittelt:

$$x_{k+2} = x_{k+1} + (x_k - x_{k+1}) \cdot \frac{f(x_{k+1})}{f(x_{k+1}) - f(x_k)}, \qquad k = 1, 2, 3, \ldots .$$

x_{k+2} kann auch anders dargestellt werden:

$$x_{k+2} = \frac{x_k \cdot f(x_{k+1}) - x_{k+1} \cdot f(x_k)}{f(x_{k+1}) - f(x_k)}.$$

Unter gewissen Voraussetzungen streben die mit diesem Verfahren (Sekantenverfahren genannt) ermittelten x-Werte gegen einen Wert $\overline{x}$ mit $f(\overline{x}) = 0$.

Ein spezielles Sekantenverfahren, die Regula Falsi, erhalten Sie, wenn Sie die beiden Startwerte für das Sekantenverfahren so wählen, dass die Funktionswerte $f(x_1)$ und $f(x_2)$ unterschiedliche Vorzeichen haben[1], und wenn Sie zur Berechnung von x_{k+2} in der obigen Formel x_k durch x_{k-1} ersetzen, falls $f(x_{k+1})$ und $f(x_k)$ die gleichen Vorzeichen haben.

---

[1] Dann liegt, wenn die Funktion f stetig ist, die gesuchte Lösung zwischen x_1 und x_2.

3 Äquivalenz und Effektivverzinsung

Satz 3.2.3 (Newton-Verfahren, Tangentenverfahren):
Gegeben sei die Funktion f. Beginnend mit einem Startwert x_1 erhalten Sie mit der Iterationsvorschrift

$$x_{k+1} = x_k - \frac{f(x_k)}{f'(x_k)}, \quad k = 1, 2, 3, \ldots .$$

eine Folge von Werten $x_1, x_2, x_3, \ldots$.
Unter gewissen Voraussetzungen konvergiert diese Folge gegen einen Wert $\overline{x}$, für den gilt $f(\overline{x}) = 0$.

Satz 3.5.1 (Barwertberechnung):
Gegeben sei ein Zahlungsstrom mit Zahlungen Z_k zu den Zeitpunkten $t_k \geq t_0$, $k = 1, \ldots, n$.
Dann ist der Barwert zur Zeit t_0 die Summe der diskontierten Zahlungen:

$$PV = \sum_{k=1}^{n} Z_k \cdot d(t_0, t_k)$$

mit den Diskontierungsfaktoren

$$d(t_0, t_k) = \begin{cases} e^{-i_{t_0,t_k} \cdot \text{years}(t_0,t_k)} & \text{bei stetiger Verzinsung} \\ (1+i_{t_0,t_k})^{-\text{years}(t_0,t_k)} & \text{bei exponentieller (oder diskreter) Verzinsung} \\ \dfrac{1}{1+i_{t_0,t_k} \cdot \text{years}(t_0,t_k)} & \text{bei einfacher Verzinsung.} \end{cases}$$

Satz 3.5.2 (Zinsbetrag):
Für den Zinsbetrag einer Kapitalanlage in Höhe von K_{t_0} in der Zeit von t_0 bis t_1 gilt:

$$\text{Zinsbetrag} = K_{t_0} \cdot [d(t_0, t_1)^{-1} - 1].$$

Satz 3.5.3 (impliziter oder fairer Forward-Zinssatz):
Der implizite oder faire Forward-Zinssatz $i_{t_1, t_2 | t_0}$ ($t_0 \leq t_1 < t_2$) wird für exponentielle Verzinsung bei gegebenen Spot-Rates folgendermaßen berechnet:

$$i_{t_1, t_2 | t_0} = \sqrt[\text{years}(t_1,t_2)]{\frac{(1+i_{t_0,t_2})^{\text{years}(t_0,t_2)}}{(1+i_{t_0,t_1})^{\text{years}(t_0,t_1)}}} - 1.$$

Satz 3.5.4 (impliziter oder fairer Forward-Diskontierungsfaktor):
Für den impliziten oder fairen Forward-Diskontierungsfaktor gilt:

$$d(t_1, t_2 | t_0) = \frac{d(t_0, t_2)}{d(t_0, t_1)}, \quad \text{wobei } t_0 \leq t_1 \leq t_2.$$

4 Rentenrechnung

Satz 4.2.1 (konstante Rente):
Voraussetzungen: Die Rentenperiode ist gleich der Zinsperiode, d.h., Periodenanfänge bzw. Periodenenden sind die Zinskapitalisierungszeitpunkte. i ist der Zinssatz pro Periode.
Der Rentenendwert einer **nachschüssigen** Rente in Höhe von r, die n-mal gezahlt wird, beträgt:

$$R_n = r \cdot \underbrace{\frac{(1+i)^n - 1}{i}}_{= s_n} = r \cdot s_n. \tag{I}$$

Der Rentenbarwert einer nachschüssigen Rente beträgt:

$$R_0 = \frac{R_n}{(1+i)^n} = r \cdot \underbrace{\frac{1-(1+i)^{-n}}{i}}_{= a_n} = r \cdot a_n. \tag{II}$$

Sind der Zinssatz i, die jährliche Rente r und der Rentenendwert gegeben, kann die Laufzeit einer nachschüssigen Rente nach folgender Formel berechnet werden:

$$n = \frac{\ln\left(\frac{i \cdot R_n}{r} + 1\right)}{\ln(1+i)}. \tag{III}$$

Sind der Zinssatz i, die jährliche Rente r und der Rentenbarwert gegeben, kann die Laufzeit einer nachschüssigen Rente nach folgender Formel berechnet werden:

$$n = -\frac{\ln(1 - \frac{R_0}{r} \cdot i)}{\ln(1+i)}. \tag{IV}$$

Der Rentenendwert einer **vorschüssigen** Rente in Höhe von r, die n-mal gezahlt wird, beträgt:

$$R_n = r \cdot (1+i) \cdot \frac{(1+i)^n - 1}{i}. \tag{V}$$

Der Rentenbarwert einer vorschüssigen Rente beträgt:

$$R_0 = \frac{R_n}{(1+i)^n} = r \cdot \frac{1}{(1+i)^{n-1}} \cdot \frac{(1+i)^n - 1}{i}. \tag{VI}$$

Sind der Zinssatz i, die Rente r und der Rentenendwert gegeben, kann die Laufzeit nach folgender Formel berechnet werden:

4 Rentenrechnung

$$n = \frac{\ln\left(1 + \frac{i \cdot R_n}{(1+i) \cdot r}\right)}{\ln(1+i)} \quad . \tag{VII}$$

Sind der Zinssatz i, die Rente r und der Rentenbarwert gegeben, kann die Laufzeit nach folgender Formel berechnet werden:

$$n = 1 - \frac{\ln\left(1 + i - \frac{R_0}{r} \cdot i\right)}{\ln(1+i)} \quad . \tag{VIII}$$

Satz 4.4.1 (ewige Rente):
Voraussetzungen: Die Rentenperiode ist gleich der Zinsperiode, d.h., Periodenanfänge bzw. Periodenenden sind auch Zinskapitalisierungszeitpunkte. i ist der Zinssatz pro Periode.

Der Barwert einer ewigen, nachschüssig zahlbaren Rente beträgt: $R_0 = \frac{r}{i}$,

der Barwert einer ewigen Rente mit vorschüssigen Zahlungen beträgt: $R_0 = \frac{r \cdot (1+i)}{i}$.

Satz 4.4.2 (dynamische ewige Rente):
Voraussetzungen: Die Rentenperiode ist gleich der Zinsperiode, d.h., Periodenanfänge bzw. Periodenenden sind auch Zinskapitalisierungszeitpunkte. i ist der Zinssatz pro Periode.
Die erste Rentenzahlung ist r, wobei bei einer vorschüssig zahlbaren Rente diese Zahlung sofort, bei einer nachschüssig zahlbaren Rente eine Zinsperiode später erfolgt. Die Rentenzahlung wird nach jeder Zinsperiode um den Faktor (1 + s) erhöht.

Der Barwert einer ewigen, nachschüssig zahlbaren dynamischen Rente ist: $R_0 = \frac{r}{i-s}$,

der Barwert einer ewigen, vorschüssig zahlbaren dynamischen Rente ist: $R_0 = \frac{(1+i) \cdot r}{i-s}$,

wobei jeweils s < i gelten muss.

Satz 4.5.1 (Rentenendwert, wenn Rentenperiode kleiner als Zinsperiode, unterjährige Rente):
Der Rentenendwert einer nachschüssigen bzw. einer vorschüssigen Rente der Höhe r, die n Zinsperioden lang jeweils m-mal pro Zinsperiode gezahlt wird, beträgt bei einem Zinssatz i (pro Zinsperiode), wenn innerhalb der Zinsperiode mit linearen Zinsen gerechnet wird:

$$R_n = r_e \frac{(1+i)^n - 1}{i}, \tag{I}$$

wobei $r_e = r\left[m + \frac{(m \pm 1) i}{2}\right]$ (konforme) Ersatzrente heißt. (II)

Das negative Zeichen bei $\pm$ gilt für eine nachschüssige, das positive Zeichen für eine vorschüssige Rente.

Sind der Rentenendwert, der Zinssatz und die Laufzeit gegeben, gilt für die Rate r, die m-mal pro Zinsperiode gezahlt wird:

$$r = \frac{R_n \cdot i}{\left(m + \frac{(m \pm 1)i}{2}\right) \cdot ((1+i)^n - 1)}. \qquad \text{(III)}$$

Sind der Rentenendwert, die Rate und die Laufzeit gegeben, gilt für die Laufzeit n in Zinsperioden:

$$n = \frac{\ln\left(1 + \frac{R_n \cdot i}{r \cdot \left(m + \frac{(m \pm 1)i}{2}\right)}\right)}{\ln(1+i)}. \qquad \text{(IV)}$$

Der Endwert einer einmaligen Zahlung K_0 zu Beginn und einer Rente, die n Zinsperioden gezahlt wird, beträgt beim Zinssatz i:

$$R_n = K_0 (1+i)^n + r_e \frac{(1+i)^n - 1}{i}, \qquad \text{(V)}$$

wobei r_e die jährliche Ersatzrente ist.

Satz 4.5.2 (Rentenendwert einer dynamischen unterjährig gezahlten Rente):
Folgende Rentenzahlungen mit Steigerungen sind gegeben: Es werden auf ein Konto n Jahre lang m Raten im Jahr jeweils in Höhe r gezahlt. Jährlich werden die Raten um den Steigerungssatz s erhöht. Nach den n Jahren werden keine weiteren Raten mehr gezahlt, sondern das Kapital wird auf dem Konto weitere n* Jahre belassen und verzinst. Am Ende der n* Jahre wird das Kapital einschließlich eines Bonus in Höhe des Bonussatzes b ausgezahlt. Der Bonussatz wird nur auf die Summe der eingezahlten Rentenbeträge gezahlt. Das Kapital wird jährlich mit dem Zinssatz i verzinst; innerhalb des Jahres wird mit linearen Zinsen gerechnet.

Der Rentenendwert nach n Jahren beträgt dann:

$$R_n = \begin{cases} r_e \dfrac{(1+s)^n - (1+i)^n}{s-i}, & \text{falls } s \neq i \\ r_e (1+s)^{n-1} n, & \text{falls } s = i \end{cases} \qquad \text{(I)}$$

mit $\quad r_e = r\left[m + \dfrac{(m-1)i}{2}\right] \quad$ bzw. $\quad r_e = r\left[m + \dfrac{(m+1)i}{2}\right]$

bei nachschüssiger bzw. bei vorschüssiger Rentenzahlung.

Insgesamt werden Rentenzahlungen in der Summe von

Rentenrechnung

$$Z = \begin{cases} r\,m\,\dfrac{(1+s)^n - 1}{s}, & \text{falls } s \neq 0 \\ r\,m\,n, & \text{falls } s = 0 \end{cases} \quad \text{(II)}$$

geleistet. Nach weiteren n* Jahren wird noch ein Bonus auf die eingezahlten Beträge gezahlt (mit Bonussatz b), so ergibt sich ein Endwert einschließlich Bonus $R_{B,n+n^*}$ von

$$R_{B,n+n^*} = R_n (1+i)^{n^*} + b\,Z. \quad \text{(III)}$$

Sei i* derjenige Zinssatz, der bei gleichen Einzahlungen – aber ohne Bonusleistung – zum gleichen Endwert führt. Dann gilt:

$$R_{B,n+n^*} = r\left[m + \frac{(m \pm 1)\cdot i^*}{2}\right]\frac{(1+s)^n - (1+i^*)^n}{s - i^*}(1+i^*)^{n^*}, s \neq i^*, \quad \text{(IV)}$$

wobei m – 1 bei nachschüssiger und m + 1 bei vorschüssiger Zahlungsweise gilt.

Satz 4.6.1 (Rentenperiode größer als Zinsperiode):
Gegeben sei eine Rente, die n-mal nachschüssig gezahlt wird. Zwischen jeder Rate r liegen jeweils m gleich lange Zinsperioden. Der Zinssatz <u>pro Zinsperiode</u> ist i.
Der Rentenendwert nach n Rentenperioden (also zum Zeitpunkt der letzten Rentenzahlung) und der Rentenbarwert betragen:

$$R_n = r \cdot \frac{(1+i)^{m \cdot n} - 1}{(1+i)^m - 1} \quad \text{und}$$

$$R_0 = r \cdot \frac{1 - (1+i)^{-m \cdot n}}{(1+i)^m - 1}.$$

Zeit haben heißt wissen, wofür man Zeit haben will
und wofür nicht.

Emil Oesch,
schweizerischer Schriftsteller, 1894 - 1974

5 Abschreibung

Satz 5.2.1 (lineare Abschreibung):
Es seien K_0 die Anschaffungskosten und K_N der Restwert nach N Jahren. Bei der linearen Abschreibung gilt für den jährlichen Abschreibungsbetrag

$$\text{AfA}_n = \frac{K_0 - K_N}{N}, \quad n = 1, 2, ..., N. \tag{I}$$

Für den Wert der Anlage nach n Jahren gilt:

$$K_n = K_0 - n \cdot \text{AfA}_n = K_0 \cdot (1 - n \cdot i), \quad n = 0, 1, ..., N, \tag{II}$$

wobei i der jährliche Abschreibungssatz von den Anschaffungskosten ist:

$$i = \frac{K_0 - K_N}{N} \cdot \frac{1}{K_0}. \tag{III}$$

Satz 5.3.1 (geometrisch-degressive Abschreibung):
Bei der geometrisch-degressiven Abschreibung mit dem Prozentsatz i gilt für den Buchwert nach n Jahren:

$$K_n = K_0 \cdot (1 - i)^n \tag{I}$$

und für die Abschreibung

$$\text{AfA}_n = K_0 \cdot (1 - i)^{n-1} \cdot i. \tag{II}$$

Sind die Anschaffungskosten K_0 und der Restwert K_N nach N Jahren gegeben, ergibt sich bei der geometrisch-degressiven Abschreibung ein Prozentsatz i von

$$i = 1 - \sqrt[N]{\frac{K_N}{K_0}}. \tag{III}$$

Satz 5.7.1 (Wechsel der Abschreibung):
Sei N die Nutzungsdauer des Wirtschaftsgutes und i der Abschreibungssatz bei geometrisch-degressiver Abschreibung.
Unter der Voraussetzung, dass bei linearer Abschreibung der Restwert Null ist, liefert der Wechsel auf die lineare Abschreibung ab dem n-ten Jahr bzw. ab der Restlaufzeit

$$n^* = N - n + 1$$

höhere Abschreibungen, wenn zum ersten Mal gilt:

$$n^* < \frac{1}{i} \quad \text{bzw.} \quad n > N + 1 - \frac{1}{i}.$$

6 Tilgungsrechnung

Satz 6.2.1 (gesamtfällige Tilgung mit Zinsansammlung):
Sei i_0 der Zinssatz pro Zinsperiode. Bei einer gesamtfälligen Tilgung mit Zinsansammlung und einer Rückzahlung nach n Zinsperioden ergibt sich

$$A_n = K_0(1+i_0)^n. \qquad (I)$$

Sind die Rückzahlung A_n und die Schuld K_0 gegeben, beträgt bei einer gesamtfälligen Tilgung mit Zinsansammlung die Verzinsung i_0 pro Zinsperiode

$$i_0 = \sqrt[n]{\frac{A_n}{K_0}} - 1. \qquad (II)$$

Ist die Zinsperiode genau ein Jahr, beträgt der effektive Zinssatz

$$i_{\text{eff}} = \sqrt[n]{\frac{A_n}{(1-d)\cdot K_0}} - 1. \qquad (III)$$

Satz 6.3.1 (gesamtfällige Tilgung ohne Zinsansammlung, ganzzahlige Laufzeit):
Gegeben sei eine Anfangsschuld, die mit gesamtfälliger Tilgung ohne Zinsansammlung (Zinsschuldtilgung) nach n Jahren, $n \in \mathbb{N}$, getilgt wird. Dann gilt bei jährlichen Zinszahlungen für die effektive Verzinsung i_{eff}:

$$1-d = i_0 \cdot \frac{1-(1+i_{\text{eff}})^{-n}}{i_{\text{eff}}} + (1+a)\cdot(1+i_{\text{eff}})^{-n}, \qquad (I)$$

wobei d der Disagiosatz, a der Aufgeldsatz und i_0 der Nominalzinssatz ist.

Der gleiche Sachverhalt bei festverzinslichen Wertpapieren:
Gegeben sei eine festverzinsliche Anleihe mit einer Laufzeit von n Jahren ($n \in \mathbb{N}$), einem Nominalzinssatz i_0 bei jährlichen Zinszahlungen, einem Kurs C und einem Rückzahlungskurs $100 \cdot (1+a)$. Dann gilt bei exponentieller Verzinsung:

$$C = 100 \cdot \left(i_0 \cdot \frac{1-(1+i_{\text{eff}})^{-n}}{i_{\text{eff}}} + (1+a)\cdot(1+i_{\text{eff}})^{-n} \right). \qquad (II)$$

Siehe Satz 7.2.1 bei nicht ganzzahliger Laufzeit.

Satz 6.3.2 (Bankenformel und andere Näherungsformeln für den effektiven Zinssatz einer Zinsschuld):
Der effektive Zinssatz einer Zinsschuld (z.B. eines festverzinslichen Wertpapiers) ist näherungsweise:

$$i_{\text{Bank}} = \frac{i_0 \cdot 100}{C} + \frac{100\cdot(1+a)-C}{100\cdot n}.$$

Diese „Faustregel" wird auch Bankenformel oder Bankenverfahren genannt.

Zwei andere, auch einfach zu berechnende Näherungen für den effektiven Zinssatz sind:

$$i_{current} = \frac{i_0 \cdot 100}{C}.$$

Das obige Ergebnis dieser Faustregel wird als laufende Verzinsung bezeichnet.

$$i_{simple} = \frac{i_0 \cdot 100}{C} + \frac{100 \cdot (1+a) - C}{n \cdot C}.$$

Das Ergebnis dieser Faustregel wird als einfache Verzinsung bezeichnet.

Satz 6.4.1 (Ratentilgung):
Bei einem nominellen Zinssatz i_0 gilt bei einer Ratentilgung für t = 1, 2, 3, ... , n−1, n, wenn die Schuld K_0 nach n Perioden vollständig getilgt sein soll:

$$T_t = T = \frac{K_0}{n}, \qquad (I)$$

$$K_t = K_0 - t \cdot T = K_0 (1 - \frac{t}{n}), \qquad (II)$$

$$Z_t = K_0 \cdot i_0 \cdot (1 - \frac{t-1}{n}), \qquad (III)$$

$$A_t = T_t + Z_t = K_0 [\frac{1}{n} + i_0 \cdot (1 - \frac{t-1}{n})]. \qquad (IV)$$

Ist die Zinsperiode gleich der Zahlungsperiode gleich einem Jahr, gilt für eine Ratenschuld K_0, die in n Jahren vollständig getilgt wird, bei einem nominellen Zinssatz i_0 und einem effektiven Zinssatz i_{eff}:

$$(1-d) = \frac{1}{i_{eff}} \left[i_0 + \frac{1-(1+i_{eff})^{-n}}{n} (1 - \frac{i_0}{i_{eff}}) \right]. \qquad (V)$$

Heute kennen wir von allem den Preis,
aber von nichts den Wert.

Oscar Wilde, irischer Schriftsteller, 1854 - 1900

„Stell dir vor, ich wollte einem Kellner einen Cent geben.
Da sagte der, das sei eine Beleidigung."
„Und was hast du gemacht?"
„Ich habe die Beleidigung zurückgezogen."

6 Tilgungsrechnung

Satz 6.5.1 (Annuitätentilgung):
Bei einer Annuitätentilgung eines Darlehens mit sofortiger Zins- und Tilgungsverrechnung in Höhe von K_0 mit einem Zinssatz (= Nominalzinssatz oder Sollzinssatz) von i_0 pro Zahlungsperiode und n Zahlungen (= Zeitperioden) bis zur vollständigen Rückzahlung gilt für t = 1, 2, ..., n:

$$A = \frac{K_0 \cdot i_0}{1-(1+i_0)^{-n}} \qquad (I)$$

$$K_t = K_0(1+i_0)^t - A \cdot \frac{(1+i_0)^t - 1}{i_0} \qquad (II)$$

$$T_t = (A - i_0 K_0) \cdot (1+i_0)^{t-1}. \qquad (III)$$

Ferner gilt:

$$K_0 = T_1 \frac{(1+i_0)^n - 1}{i_0} \qquad (IV)$$

$$A = T_1 \cdot (1+i_0)^n \qquad (V)$$

$$K_t = A \frac{1-(1+i_0)^{t-n}}{i_0} \qquad (VI)$$

$$K_t = K_0 - \frac{(1+i_0)^t - 1}{i_0} T_1 \qquad (VII)$$

$$n = -\frac{\ln\left(1 - \frac{i_0 \cdot K_0}{A}\right)}{\ln(1+i_0)} \qquad (VIII)$$

$$n = \frac{\ln\left(\frac{A}{T_1}\right)}{\ln(1+i_0)}. \qquad (IX)$$

Satz 6.5.2 (Laufzeit eines Annuitätendarlehens):
Für die Laufzeit n in Jahren eines Annuitätendarlehens mit einem nominellen Zinssatz i_0 pro Jahr und einem (anfänglichen) Tilgungssatz von i_T pro Jahr gilt bei sofortiger Zins- und Tilgungsverrechnung und m Zahlungen pro Jahr in Höhe $A = K_0 \cdot (i_0 + i_T)/m$

$$n = \frac{\ln\left(1 + \frac{i_0}{i_T}\right)}{m \cdot \ln(1+\frac{i_0}{m})}.$$

Satz 6.5.3 (Restschuld eines Annuitätendarlehens bei viertelj. Tilgungsverrechnung):
Die Restschuld eines Annuitätendarlehens mit der Darlehenshöhe K_0, einem Nominalzinssatz von i_0, monatlichen Zahlungen in Höhe von A und bei monatlicher Zinsverrechnung, aber vierteljährlicher Tilgungsverrechnung beträgt nach t Quartalen:

$$K_{t\,Quartale} = K_0 \cdot (1+\frac{i_0}{4})^t - 3A \cdot \frac{(1+\frac{i_0}{4})^t - 1}{\frac{i_0}{4}}.$$

Satz 6.6.1 (effektiver Jahreszinssatz eines Annuitätendarlehens bei jährlichen gleich hohen Zahlungen bis zur vollständigen Tilgung):
Für die Effektivverzinsung i_{eff} einer Annuitätenschuld K_0, die nach n Jahren ($n \in \mathbb{N}$) und jährlicher nachschüssiger Zahlung in Höhe von A vollständig getilgt wird, gilt bei einem Disagiosatz d:

$$K_0 \cdot (1-d) = A \cdot \frac{1-(1+i_{eff})^{-n}}{i_{eff}}.$$

Satz 6.6.2 (effektiver Jahreszinssatz eines Annuitätendarlehens bei Zinsbindung (= Sollzinsbindung)):
Bei einer Annuitätenschuld von K_0, die mit m nachschüssigen Zahlungen im Jahr von jeweils A zurückgezahlt wird, gilt bei einer Zinsbindung von n_0 Jahren ($n_0 \in \mathbb{N}$):

$$K_0 \cdot (1-d) = A \cdot \frac{1-(1+i_{eff})^{-n_0}}{(1+i_{eff})^{\frac{1}{m}}-1} + K_{n_0} \cdot (1+i_{eff})^{-n_0},$$

wobei i_{eff} der (anfängliche) effektive Jahreszins nach deutschen Preisangabenverordnung (PAngV) und K_{n_0} die Restschuld nach n_0 Jahren ist.

Satz 6.6.3 (effektiver Jahreszinssatz eines Annuitätendarlehens):
Für eine Annuitätenschuld, die bei m Rückzahlungen pro Jahr zunächst mit m_0 Zahlungen jeweils der Höhe A und anschließender Restzahlung der Höhe RZ vollständig zurückgezahlt ist, gilt für den effektiven Jahreszins i_{eff} nach der deutschen Preisangabenverordnung (PAngV):

$$K_0 \cdot (1-d) = A \cdot \frac{1-(1+i_{eff})^{-\frac{m_0}{m}}}{(1+i_{eff})^{\frac{1}{m}}-1} + RZ \cdot (1+i_{eff})^{-\frac{m_0+1}{m}}.$$

Satz 6.8.1 (Ratenkredit):
(i) Bei einem Ratenkredit (auch Teilzahlungskredit oder p.M.-Kredit genannt) über den Kreditbetrag K_0 mit einem Nominalzinssatz i_M pro Monat, einem einmaligen Bearbeitungskostensatz b und n Monatsraten ergeben sich monatliche Raten in Höhe von

$$r = K_0 \cdot \frac{1+b+n \cdot i_M}{n}.$$

(ii) Bei einem Ratenkredit in Höhe von K_0 mit einem Auszahlungsbetrag

$$AZ_0 = K_0 \cdot (1-d),$$

der in n Monatsraten der Höhe r zurückbezahlt wird, gilt für den effektiven Jahreszins i_{eff} nach der deutschen Preisangabenverordnung (PAngV):

$$AZ_0 = r \cdot \frac{1-(1+i_{eff})^{-\frac{n}{12}}}{(1+i_{eff})^{\frac{1}{12}}-1}.$$

7 Bewertung festverzinslicher Wertpapiere

Der Barwert eines festverzinslichen Wertpapiers wird grundsätzlich mit Satz 3.5.1 berechnet. In Spezialfällen kann diese Summendarstellung vereinfacht werden.

Satz 7.1.1 (Barwert eines festverzinsl. Wertpapiers bei konstantem Kalkulationszins):
Gegeben sei ein festverzinsliches Wertpapier im Nennwert N_0 mit einer Nominalverzinsung i_0, jährlichen Zinszahlungen, einer Restlaufzeit von T Jahren (T ist eine beliebige positive reelle Zahl.) und einem Rückzahlungskurs von $100 \cdot (1 + a)$. Der Zinssatz zum Diskontieren (Marktzinssatz, Kalkulationszinssatz) sei für <u>alle</u> Laufzeiten gleich $i > 0$. Dann gilt bei der Diskontierung mit exponentieller Verzinsung:

$$PV = (1+i)^{T^*-T} \cdot [N_0 \cdot i_0 \frac{1-(1+i)^{-T^*}}{i}] + N_0(1+a) \cdot (1+i)^{-T}$$

$$= N_0 \cdot \left(\frac{i_0}{i}(1+i)^{T^*-T} + (1+a-\frac{i_0}{i})(1+i)^{-T} \right),$$

wobei T* die kleinste ganze Zahl ist, die größer oder gleich T ist.

Satz 7.1.2 (Barwert eines festverzinsl. Wertpapiers ohne exponentielle Stückzinsen):
Gegeben sei ein festverzinsliches Wertpapier im Nennwert N_0 mit einer Nominalverzinsung i_0, jährlichen Zinszahlungen, einer Restlaufzeit von T Jahren (T ist eine beliebige positive reelle Zahl.) und einem Rückzahlungskurs von $100 \cdot (1 + a)$. Der Zinssatz zum Diskontieren sei für <u>alle</u> Laufzeiten i, $i > 0$. Dann gilt bei <u>exponentieller Stückzinsberechnung</u>:

(i) Der Barwert ohne Kupon PV^{exK} beträgt bei exponentieller Verzinsung

$$PV^{exK} = N_0 \cdot \left(\frac{i_0}{i} + (1+a-\frac{i_0}{i}) \cdot (1+i)^{-T} \right).$$

(ii) Geht die Laufzeit T gegen Null, geht der Barwert ohne Kupon gegen $N_0 \cdot (1 + a)$.

(iii) Wird der Barwert ohne Kupon in Abhängigkeit des Zeitverlaufs definiert und mit $PV^{exK}(t)$ bezeichnet, gilt für die Barwertfunktion:

$$PV^{exK}(t) = N_0 \cdot \left(\frac{i_0}{i} + (1+a-\frac{i_0}{i}) \cdot (1+i)^{t-T} \right) \quad \text{für t zwischen 0 und T.}$$

(iv) Für die erste Ableitung der Barwertfunktion ohne Kupon nach der Zeit gilt:

$$\frac{dPV^{exK}(t)}{dt} = N_0 \cdot (1+i)^{t-T} \cdot (1+a-\frac{i_0}{i}) \cdot \ln(1+i).$$

Für die zweite Ableitung der Barwertfunktion gilt:

$$\frac{d^2PV^{exK}(t)}{dt^2} = N_0 \cdot (1+i)^{t-T} \cdot (1+a-\frac{i_0}{i}) \cdot [\ln(1+i)]^2.$$

(v) Die Werte der 1. und der 2. Ableitung der Barwertfunktion ohne Kupon sind
positiv, wenn $(1 + a) \cdot i > i_0$,
negativ, wenn $(1 + a) \cdot i < i_0$.

Satz 7.2.1 (effektiver Jahreszinssatz (= Rendite) eines festverzinslichen Wertpapiers):
Gegeben sei ein festverzinsliches Wertpapier im Nennwert N_0 mit einer Laufzeit von T Jahren (wobei T eine beliebige positive reelle Zahl ist), einer Nominalverzinsung von i_0 bei jährlichen Zinszahlungen, einem Rückzahlungskurs von $100 \cdot (1 + a)$ und einem Kaufpreis KP einschließlich Stückzinsen. Dann gilt bei exponentieller Effektivzinsberechnung:

$$KP = N_0 \cdot \left(\frac{i_0}{i_{eff}} (1+i_{eff})^{T^*-T} + (1+a-\frac{i_0}{i_{eff}})(1+i_{eff})^{-T} \right),$$

wobei T* die kleinste ganze Zahl ist, die größer oder gleich T ist.

Satz 7.3.1 (Berechnung der Spot-Rates bzw. Diskontierungsfaktoren):
(i) Berechnung der Spot-Rates mit Hilfe linearer Interpolation:
Gegeben sind die beiden Spot-Rates i_{t_0,t_1} und i_{t_0,t_2}.

Die Spot-Rate $i_{t_0,t}$ mit $t_1 < t < t_2$ ergibt sich mit linearer Interpolation durch:

$$i_{t_0,t} = i_{t_0,t_1} + \text{years}(t_1,t) \cdot \frac{i_{t_0,t_2} - i_{t_0,t_1}}{\text{years}(t_1,t_2)}.$$

(ii) Berechnung der Diskontierungsfaktoren mit Hilfe exponentieller Interpolation:
Gegeben sind die Diskontierungsfaktoren $d_1 = d(t_0, t_1)$ und $d_2 = d(t_0, t_2)$. Der Diskontierungsfaktor $d(t_0, t)$, wobei $t_0 < t_1 < t < t_2$, ergibt sich durch

$$d(t_0, t) = \exp\{ [\, \lambda \cdot \frac{\ln(d_1)}{\text{years}(t_0,t_1)} + (1-\lambda) \cdot \frac{\ln(d_2)}{\text{years}(t_0,t_2)}] \cdot \text{years}(t_0,t) \}.$$

wobei $\lambda = \dfrac{\text{years}(t,t_2)}{\text{years}(t_1,t_2)}$.

Daraus können die Spot-Rates in Abhängigkeit der Verzinsungsart mit Hilfe von Satz 3.5.1 berechnet werden.

(iii) Berechnung der Spot-Rates mit Hilfe von festverzinslichen Anleihen:
Gegeben sind genau n festverzinsliche Anleihen mit jährlichen Zinszahlungen, wobei die j-te Anleihe eine Laufzeit von j Jahren hat, j = 1, ..., n.
Damit keine Arbitrage möglich ist, muss bei exponentieller Verzinsung für die Spot-Rates gelten:

$$i_{0,1} = Z_{11} / PV_1 - 1 \quad \text{und}$$

$$i_{0,j} = \sqrt[n]{\frac{Z_{j,j}}{PV_j - \sum_{k=1}^{j-1} \frac{Z_{k,j}}{(1+i_{0,k})^k}}} - 1, \quad j = 2, 3, ..., n,$$

wobei
$Z_{k,j}$ die Zahlungen der Kuponanleihe (mit Laufzeit von j Jahren) zum Zeitpunkt k (k = 1, 2, ..., j – 1, j) und
PV_j der Barwert der j-ten Kuponanleihe (mit Laufzeit von j Jahren) ist.

7 Bewertung festverzinslicher Wertpapiere

Satz 7.5.1 (Macaulay-Duration):
(i) Gegeben sei ein Zahlungsstrom Z mit den Zahlungen Z_k in t_k Jahren, k = 1, ..., n.

Für die Duration (nach Macaulay) $D = \dfrac{\sum_{k=1}^{n}[t_k \cdot PV(Z_k)]}{PV(Z)}$ gilt:

$$D = \frac{\sum_{k=1}^{n} t_k \cdot Z_k \cdot (1+i)^{-t_k}}{\sum_{k=1}^{n} Z_k \cdot (1+i)^{-t_k}} \quad \text{bei exponentieller Verzinsung und}$$

$$D = \frac{\sum_{k=1}^{n} t_k \cdot Z_k \cdot e^{-i \cdot t_k}}{\sum_{k=1}^{n} Z_k \cdot e^{-i \cdot t_k}} \quad \text{bei stetiger Verzinsung,}$$

wobei PV(Z) der Barwert des (gesamten) Zahlungsstroms und $P(Z_k)$ der Barwert der k-ten Zahlung ist.

(ii) Für die Duration eines festverzinslichen Wertpapiers mit einem Nominalzinssatz von i_0, einer Rückzahlung mit einem Aufgeldsatz a und einer Laufzeit von n ganzen Jahren (also $n \in \mathbb{N}$) gilt bei exponentieller Verzinsung, wenn i der Marktzinssatz ist:

$$D = \frac{1+i}{i} - \frac{n \cdot i_0 + (1+a) \cdot (1+i-n \cdot i)}{i_0 \cdot [(1+i)^n - 1] + (1+a) \cdot i}.$$

(iii) Sei D(t) die Duration (bei exponentieller bzw. stetiger Verzinsung) eines Zahlungsstroms zur Zeit t. Für die Duration D(t + Δt) dieses Zahlungsstroms (bei exponentieller bzw. stetiger Verzinsung) zur Zeit t + Δt (Δt ∈ $\mathbb{R}$) gilt:

D(t + Δt) = D(t) − Δt,

wenn in der Zeit von t bis t + Δt keine Zahlungen des Zahlungsstroms liegen.

Satz 7.5.2 (Duration eines Portfolios):
Ein Portfolio bestehe aus insgesamt J Anlagen.
Sei D_j die Duration des Zahlungsstroms der Anlage j und

$a_j = \dfrac{PV_j}{PV_{Portfolio}}$ der Barwertanteil der Anlage j am Portfolio, wobei j = 1, 2, ..., J.

Dann gilt für die Duration des Portfolios:

$$D_{Portfolio} = \sum_{j=1}^{J} a_j \cdot D_j .$$

Dieser Satz gilt für die Duration nach Macaulay und für die modifizierte Duration, siehe auch Satz 7.6.1.

Satz 7.6.1 (Zusammenhang Duration (nach Macaulay) und modifizierte Duration):
Zwischen der Duration D (nach Macaulay) und der modifizierten Duration
$D_{mod} = -\frac{1}{PV} \cdot \frac{dPV}{di}$ gilt die Beziehung:

$$D_{mod} = \begin{cases} \dfrac{D}{1+i} & \text{bei exponentieller Verzinsung} \\ D & \text{bei stetiger Verzinsung.} \end{cases}$$

Satz 7.6.2 (Basispunktwert, Dollar-Duration):
Der Basispunktwert, die approximative absolute Änderung des Barwertes eines Zahlungsstroms bei einer Marktzinssatzänderung um einen Basispunkt, errechnet sich aus:

$$PVBP = \frac{D_{mod} \cdot PV}{10.000}.$$

Die Dollar-Duration, die approximative absolute Barwertänderung beträgt, wenn der Marktzinssatz sich um 100 Basispunkte ändert:

$$DD = \frac{D_{mod} \cdot PV}{100}.$$

Satz 7.6.3 (Konvexität):

Die Konvexität $C = \frac{1}{PV} \cdot \frac{d^2 PV}{di^2}$ eines Zahlungsstroms bei exponentieller Verzinsung beträgt:

$$C = \frac{\sum_{k=1}^{n} t_k \cdot (t_k + 1) \cdot Z_k \cdot (1+i)^{-t_k}}{(1+i)^2 \cdot PV}.$$

Satz 7.6.4 (Key-Rate-Duration):

Die k-te Key-Rate-Duration $KRD_k = -\frac{1}{PV} \cdot \frac{dPV}{di_{0,t_k}}$ eines Zahlungsstroms beträgt bei exponentieller Verzinsung:

$$KRD_k = \frac{Z_k \cdot t_k \cdot (1+i_{0,t_k})^{-t_k - 1}}{PV}.$$

Satz 7.6.5 (Barwertänderung):
Die Barwertänderung kann näherungsweise folgendermaßen berechnet werden:

$$\Delta PV \approx -D_{mod} \cdot PV \cdot \Delta i + \tfrac{1}{2} C \cdot PV \cdot (\Delta i)^2.$$

8 Investmentfonds

Satz 8.1.1 (Rendite einer einmaligen Anlage bei Investmentfonds):
Für das Endkapital nach n Jahren einer einmaligen Anlage K_0 gilt:

$$K_n = \frac{K_0}{(1+a)} (1-g)(1+s)^n,$$

wobei a der einmalige Aufgeldsatz, g der einmalige Verkaufskostensatz und s der Steigerungssatz (pro Jahr) des Wertes des Fonds ist.

Die Rendite r unter Einbeziehung der Kosten beträgt:

$$r = \sqrt[n]{\frac{(1-g)\cdot(1+s)^n}{(1+a)}} - 1.$$

Satz 8.1.2 (zeit- und wertgewichtete Rendite):
Die zeitgewichtete Rendite bei exponentieller Verzinsung beträgt:

$$r_{zeitgew.} = \sqrt[T]{\frac{PV_{E(1)}}{PV_{A(1)}} \cdot \frac{PV_{E(2)}}{PV_{A(2)}} \cdot \ldots \cdot \frac{PV_{E(n)}}{PV_{A(n)}}} - 1,$$

wobei
$PV_{E(k)}$ Portfoliowert am Ende der Teilperiode k vor anfallenden Ein- oder Auszahlungen,
$PV_{A(k)}$ Portfoliowert am Anfang der Teilperiode k nach allen Ein- und Auszahlungen,
        k = 1, 2, ... , n,
n   Anzahl der Teilperioden,
T   gesamte Zeit in Jahren.
Zu jedem Zeitpunkt, an dem eine Ein- oder Auszahlung erfolgt, beginnt eine neue Teilperiode.

Die wertgewichtete Rendite $r_{wertgew.}$ ist derjenige Jahreszinssatz, bei dem der Wert aller Zahlungen, aufgezinst auf den Endzeitpunkt, den Wert der Anlage am Ende ergibt.

Ein Millionär zu seinem Freund: „Möchtest Du noch einmal arm sein?" – „Nein, nicht für eine Million!"

9 Grundlagen der Portfoliotheorie

Satz 9.1.1 (Erwartungswert und Standardabweichung der Rendite eines Portfolios aus zwei Anlagen):
Gegeben seien zwei Anlagen mit den Erwartungswerten der Renditen μ_A und μ_B und den Standardabweichungen der Renditen σ_A und σ_B. Sei $\rho_{A,B}$ die Korrelation der Renditen. Dann gilt für den Erwartungswert μ_M und die Streuung σ_M der Rendite

$$R_M = aR_A + (1-a)R_B \quad \text{mit } 0 \le a \le 1$$

einer Anlagemischung aus a Anteilen von Anlage A und $(1-a)$ Anteilen von Anlage B.

(i) $\quad \mu_M = a\,\mu_A + (1-a)\,\mu_B,$

(ii) $\quad \sigma_M = \sqrt{a^2\sigma_A^2 + (1-a)^2\sigma_B^2 + 2a(1-a)\rho_{A,B}\sigma_A\sigma_B} \le a\,\sigma_A + (1-a)\,\sigma_B.$

Die Menge aller (σ_M, μ_M)-Werte der Mischungen ist eine Kurve im Risiko-Rendite-Diagramm, deren Verlauf (aus Sicht des Randpunktes mit dem kleineren Erwartungswert) nach rechts gekrümmt ist, d.h., die Kurve ist konkav.

Satz 9.2.1 (Erwartungswert und Varianz der Rendite eines Portfolios mit n Anlagen):
Gegeben seien n Anlagemöglichkeiten. Sei R_k die Zufallsvariable, die die Rendite der Anlage k angibt; sie habe den Erwartungswert $E(R_k) = \mu_k$ und die Varianz $Var(R_k) = \sigma_k^2$, $k = 1, \ldots, n$. Die Kovarianz zwischen den Zufallsvariablen R_j und R_k sei $cov(R_j, R_k) = \sigma_{j,k}$, wobei $j, k = 1, 2, \ldots, n$. Dann gilt für die Summe

$$R_P = a_1 R_1 + a_2 R_2 + \ldots + a_n R_n,$$

wobei die Koeffizienten a_k, $k = 1, \ldots, n$, reelle Zahlen[1] sind:

$$E(R_P) = \sum_{k=1}^{n} a_k E(R_k) = a^T \cdot \mu = \mu^T \cdot a,$$

$$Var(R_P) = \sum_{k=1}^{n} a_k^2 Var(R_k) + 2 \cdot \sum_{k=1}^{n-1}\sum_{j=k+1}^{n} a_k a_j cov(R_k, R_j)$$

$$= \sum_{k=1}^{n}\sum_{j=1}^{n} a_k a_j cov(R_k, R_j) = a^T \cdot Cov \cdot a,$$

---

[1] Gilt $\sum_{k=1}^{n} a_k = 1$, sind a_k die relativen Anteile und R_p die Rendite des Portfolios der n Anlagen.
Sind a_k, $k = 1, \ldots, n$, Geldbeträge, ist R_p der Ertrag des Portfolios.

9 Grundlagen der Portfoliotheorie

wobei $a = \begin{pmatrix} a_1 \\ a_2 \\ ... \\ a_n \end{pmatrix}$ der Vektor der Gewichte und $\mu = \begin{pmatrix} \mu_1 \\ \mu_2 \\ ... \\ \mu_n \end{pmatrix}$ der Vektor der Erwartungswerte

der Einzelanlagen ist. a^T ist der transponierte Vektor, also $a^T = (a_1, a_2, ... , a_n)$.

$Cov = \begin{pmatrix} \sigma_1^2 & \sigma_{1,2} & \sigma_{1,3} & ... & \sigma_{1,n} \\ \sigma_{2,1} & \sigma_2^2 & \sigma_{2,3} & ... & \sigma_{2,n} \\ \sigma_{3,1} & \sigma_{3,2} & \sigma_3^2 & ... & \sigma_{3,n} \\ ... & & & & ... \\ \sigma_{n,1} & \sigma_{n,2} & \sigma_{n,3} & ... & \sigma_n^2 \end{pmatrix}$ ist die (Varianz-)Kovarianz-Matrix.

Satz 9.2.2 (minimale Varianz der Rendite eines Portfolios):
Gegeben sind von n Anlagen die Erwartungswerte der Renditen und die Varianz-Kovarianz-Matrix (Bezeichnungen wie in Satz 9.2.1). Sei e der Einservektor, also der Vektor mit Einsen in jeder Komponente.
Die Summe der Anlageanteile ist 1. Ist die Kovarianzmatrix invertierbar, gilt:

Die minimal erreichbare Varianz ist $\sigma_{min}^2 = \dfrac{1}{e^T \cdot Cov^{-1} \cdot e}$

und wird bei der Anlagemischung mit den Anteilen $a_{min\,var} = \dfrac{Cov^{-1} \cdot e}{e^T \cdot Cov^{-1} \cdot e}$ erzielt.

Die Rendite bei minimaler Varianz ist $\mu_{min} = \dfrac{\mu^T \cdot Cov^{-1} \cdot e}{e^T \cdot Cov^{-1} \cdot e}$.

Satz 9.2.3 (Parameter-Schätzer):
Es sei $r_{k,t}$ die Rendite der Anlage k für die Periode t, wobei k = 1, 2, ... n und
t = 1, 2, ... T–1, T.

Ein Schätzer für den **Erwartungswert** der Rendite der Anlage k ist:

$$\hat{r}_k = \frac{1}{T} \sum_{t=1}^{T} r_{k,t} \quad \text{(arithmetischer Mittelwert)},$$

ein **Varianz(schätzer)** (auch mit s_k^2 bezeichnet):

$$\hat{\sigma}_k^2 = \frac{1}{T-1} \sum_{t=1}^{T} (r_{k,t} - \hat{r}_k)^2 \; .$$

(Dies ist ein erwartungstreuer Schätzer; manchmal wird in der Literatur auch die Schätzung

$$\hat{\sigma}_k^2 = \frac{1}{T} \sum_{t=1}^{T} (r_{k,t} - \hat{r}_k)^2 \quad \text{verwendet.)}$$

Die Wurzel aus der Varianz ist die (empirische) **Standardabweichung**:

$$\hat{\sigma}_k = \sqrt[2]{\hat{\sigma}_k^2}\,.$$

Ein **Schätzer für die Kovarianz** zwischen den Renditen von Anlage k und j ist:

$$\hat{\sigma}_{k,j} = \frac{1}{T-1}\sum_{t=1}^{T}(r_{k,t} - \hat{r}_k)\cdot(r_{j,t} - \hat{r}_j)\,.$$

Ein **Schätzer für den Korrelation** zwischen Anlage k und j ist:

$$\hat{\rho}_{k,j} = \frac{\hat{\sigma}_{k,j}}{\hat{\sigma}_k \cdot \hat{\sigma}_j} = \frac{\sum_{t=1}^{T}(r_{k,t} - \hat{r}_k)\cdot(r_{j,t} - \hat{r}_j)}{\sqrt{\sum_{t=1}^{T}(r_{k,t} - \hat{r}_k)^2 \cdot \sum_{t=1}^{T}(r_{j,t} - \hat{r}_j)^2}}\,.$$

Wichtig:
- Statt $r_{k,t}$ wird auch oft (insbesondere bei Volatilitätsberechnungen) die stetige Rendite $\ln(1 + r_{k,t})$ in den Formeln verwendet.
- Damit die obigen Formeln sinnvoll sind, müssen sich alle Renditen auf die gleiche Zeitdauer beziehen.

Satz 9.3.1 (Zusammenhang zwischen Barwert- und Zinssatzvolatilität):
Bei einem Portfolio aus festverzinslichen Wertpapieren gilt für den Zusammenhang zwischen Barwertvolatilität und Zinssatzvolatilität:

$$\text{Vola}_{PV} \approx D_{mod} \cdot i \cdot \text{Vola}_i\,,$$

wobei die Volatilität (Vola) bei den Werten x_t, $t = 0, 1, \ldots, T$ ($x_t \neq 0$) definiert ist durch

$$\text{Vola}_x = \sqrt{\frac{1}{T-1}\sum_{t=1}^{T}(u_t - \bar{u})^2}$$

mit $u_t = \ln\left(\dfrac{x_t}{x_{t-1}}\right)$, $t = 1, \ldots T$, und $\bar{u} = \dfrac{1}{T}\sum_{t=1}^{T}u_k$.

Satz 9.3.2 (Standardabweichung der absoluten Wertänderungen):
Standardabweichung der absoluten Wertänderungen = $|x_t| \cdot \text{Vola}_x$.

Satz 9.3.3 (Volatilitätsumrechnung):
Gegeben ist die Volatilität Vola, erstellt von Datenwerten mit einem festen Berechnungszeitraum (z.B. wöchentlich). Ein Schätzer für die Volatilität bezogen auf ein Jahr ist:

$$\text{jährliche Volatilität} = \text{Vola}\cdot\sqrt{P}\,,$$

wobei P die Anzahl der Berechnungszeiträume pro Jahr ist. Wird die Volatilität aus Tageswerten gemessen, ist P = 250 oder 252, bei Wochenwerten 52, bei Monatswerten 12, bei Quartalswerten 4 und bei Halbjahreswerten 2.

10 Derivative Finanzprodukte

Satz 10.2.1 (Floating-Rate-Note (FRN), Floater):
(i) Der Barwert eines Floaters zur Zeit t beträgt bei einfachen Zinsen

$$PV = N_0 \cdot \left(\frac{1 + \text{years}(t_L, t_1) \cdot i_{\text{fix}}}{1 + \text{years}(t, t_1) \cdot i_{t, t_1}} \right),$$

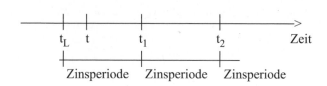

wobei
- t aktueller Zeitpunkt,
- N_0 Nennwert,
- i_{fix} der zurzeit für den Floater angewandte Zinssatz (also der beim letzten Fixing festgelegte Zinssatz),
- t_L Zeitpunkt des letzten Zinslaufbeginns (Zeitpunkt der letzten Zinszahlung),
- t_1 Zeitpunkt der nächsten Zinszahlung und
- i_{t, t_1} Spot-Rate für Anlagen mit einer Laufzeit von t bis t_1 ist.

Üblich ist bei Floatern die Zinsberechnung nach der Zinstage-Methode actual/360.

(ii) Der Barwert eines Floaters (FRN) mit Spread s beträgt[1]:

PV   = PV(FRN flat) + PV(Spreadzahlungen)

       = PV(FRN flat) + PV(festverzinsliches Wertpapier mit Nominalverzinsung s)

           – PV(Nullkupon-Anleihe mit Nominalwert und Fälligkeit wie FRN).

Satz 10.3.1 (Devisen-Forward):
Der faire Terminkurs $F_{\text{EUR/USD}}(t_0, T)$ eines Devisen-Forwards zur Zeit t_0 bei einer Laufzeit bis zur Zeit T beträgt:

$$F_{\text{EUR/USD}}(t_0, T) = \frac{d_{\text{EUR}}(t_0, T)}{d_{\text{USD}}(t_0, T)} \cdot S_{\text{EUR/USD}}(t_0),$$

wobei
$d_{\text{Währung}}(t_0, T)$ der Diskontierungsfaktor für eine Anlage von t_0 bis T in der angegebenen Währung und
$S_{\text{EUR/USD}}(t_0)$ der Kassakurs (Spot-Kurs) zur Zeit t_0 ist.

---

[1] Gezahlt wird beispielsweise EURIBOR + s. Ein Floater ohne Spread (d.h. s = 0) wird auch Floater flat genannt.

Satz 10.3.2 (Forward-Preis):
(i) Der faire Forward-Preis (Terminpreis, Ausübungspreis, Basispreis) $F(t_0, T)$ eines Vermögenswertes beträgt zur Zeit t_0:

$$F(t_0, T) = S(t_0) + FK(t_0, T) - ER(t_0, T).$$

Speziell folgt daraus:
(ii) Hat der Vermögenswert keine Lagerkosten und liefert zum Zeitpunkt t_z mit $t_0 \leq t_z \leq T$ einen Ertrag in Höhe von $D(t_z)$ (z. B. bei Aktien die Dividende), gilt:

$$F(t_0, T) = S(t_0) \cdot d(t_0, T)^{-1} - D(t_z) \cdot d(t_z, T | t_0)^{-1}.$$

(iii) Hat der Vermögenswert selbst eine Rendite (z. B. bei Devisen die Zinserträge in Fremdwährung), gilt:

$$F(t_0, T) = S(t_0) \cdot d_{Vm}(t_0, T) \cdot d(t_0, T)^{-1}.$$

Es bedeutet:
T Laufzeitende des Forwards,
$S(t_0)$ Preis des Vermögenswertes zur Zeit t_0,
$FK(t_0, T)$ Finanzierungskosten des Vermögenswertes für die Zeit $[t_0, T]$ einschließlich aller Kosten, die aus dem Besitz des Vermögenswertes entstehen (z. B. Lagerkosten), bewertet zum Zeitpunkt T
(Diese Kosten werden auch Refinanzierungskosten (RF) genannt.),
$ER(t_0, T)$ Erträge aus dem Vermögenswert in $[t_0, T]$ (z. B. Dividenden- oder Zinserträge), bewertet zum Zeitpunkt T, ($FK(t_0, T) - ER(t_0, T)$ heißen Cost-of-Carry.)
$d(t_0, T)$ Diskontierungsfaktor (einer risikolosen Anlage),
$D(t_z)$ Ertrag zur Zeit t_z aus dem Vermögenswert ($t_0 \leq t_z \leq T$),
$d(t_z, T | t_0)$ (impliziter) Forward-Diskontierungsfaktor zur Zeit t_0 für die Zeit von t_z bis T für eine risikolose Anlage (vgl. Satz 3.5.4),
$d_{Vm}(t_0, T)$ Diskontierungsfaktor des Vermögenswertes.

Satz 10.3.3 (Barwert eines Forwards bzw. Futures):
(i) Der Wert PV_{Fw} (oft auch mit f bezeichnet) zum Zeitpunkt t eines zum Zeitpunkt t_0 gekauften Forwards mit dem Terminpreis (Ausübungspreis) K und der Fälligkeit T beträgt

$$PV_{Fw} = d(t, T) \cdot [\, F(t, T) - K\,],$$

wobei $t_0 < t < T$ und $F(t, T)$ der faire Terminpreis zum Zeitpunkt t mit Fälligkeit T ist. Wird für $F(t, T)$ der faire Terminpreis aus Satz 10.3.2(ii) eingesetzt, ergibt sich:

$$PV_{Fw} = S(t) - D(t_z) \cdot d(t, t_z) - d(t, T) \cdot K.$$

(ii) Der Wert eines Futures mit gleichen Daten beträgt zum Zeitpunkt t:

$$PV_{Fu} = F(t, T) - K.$$

Satz 10.3.4 (Zusammenhang zwischen Forward- und Future-Preis):
Der Terminpreis eines Futures (Future-Preis) ist gleich dem Terminpreis eines Forwards (Forward-Preis), wenn die Zinsen nicht stochastisch (d. h. zufällig) sind.

10 Derivative Finanzprodukte

Satz 10.4.1 (einfache Kenngrößen bei Optionen):
Gegeben sei eine Kaufoption bzw. eine Verkaufsoption. C bzw. P ist der Preis der Kaufoption bzw. der Preis der Verkaufsoption, S der aktuelle Preis des Basiswertes (d.h. der Preis zur Zeit t_0), h das Bezugsverhältnis (d. h., für eine Option erhalten Sie h Basiswerte), $T - t_0$ die Restlaufzeit (in Jahren) und X der Basispreis (Strike) des Basiswertes.
Dann gilt:

		Kaufoption	Verkaufsoption
Innerer Wert	IW	$\max\{0; (S-X) \cdot h\}$ [1]	$\max\{0; (X-S) \cdot h\}$
Relativer innerer Wert	$IW_{relativ}$	$\dfrac{IW}{C}$	$\dfrac{IW}{P}$
Zeitwert	ZW	$C - IW$	$P - IW$
$S > X$		Option im Geld	Option aus dem Geld
$S = X$		Option am Geld	Option am Geld
$S < X$		Option aus dem Geld	Option im Geld
(relatives) Aufgeld	A	$\dfrac{X + \dfrac{C}{h} - S}{S}$	$\dfrac{S - X + \dfrac{P}{h}}{S}$
Jährliches Aufgeld	AJ	$\dfrac{A}{T - t_0}$	$\dfrac{A}{T - t_0}$
Einfacher Hebel (Gearing)	H	$\dfrac{S \cdot h}{C}$	$\dfrac{S \cdot h}{P}$
Break-Even-Punkt	BEP	$X + \dfrac{C}{h}$	$X - \dfrac{P}{h}$

Satz 10.4.2 (Optionspreisabschätzung):
Für den fairen Preis C einer europäischen Kaufoption bzw. den fairen Preis P einer europäischen Verkaufsoption auf <u>eine</u> dividendenlose Aktie gilt mit den Bezeichnungen aus Satz 10.4.1:

$$\max\{S - X \cdot d(t_0, T); 0\} \leq C \leq S \quad \text{bzw.}$$

$$\max\{X \cdot d(t_0, T) - S; 0\} \leq P \leq X \cdot d(t_0, T).$$

---

[1] Selten wird auch $\max\{0; [S - X \cdot d(t_0, T)] \cdot h\}$ als innerer Wert bezeichnet, d.h., der Basispreis X wird noch diskontiert.

Satz 10.4.3 (Put-Call-Parität):
Haben eine europäische Kauf- und eine europäische Verkaufsoption den gleichen Basispreis X und die gleiche Laufzeit, gilt für den Zusammenhang zwischen dem Preis C der Kaufoption und dem Preis P der Verkaufsoption auf eine dividendenlose Aktie:

$$C + X \cdot d(t_0, T) = P + S.$$

Satz 10.4.4 (Optionspreis im Binomialmodell):
Sei S der Kurs des Basiswertes zu Beginn einer Periode und i_p der Periodenzinssatz. Der Kurs nach einer Periode sei entweder $u \cdot S$ oder $d \cdot S$ (Binomialmodell) mit $d < 1+ i_p < u$.

(i) Im Einperiodenmodell gilt: Der faire (arbitragefreie) Preis PV einer Option mit einer Laufzeit von einer Periode beträgt:

$$PV = \frac{p \cdot C_u + (1-p) \cdot C_d}{1 + i_p},$$

wobei $p = \dfrac{(1+i_p) - d}{u - d}$ und C_u bzw. C_d der Optionswert am Periodenende beim Kurs $u \cdot S$ bzw. beim Kurs $d \cdot S$ ist.

Bei einer Kaufoption gilt: $C_u = \max\{u \cdot S - X; 0\}$ und $C_d = \max\{d \cdot S - X; 0\}$,

bei einer Verkaufsoption gilt: $C_u = \max\{X - u \cdot S; 0\}$ und $C_d = \max\{X - d \cdot S; 0\}$.

(ii) Im Modell mit n Perioden (CRR-Modell) gilt: Der faire (arbitragefreie) Preis PV einer europäischen Option zu Beginn der ersten Periode, also zur Zeit t_0, beträgt

$$PV = \frac{\sum_{j=0}^{n} \binom{n}{j} \cdot p^j \cdot (1-p)^{n-j} \cdot \text{Payoff}_j}{(1 + i_p)^n}.$$

Bei einer Kaufoption gilt: $\text{Payoff}_j = \max\{0; u^j \cdot d^{n-j} \cdot S - X\}$,

bei einer Verkaufsoption gilt: $\text{Payoff}_j = \max\{0; X - u^j \cdot d^{n-j} \cdot S\}$.

Es bedeutet:

S $= S(t_0)$ Wert des Basiswertes zur Zeit t_0,

X Basispreis (Strike),

T Laufzeitende der Option,

n Anzahl der Teilperioden, in die die Laufzeit $[t_0, T]$ der Option eingeteilt wird,

i_p Periodenzinssatz, d.h. bei exponentieller Verzinsung: $i_p = (1+i)^{\frac{T-t_0}{n}} - 1$, wobei i der (exponentielle) Jahreszinssatz ist,

p, d und u wie in Teil (i) dieses Satzes angegeben, bezogen auf jede Teilperiode,

$\binom{n}{j}$ Binomialkoeffizient: $\binom{n}{j} = \dfrac{n!}{(n-j)! \, j!}$.

10 Derivative Finanzprodukte

Satz 10.4.5 (Aktienkursverlauf im Black/Scholes-Modell):
Gilt $dS = \mu S\, dt + \sigma S\, dW$ für den Aktienkursverlauf und ist $S(t_0)$ bekannt, folgt:

(i) $d\ln S = (\mu - \dfrac{\sigma^2}{2}) dt + \sigma dW$,

d.h., der Logarithmus des Aktienkurses zur Zeit T ist normalverteilt, genauer

$$\ln(S(T)) \sim N(\ln(S(t_0)) + (\mu - \dfrac{\sigma^2}{2}) \cdot (T - t_0),\ \sigma^2 \cdot (T - t_0)\ ).$$

(ii) $S(T)$ ist lognormalverteilt[1] mit den Parametern

$$\ln(S(t_0)) + (\mu - \dfrac{\sigma^2}{2}) \cdot (T - t_0) \text{ und } \sigma^2 \cdot (T - t_0).$$

Es gilt:

$$E(S(T)) = S(t_0) \cdot e^{\mu(T-t_0)} \text{ und}$$

$$Var(S(T)) = S(t_0)^2 \cdot e^{2\mu(T-t_0)} \cdot (e^{\sigma^2(T-t_0)} - 1).$$

(iii) Die Wahrscheinlichkeit, dass $S(T)$ kleiner gleich $S(t_0) \cdot e^{(\mu - \sigma^2/2)\cdot(T - t_0)}$ ist, beträgt ½.

Ergänzung (Lemma von Itô):
Sei S ein stochastischer Prozess mit

$$dS = a(S, t) \cdot dt + b(S, t) \cdot dW,$$

wobei W ein Wiener-Prozess ist und a und b Funktionen von S und t sind.
Dann gilt unter gewissen Voraussetzungen für eine zweimal differenzierbare Funktion G von zwei Veränderlichen S und t:

$$dG = \left(\dfrac{\partial G}{\partial S} \cdot a(S,t) + \dfrac{\partial G}{\partial t} + \dfrac{1}{2} \dfrac{\partial^2 G}{\partial S^2} \cdot b(S,t)^2 \right) dt + \dfrac{\partial G}{\partial S} \cdot b(S,t) \cdot dW.$$

> Ökonomen treffen in ihren Modellen viele dumme Annahmen. Sie wiederholen die so oft, dass sie ihnen normal vorkommen.
>
> Paul Krugman,
> amerik. Ökonom, erhielt 2008 den Nobelpreis für Wirtschaftswissenschaften[2]

---

[1] Zur Lognormalverteilung siehe Kapitel 12 der Formelsammlung
[2] Zitat aus Handelsblatt vom 20.10.2008

Modellannahmen im Black/Scholes-Modell:
1. Der Preis S(t) des Basiswertes erfüllt die Gleichung $dS = \mu S\, dt + \sigma S\, dW$.
2. Der risikolose stetige Zinssatz r_c ist bekannt. Er ist für Geldanlagen und Geldaufnahmen gleich. Das heißt $dX = r_c X\, dt$, wobei X(t) der Wert einer risikolosen Geldanlage ist.
3. Kontinuierliches Handeln ist erlaubt; Wertpapiere sind kontinuierlich teilbar; Leerverkäufe sind unbegrenzt möglich.
4. Es gibt keine Transaktionskosten und keine Steuern.
5. Es gibt keine Möglichkeit zur Arbitrage.
6. Der Basiswert liefert keinen Ertrag, d.h. beispielsweise bei einer Aktie, dass es keine Dividendenzahlungen gibt.

Unter diesen Voraussetzungen kann der faire Preis einer europäischen Option berechnet werden, wobei die letzte Voraussetzung noch abgeschwächt werden kann (Black/Scholes/Merton-Modell):

6. Der Basiswert liefert eine stetige (bekannte) Rendite r_d.

Satz 10.4.6 (Optionspreis nach Black/Scholes/Merton):
Zum Zeitpunkt t_0 gilt für den fairen Preis PV_{Call} bzw. PV_{Put} einer europäischen Kaufoption bzw. Verkaufsoption auf eine Aktie nach dem Black/Scholes/Merton-Modell:

$$PV_{Call} = S \cdot e^{-r_d \cdot (T-t_0)} \cdot N(d_1) - X \cdot e^{-r_c \cdot (T-t_0)} \cdot N(d_2), \qquad (I)$$

$$PV_{Put} = X \cdot e^{-r_c \cdot (T-t_0)} \cdot N(-d_2) - S \cdot e^{-r_d \cdot (T-t_0)} \cdot N(-d_1), \qquad (II)$$

wobei

T	=	Laufzeitende
S	=	$S(t_0)$ der aktuelle Preis des Basiswertes (Aktienkurs),
X	=	Basispreis,
σ	=	Volatilität (auf Jahresbasis) des Basiswertes,
$T-t_0$	=	(Rest-)Laufzeit der Option in Jahren, meistens $T - t_0 = \text{years}_{actual/365}(t_0, T)$,
r_c	=	stetiger Zinssatz für risikolose Anlagen mit einer Laufzeit von $T - t_0$,
r_d	=	stetige Rendite aus dem Basiswert (Dividendenrendite),
e	=	Eulersche Zahl, e = 2,71828....,

$$d_1 = \frac{\ln(S/X) + (r_c - r_d) \cdot (T - t_0)}{\sigma \cdot \sqrt{T - t_0}} + \frac{1}{2} \sigma \cdot \sqrt{T - t_0}\,,$$

$$d_2 = d_1 - \sigma \cdot \sqrt{T - t_0}\,.$$

$N(d_1)$ bzw. $N(d_2)$ ist der Wert der Verteilungsfunktion der Standard-Normalverteilung an der Stelle d_1 bzw. d_2. Die Werte können beispielsweise der Tabelle in Abschnitt 12 entnommen werden.

10 Derivative Finanzprodukte

Satz 10.4.7 (Kenngrößen des Optionspreises):
Sei PV der Preis einer Option mit der Laufzeit $t = T - t_0$. Sei

$$\text{Delta} = \Delta = \frac{\partial PV}{\partial S}, \quad \text{Gamma} = \Gamma = \frac{\partial^2 PV}{\partial S^2} = \frac{\partial \text{Delta}}{\partial S}, \quad \text{Theta} = \Theta = \frac{\partial PV}{\partial t}, \quad \text{Vega} = \Lambda = \frac{\partial PV}{\partial \sigma},$$

$$\text{Rho}_c = \rho_c = \frac{\partial PV}{\partial r_c}, \quad \text{Rho}_d = \rho_d = \frac{\partial PV}{\partial r_d}, \quad \text{Omega (= Elastizität)} = \Omega = \frac{S}{PV} \cdot \frac{\partial PV}{\partial S}.$$

Für eine europäische Kaufoption gilt im Black/Scholes/Merton-Modell:

$$\text{Delta} = N(d_1) \cdot e^{-r_d \cdot t},$$

$$\text{Gamma} = \frac{n(d_1) \cdot e^{-r_d \cdot t}}{S \cdot \sigma \cdot \sqrt{t}},$$

$$\text{Theta} = S \cdot e^{-r_d \cdot t} \left[\frac{n(d_1) \cdot \sigma}{2 \cdot \sqrt{t}} - r_d \cdot N(d_1) \right] + X \cdot r_c \cdot e^{-r_c \cdot t} N(d_2),$$

$$\text{Vega} = S \cdot e^{-r_d \cdot t} \cdot n(d_1) \cdot \sqrt{t},$$

$$\text{Rho}_c = X \cdot t \cdot e^{-r_c \cdot t} \cdot N(d_2), \qquad \text{Rho}_d = -S \cdot t \cdot e^{-r_d \cdot t} \cdot N(d_1),$$

$$\text{Omega} = \frac{S}{PV} \cdot N(d_1) \cdot e^{-r_d \cdot t};$$

für eine europäische Verkaufsoption gilt im Black/Scholes/Merton-Modell:

$$\text{Delta} = [N(d_1) - 1] \cdot e^{-r_d \cdot t},$$

$$\text{Gamma} = \frac{n(d_1) \cdot e^{-r_d \cdot t}}{S \cdot \sigma \cdot \sqrt{t}},$$

$$\text{Theta} = S \cdot e^{-r_d \cdot t} \left[\frac{n(d_1) \cdot \sigma}{2 \cdot \sqrt{t}} + r_d \cdot N(-d_1) \right] - X \cdot r_c \cdot e^{-r_c \cdot t} \cdot N(-d_2),$$

$$\text{Vega} = S \cdot e^{-r_d \cdot t} \cdot n(d_1) \cdot \sqrt{t},$$

$$\text{Rho}_c = -X \cdot t \cdot e^{-r_c \cdot t} \cdot N(-d_2), \qquad \text{Rho}_d = S \cdot t \cdot e^{-r_d \cdot t} \cdot N(-d_1),$$

$$\text{Omega} = \frac{S}{PV} \cdot (N(d_1) \cdot e^{-r_d \cdot t} - 1),$$

wobei $d_1, d_2, N(d_1), N(d_2)$ und weitere Größen in Satz 10.4.6 definiert werden,

$$n(d_k) = \frac{1}{\sqrt{2 \cdot \pi}} \cdot e^{-\frac{d_k^2}{2}} \quad (k = 1 \text{ oder } 2).$$

Satz 10.5.1 (Forward-Rate-Agreement (FRA)):

(i) Für den fairen FRA-Satz gilt:

$$i_{FRA_{fair}} = \left(\frac{1 + \text{years}(t_0, t_2) \cdot \text{EURIBOR}_{t_0, t_2}}{1 + \text{years}(t_0, t_1) \cdot \text{EURIBOR}_{t_0, t_1}} - 1\right) \cdot \frac{1}{\text{years}(t_1, t_2)},$$

wobei $\text{EURIBOR}_{t_0, t_j}$ der EURIBOR zur Zeit t_0 für Geldanlagen mit einer Laufzeit von t_0 bis zur Zeit t_j ist, $j = 1, 2$;
$\text{years}(t_i, t_j)$ wird in der Regel nach der Zinstage-Methode actual/360 berechnet.
Mit Diskontierungsfaktoren allgemein ausgedrückt gilt:

$$d_{FRA-Satz_{fair}}(t_1, t_2) = \frac{d(t_0, t_2)}{d(t_0, t_1)}.$$

(ii) Ist N_0 der Nominalbetrag und wird mit $\text{EURIBOR}_{t_1, t_2}$ der EURIBOR nach der Vorlaufzeit bezeichnet, gilt für ein FRA mit dem FRA-Satz i_{FRA}:

$$\text{Ausgleichsbetrag} = \frac{N_0 \cdot (\text{EURIBOR}_{t_1, t_2} - i_{FRA}) \cdot \text{years}(t_1, t_2)}{1 + \text{years}(t_1, t_2) \cdot \text{EURIBOR}_{t_1, t_2}}.$$

Mit Diskontierungsfaktoren allgemein ausgedrückt gilt:

$$\text{Ausgleichsbetrag} = N_0 \cdot \left[1 - \frac{d(t_1, t_2)}{d_{FRA-Satz}(t_1, t_2)}\right].$$

(iii) Der Barwert PV eines FRA mit dem FRA-Satz i_{FRA} beträgt zur Zeit t mit $t_0 \leq t < t_1$:

$$PV = N_0 \cdot \left[\frac{1}{1 + \text{years}(t, t_1) \cdot \text{EURIBOR}_{t, t_1}} - \frac{1 + \text{years}(t_1, t_2) \cdot i_{FRA}}{1 + \text{years}(t, t_2) \cdot \text{EURIBOR}_{t, t_2}}\right],$$

wobei $\text{EURIBOR}_{t, t_j}$ der EURIBOR zur Zeit t mit Laufzeit bis zur Zeit t_j ist, $j = 1, 2$.
Mit Diskontierungsfaktoren allgemein ausgedrückt gilt:

$$PV = N_0 \cdot \left[d(t, t_1) - \frac{d(t, t_2)}{d_{FRA-Satz}(t_1, t_2)}\right].$$

Üblich ist bei Forward-Rate-Agreements die Zinstage-Methode actual/360.
Ein m × n - FRA ist ein FRA mit einer Vorlaufzeit von m Monaten und einer Gesamtlaufzeit (Vorlauf- und Absicherungszeit) von n Monaten.

10 Derivative Finanzprodukte

Satz 10.6.1 (Black76-Formeln für Cap und Floor):
Der faire Preis eines Caps bzw. eines Floors, der aus n Caplets bzw. n Floorlets besteht, beträgt zur Zeit t (mit $t \leq t_0$) unter gewissen Annahmen bei lognormalverteilten Zinssätzen:

$$PV_{Cap} = \sum_{k=1}^{n} PV_{Caplet\ k}, \qquad \text{wobei}$$

$$PV_{Caplet\ k} = N_0 \cdot years_{Cap}(t_{k-1}, t_k) \cdot d(t, t_k) \cdot \left\{ i_{t_{k-1}, t_k | t} \cdot N(d_{1,k}) - i_G \cdot N(d_{2,k}) \right\}$$

bzw.

$$PV_{Floor} = \sum_{k=1}^{n} PV_{Floorlet\ k}, \qquad \text{wobei}$$

$$PV_{Floorlet\ k} = N_0 \cdot years_{Floor}(t_{k-1}, t_k) \cdot d(t, t_k) \cdot \left\{ i_G \cdot N(-d_{2,k}) - i_{t_{k-1}, t_k | t} \cdot N(-d_{1,k}) \right\}$$

mit

$[t_{k-1}, t_k]$ = Laufzeit des k-ten Caplets bzw. des k-ten Floorlets, k = 1, 2, ... , n,
t_0 = Laufzeitbeginn des ersten Caplets bzw. des ersten Floorlets,

$$d_{1,k} = \frac{\ln\left(\dfrac{i_{t_{k-1}, t_k | t}}{i_G}\right)}{\sigma_{k-1} \cdot \sqrt{years_{Option}(t, t_{k-1})}} + \frac{1}{2} \sigma_{k-1} \cdot \sqrt{years_{Option}(t, t_{k-1})} \ ,$$

$d_{2,k} = d_{1,k} - \sigma_{k-1} \cdot \sqrt{years_{Option}(t, t_{k-1})}$,

i_G = Zinsgrenze beim Caplet bzw. beim Floorlet,
$i_{t_{k-1}, t_k | t}$ = (impliziter) Forward-Zinssatz für die Zeit von t_{k-1} bis t_k,
σ_{k-1} = Volatilität des Forward-Zinssatzes für die Zeit von t_{k-1} bis t_k,
N_0 = Nominalbetrag (Kontraktvolumen).

Satz 10.7.1 (Swap):
(i) Für den Barwert eines Long-Payer-Swaps PV_{Swap} gilt:

$$PV_{Swap} = PV_{Floater} - PV_{\text{Anleihe mit Swapsatz als Nominalverzinsung}}.$$

(ii) Der faire Festzinssatz (Swapsatz) für einen Swap mit den Zahlungsterminen t_1, t_2 bis t_n auf der Festzinsseite beträgt zu Beginn t_0 der ersten Kuponperiode:

$$i_{fair} = \frac{1 - d(t_0, t_n)}{\sum\limits_{k=1}^{n} years(t_{k-1}, t_k) \cdot d(t_0, t_k)} \ ,$$

Zu Beginn einer Kuponperiode ist der faire Swapsatz gleich der Par-Rate einer Anleihe.

11 Value-at-Risk

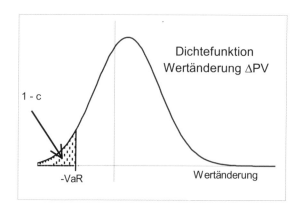

Der Value-at-Risk (VaR) eines Portfolios über einen Zeitraum (H, Haltedauer, Δt) mit einer Wahrscheinlichkeit (c, Konfidenzniveau, Konfidenzzahl, Vertrauensniveau) ist der Verlust (= −Wertänderung = $-\Delta PV$), den ein Portfolio am Ende des Zeitraums H mit der Wahrscheinlichkeit c unter normalen Marktbedingungen nicht überschreitet, d. h.:

$$P(\text{Verlust} \leq \text{VaR}) = c.$$

Präziser: Der Value-at-Risk, bezeichnet mit VaR oder VaR(H, c), ist der kleinste positive Wert, der die Ungleichung

$P(\Delta PV < -\text{VaR}) \leq 1 - c$ erfüllt.

Satz 11.1.1 (Value-at-Risk bei Normalverteilung):
(i) Ist die Änderung ΔPV des Barwertes eines Portfolios normalverteilt mit dem Erwartungswert μ und der Standardabweichung σ, gilt:

$$\text{VaR} = \sigma \cdot q_c^{SN} - \mu,$$

wobei q_c^{SN} das c-Quantil der Standard-Normalverteilung ist.

(ii) Wird zusätzlich μ vernachlässigt, ergibt sich

$$\text{VaR} \approx \sigma \cdot q_c^{SN} \approx q_c^{SN} \cdot |PV| \cdot \text{Vola}_{PV}.$$

Satz 11.1.2 (Value-at-Risk in Abhängigkeit von Risikofaktoren, Delta-Normal-Methode):
(i) Hängt der Barwert nur von einem Risikofaktor Rf ab, ist der Value-at-Risk näherungsweise[1]:

$$\text{VaR} = q_c^{SN} \cdot \left| Rf \cdot \frac{dPV}{dRf} \right| \cdot \text{Vola}_{Rf}.$$

(ii) Werden m Risikofaktoren berücksichtigt, gilt näherungsweise:

$$\text{VaR} = \sqrt{\sum_{k,j=1}^{m} \text{VaR}_k \cdot \rho_{k,j} \cdot \text{VaR}_j}$$

---

[1] Der Value-at-Risk wird näherungsweise berechnet. Trotzdem wird in den folgenden Formeln – wie in der Literatur oft üblich – das Gleichheitszeichen statt des Ungefährzeichens verwendet.

11 Value-at-Risk

$$= \sqrt{(VaR_1, VaR_2, ..., VaR_m) \cdot \begin{pmatrix} \rho_{1,1} & \rho_{1,2} & \cdots & \rho_{1,m} \\ \rho_{2,1} & \rho_{2,2} & \cdots & \rho_{2,m} \\ \cdots & \cdots & \cdots & \cdots \\ \rho_{m,1} & \rho_{m,2} & \cdots & \rho_{m,m} \end{pmatrix} \cdot \begin{pmatrix} VaR_1 \\ VaR_2 \\ \cdots \\ VaR_m \end{pmatrix}}$$

wobei $\rho_{k,j}$ die Korrelation zwischen dem k-ten und dem j-ten Risikofaktor und VaR_k der Value-at-Risk bezüglich des k-ten Risikofaktors ist, $k, j = 1, 2, ..., m$.

(iii) Ist $VaR_{1\,Tag}$ der Value-at-Risk für eine Haltedauer von einem Tag, so ist der Value-at-Risk für eine Haltedauer von H Tagen näherungsweise:

$$VaR_{H\,Tage} = \sqrt{H} \cdot VaR_{1\,Tag}.$$

Satz 11.1.3 (Schätzer für VaR aus einer Stichprobe):
Sei $x_1 \leq x_2 \leq ... \leq x_n$ eine aufsteigend geordnete Stichprobe der Wertänderungen ΔPV eines Portfolios. Dann ist

$$VaR_n = \max\{0, -x_{[n \cdot (1-c)]}\},$$

ein Schätzer für den Value-at-Risk mit der Eigenschaft $\lim_{n \to \infty} VaR_n = VaR$, wobei $[n \cdot (1 - c)]$ die kleinste natürliche Zahl ist, die größer als $n \cdot (1 - c)$ ist.

Satz 11.2.1 (Cashflow-Mapping):
Gegeben sind die Daten der ersten drei Zeilen der folgenden Tabelle:

	t_1	t_2	t_3
Zeit			
Spot-Rate	i_{0,t_1}	i_{0,t_2}	i_{0,t_3}
gegebener Zahlungsstrom	0	Z_2	0
gesuchter transformierter Zahlungsstrom	Z_1	0	Z_3

Soll eine Zahlung Z_2 auf zwei Zahlungen aufgeteilt werden, so dass die Barwerte und die modifizierte Duration gleich sind, muss bei exponentieller Verzinsung gelten:

$$Z_1 = \frac{Z_2}{(1+i_{0,t_2})^{t_2}} \cdot \frac{\frac{t_3}{1+i_{0,t_3}} - \frac{t_2}{1+i_{0,t_2}}}{\frac{t_3}{1+i_{0,t_3}} - \frac{t_1}{1+i_{0,t_1}}} \cdot (1+i_{0,t_1})^{t_1} \quad \text{und}$$

$$Z_3 = \frac{Z_2}{(1+i_{0,t_2})^{t_2}} \cdot \frac{\frac{t_2}{1+i_{0,t_2}} - \frac{t_1}{1+i_{0,t_1}}}{\frac{t_3}{1+i_{0,t_3}} - \frac{t_1}{1+i_{0,t_1}}} \cdot (1+i_{0,t_3})^{t_3}.$$

12 Verteilungen

Eine Zufallsvariable X heißt **normalverteilt** mit den Parametern μ und σ^2 (Kurzschreibweise: $X \sim N(\mu, \sigma^2)$), wenn ihre Dichtefunktion durch

$$f(x) = \frac{1}{\sqrt{2\pi}\,\sigma} e^{-\frac{1}{2}\left(\frac{x-\mu}{\sigma}\right)^2} \quad (x \in \mathbb{R}) \text{ gegeben ist.}$$

(μ ist der Erwartungswert und $\sigma > 0$ die Standardabweichung.)
Für $\mu = 0$ und $\sigma = 1$ ergibt sich die Standardnormalverteilung SN mit der Dichtefunktion

$$n(x) = \frac{1}{\sqrt{2\pi}} e^{-\frac{1}{2}x^2}.$$

Der Wert der Verteilungsfunktion der Standardnormalverteilung an der Stelle x ist

$$N(x) = \int_{-\infty}^{x} n(z)\,dz.$$

Man schreibt auch $x = q_{N(x)}^{SN}$. Auf den folgenden Seiten finden Sie eine Tabelle der Verteilungsfunktion der Standardnormalverteilung.

Ist X eine Zufallsvariable, die standardnormalverteilt ist, heißt die Zahl q_c^{SN} mit der Eigenschaft $P(X \leq q_c^{SN}) = c$ das c-Quantil der Standardnormalverteilung ($0 < c < 1$). Eine kleine Tabelle dazu finden Sie rechts unten auf Seite 205.

Satz 12.1 (Normalverteilung):
(i) Die Zufallsvariable X sei normalverteilt mit den Parametern μ und σ^2, dann folgt:

$P(\mu - \sigma \leq X \leq \mu + \sigma) = 68{,}27\%$,
$P(\mu - 2\sigma \leq X \leq \mu + 2\sigma) = 95{,}45\%$,
$P(\mu - 3\sigma \leq X \leq \mu + 3\sigma) = 99{,}73\%$.

(ii) Es gilt bei der Standardnormalverteilung: $n(-x) = n(x)$ und $N(-x) = 1 - N(x)$.

(iii) Aus der Symmetrie der Standardnormalverteilung folgt: $q_{1-N(x)}^{SN} = -q_{N(x)}^{SN}$.

(iv) Ist eine Zufallsvariable Z normalverteilt mit dem Erwartungswert μ und der Varianz σ^2, dann ist die Zufallsvariable $X = \dfrac{Z-\mu}{\sigma}$ standardnormalverteilt, d.h., es gilt:

$P(X \leq x) = N(x)$ oder $x = q_{N(x)}^{SN}$.

Eine Zufallsvariable X heißt **lognormalverteilt** oder **logarithmisch normalverteilt mit den Parametern μ und σ^2**, wenn $\ln(X)$ normalverteilt ist mit den Parametern μ und σ^2. Kurzschreibweise: $X \sim LN(\mu, \sigma^2)$.

12 Verteilungen

Satz 12.2 (Lognormalverteilung):
(i) Die Dichtefunktion der Lognormalverteilung mit den Parametern μ und σ^2 beträgt:

$$l(x) = \begin{cases} \dfrac{1}{\sqrt{2\pi} \cdot x \cdot \sigma} e^{-\frac{1}{2}\left(\frac{\ln(x)-\mu}{\sigma}\right)^2} & x > 0 \\ 0 & x \leq 0. \end{cases}$$

(ii) Sei X lognormalverteilt mit den Parametern μ und σ^2. Dann gilt für den Erwartungswert, die Varianz und den Median:

$$E(X) = e^{\mu + \frac{\sigma^2}{2}}, \quad Var(X) = e^{2\mu + \sigma^2} \cdot \left(e^{\sigma^2} - 1\right) \quad \text{und} \quad Median(X) = e^{\mu}.$$

Die Zufallsvariable X heißt **Bernoulli-verteilt** mit dem Parameter $p \in [0, 1]$, wenn:
$P(X = 1) = p$ und $P(X = 0) = 1 - p$.
Kurzschreibweise: $X \sim Be(p)$.

Die Zufallsvariable X heißt **binomialverteilt** mit den Parametern $p \in [0, 1]$ und $n \in \mathbb{N}$, wenn: $P(X = k) = \binom{n}{k} \cdot p^k \cdot (1-p)^{n-k}$ für $0 \leq k \leq n$,

wobei $\binom{n}{k} = \dfrac{n!}{k!(n-k)!}$ der Binomialkoeffizient n über k ist.

Kurzschreibweise: $X \sim B(n, p)$.

Satz 12.3 (Bernoulli- und Binomialverteilung):
(i) Sei X eine Bernoulli-verteilte Zufallsvariable mit dem Parameter p. Dann gilt
$E(X) = p$ und $Var(X) = p(1 - p)$.

(ii) Sei X eine binomialverteilte Zufallsvariable mit den Parametern p und n. Dann gilt
$E(X) = np$ und $Var(X) = np(1 - p)$.

Seien $\mu \in \mathbb{R}^n$ und Σ eine symmetrische $n \times n$ – Matrix mit $x^T \Sigma x > 0$ für alle $x \in \mathbb{R}^n \setminus \{0\}$. Eine n-dimensionale Zufallsvariable X heißt **multivariat-normalverteilt** mit den Parametern μ und Σ, wenn für die Dichte f gilt:

$$f(x) = \frac{1}{\sqrt{(2\pi)^n \det(\Sigma)}} e^{-\frac{1}{2}\left((x-\mu)^T \cdot \Sigma^{-1} \cdot (x-\mu)\right)}, \quad x \in \mathbb{R}^n.$$

Kurzschreibweise: $X \sim N(\mu, \Sigma)$.

Tabelle der Standardnormalverteilung

Es gilt: $N(-x) = 1 - N(x)$. $D(x) = N(x) - N(-x) = 2N(x) - 1$. Beispiele: $N(0,19) = 0,5753$; Zwischenwerte können durch Interpolation gefunden werden:

$N(0,19382798)$ = $N(0,19)$ + $0,382798 \cdot (N(0,20) - N(0,19))$
= 0.5753 + $0,382798 \cdot (0,5793 - 0,5753)$ = $0,5768$.

x	N(x)	D(x)	x	N(x)	D(x)	x	N(x)	D(x)	x	N(x)	D(x)
0,01	,5040	,0080	0,51	,6950	,3899	1,01	,8438	,6875	1,51	,9345	,8690
0,02	,5080	,0160	0,52	,6985	,3969	1,02	,8461	,6923	1,52	,9357	,8715
0,03	,5120	,0239	0,53	,7019	,4039	1,03	,8485	,6970	1,53	,9370	,8740
0,04	,5160	,0319	0,54	,7054	,4108	1,04	,8508	,7017	1,54	,9382	,8764
0,05	,5199	,0399	0,55	,7088	,4177	1,05	,8531	,7063	1,55	,9394	,8789
0,06	,5239	,0478	0,56	,7123	,4245	1,06	,8554	,7109	1,56	,9406	,8812
0,07	,5279	,0558	0,57	,7157	,4313	1,07	,8577	,7154	1,57	,9418	,8836
0,08	,5319	,0638	0,58	,7190	,4381	1,08	,8599	,7199	1,58	,9429	,8859
0,09	,5359	,0717	0,59	,7224	,4448	1,09	,8621	,7243	1,59	,9441	,8882
0,10	,5398	,0797	0,60	,7257	,4515	1,10	,8643	,7287	1,60	,9452	,8904
0,11	,5438	,0876	0,61	,7291	,4581	1,11	,8665	,7330	1,61	,9463	,8926
0,12	,5478	,0955	0,62	,7324	,4647	1,12	,8686	,7373	1,62	,9474	,8948
0,13	,5517	,1034	0,63	,7357	,4713	1,13	,8708	,7415	1,63	,9484	,8969
0,14	,5557	,1113	0,64	,7389	,4778	1,14	,8729	,7457	1,64	,9495	,8990
0,15	,5596	,1192	0,65	,7422	,4843	1,15	,8749	,7499	1,65	,9505	,9011
0,16	,5636	,1271	0,66	,7454	,4907	1,16	,8770	,7540	1,66	,9515	,9031
0,17	,5675	,1350	0,67	,7486	,4971	1,17	,8790	,7580	1,67	,9525	,9051
0,18	,5714	,1428	0,68	,7517	,5035	1,18	,8810	,7620	1,68	,9535	,9070
0,19	,5753	,1507	0,69	,7549	,5098	1,19	,8830	,7660	1,69	,9545	,9090
0,20	,5793	,1585	0,70	,7580	,5161	1,20	,8849	,7699	1,70	,9554	,9109
0,21	,5832	,1663	0,71	,7611	,5223	1,21	,8869	,7737	1,71	,9564	,9127
0,22	,5871	,1741	0,72	,7642	,5285	1,22	,8888	,7775	1,72	,9573	,9146
0,23	,5910	,1819	0,73	,7673	,5346	1,23	,8907	,7813	1,73	,9582	,9164
0,24	,5948	,1897	0,74	,7704	,5407	1,24	,8925	,7850	1,74	,9591	,9181
0,25	,5987	,1974	0,75	,7734	,5467	1,25	,8944	,7887	1,75	,9599	,9199
0,26	,6026	,2051	0,76	,7764	,5527	1,26	,8962	,7923	1,76	,9608	,9216
0,27	,6064	,2128	0,77	,7794	,5587	1,27	,8980	,7959	1,77	,9616	,9233
0,28	,6103	,2205	0,78	,7823	,5646	1,28	,8997	,7995	1,78	,9625	,9249
0,29	,6141	,2282	0,79	,7852	,5705	1,29	,9015	,8029	1,79	,9633	,9265
0,30	,6179	,2358	0,80	,7881	,5763	1,30	,9032	,8064	1,80	,9641	,9281
0,31	,6217	,2434	0,81	,7910	,5821	1,31	,9049	,8098	1,81	,9649	,9297
0,32	,6255	,2510	0,82	,7939	,5878	1,32	,9066	,8132	1,82	,9656	,9312
0,33	,6293	,2586	0,83	,7967	,5935	1,33	,9082	,8165	1,83	,9664	,9328
0,34	,6331	,2661	0,84	,7995	,5991	1,34	,9099	,8198	1,84	,9671	,9342
0,35	,6368	,2737	0,85	,8023	,6047	1,35	,9115	,8230	1,85	,9678	,9357
0,36	,6406	,2812	0,86	,8051	,6102	1,36	,9131	,8262	1,86	,9686	,9371
0,37	,6443	,2886	0,87	,8078	,6157	1,37	,9147	,8293	1,87	,9693	,9385
0,38	,6480	,2961	0,88	,8106	,6211	1,38	,9162	,8324	1,88	,9699	,9399
0,39	,6517	,3035	0,89	,8133	,6265	1,39	,9177	,8355	1,89	,9706	,9412
0,40	,6554	,3108	0,90	,8159	,6319	1,40	,9192	,8385	1,90	,9713	,9426
0,41	,6591	,3182	0,91	,8186	,6372	1,41	,9207	,8415	1,91	,9719	,9439
0,42	,6628	,3255	0,92	,8212	,6424	1,42	,9222	,8444	1,92	,9726	,9451
0,43	,6664	,3328	0,93	,8238	,6476	1,43	,9236	,8473	1,93	,9732	,9464
0,44	,6700	,3401	0,94	,8264	,6528	1,44	,9251	,8501	1,94	,9738	,9476
0,45	,6736	,3473	0,95	,8289	,6579	1,45	,9265	,8529	1,95	,9744	,9488
0,46	,6772	,3545	0,96	,8315	,6629	1,46	,9279	,8557	1,96	,9750	,9500
0,47	,6808	,3616	0,97	,8340	,6680	1,47	,9292	,8584	1,97	,9756	,9512
0,48	,6844	,3688	0,98	,8365	,6729	1,48	,9306	,8611	1,98	,9761	,9523
0,49	,6879	,3759	0,99	,8389	,6778	1,49	,9319	,8638	1,99	,9767	,9534
0,50	,6915	,3829	1,00	,8413	,6827	1,50	,9332	,8664	2,00	,9772	,9545

12 Verteilungen

Fortsetzung:

x	N(x)	D(x)	x	N(x)	D(x)	x	N(x)	D(x)
2,01	,9778	,9556	2,51	,9940	,9879	3,01	,9987	,9974
2,02	,9783	,9566	2,52	,9941	,9883	3,02	,9987	,9975
2,03	,9788	,9576	2,53	,9943	,9886	3,03	,9988	,9975
2,04	,9793	,9586	2,54	,9945	,9889	3,04	,9988	,9976
2,05	,9798	,9596	2,55	,9946	,9892	3,05	,9989	,9977
2,06	,9803	,9606	2,56	,9948	,9895	3,06	,9989	,9978
2,07	,9808	,9615	2,57	,9949	,9898	3,07	,9989	,9979
2,08	,9812	,9625	2,58	,9951	,9901	3,08	,9990	,9979
2,09	,9817	,9634	2,59	,9952	,9904	3,09	,9990	,9980
2,10	,9821	,9643	2,60	,9953	,9907	3,10	,9990	,9981
2,11	,9826	,9651	2,61	,9955	,9909	3,11	,9991	,9981
2,12	,9830	,9660	2,62	,9956	,9912	3,12	,9991	,9982
2,13	,9834	,9668	2,63	,9957	,9915	3,13	,9991	,9982
2,14	,9838	,9676	2,64	,9959	,9917	3,14	,9992	,9983
2,15	,9842	,9684	2,65	,9960	,9920	3,15	,9992	,9984
2,16	,9846	,9692	2,66	,9961	,9922	3,16	,9992	,9984
2,17	,9850	,9700	2,67	,9962	,9924	3,17	,9992	,9985
2,18	,9854	,9707	2,68	,9963	,9926	3,18	,9993	,9985
2,19	,9857	,9715	2,69	,9964	,9929	3,19	,9993	,9986
2,20	,9861	,9722	2,70	,9965	,9931	3,20	,9993	,9986
2,21	,9864	,9729	2,71	,9966	,9933	3,21	,9993	,9987
2,22	,9868	,9736	2,72	,9967	,9935	3,22	,9994	,9987
2,23	,9871	,9743	2,73	,9968	,9937	3,23	,9994	,9988
2,24	,9875	,9749	2,74	,9969	,9939	3,24	,9994	,9988
2,25	,9878	,9756	2,75	,9970	,9940	3,25	,9994	,9989
2,26	,9881	,9762	2,76	,9971	,9942	3,26	,9994	,9989
2,27	,9884	,9768	2,77	,9972	,9944	3,27	,9995	,9989
2,28	,9887	,9774	2,78	,9973	,9946	3,28	,9995	,9990
2,29	,9890	,9780	2,79	,9974	,9947	3,29	,9995	,9990
2,30	,9893	,9786	2,80	,9974	,9949	3,30	,9995	,9990
2,31	,9896	,9791	2,81	,9975	,9950			
2,32	,9898	,9797	2,82	,9976	,9952			
2,33	,9901	,9802	2,83	,9977	,9953	3,40	,9997	,9993
2,34	,9904	,9807	2,84	,9977	,9955	3,50	,9998	,9995
2,35	,9906	,9812	2,85	,9978	,9956	3,60	,9998	,9997
2,36	,9909	,9817	2,86	,9979	,9958	3,70	,9999	,9998
2,37	,9911	,9822	2,87	,9979	,9959	3,80	,9999	,9999
2,38	,9913	,9827	2,88	,9980	,9960	3,90	1,0000	,9999
2,39	,9916	,9832	2,89	,9981	,9961	4,00	1,0000	1,0000
2,40	,9918	,9836	2,90	,9981	,9963			
2,41	,9920	,9840	2,91	,9982	,9964			
2,42	,9922	,9845	2,92	,9982	,9965			
2,43	,9925	,9849	2,93	,9983	,9966			
2,44	,9927	,9853	2,94	,9984	,9967			
2,45	,9929	,9857	2,95	,9984	,9968			
2,46	,9931	,9861	2,96	,9985	,9969			
2,47	,9932	,9865	2,97	,9985	,9970			
2,48	,9934	,9869	2,98	,9986	,9971			
2,49	,9936	,9872	2,99	,9986	,9972			
2,50	,9938	,9876	3,00	,9987	,9973			

	c	q_c^{SN}
	N(x)	x
Q	,90	1,282
u	,95	1,645
a	,975	1,960
n	,99	2,326342
t	,995	2,576
i	,999	3,090
l	,9995	3,290
e	,9999	3,719

Beispiel: $q_{0,95}^{SN} = 1,645$.

Beim 99%-Quantil $q_{0,99}^{SN}$ ist der Wert mit mehr Dezimalstellen angegeben, damit die Lösungen von Aufgaben ermittelt mit Hilfe dieser Tabelle und einem Taschenrechner mit der Lösung mit Hilfe der Funktion in MS-Excel auf mehrere Dezimalstellen übereinstimmen.

Es ist nicht genug zu wissen,
man muss auch anwenden.

> Johann Wolfgang Goethe
> (Wilhelm Meisters Wanderjahre)

Das Geld, das man besitzt, ist ein Instrument der Freiheit;
das Geld, dem man nachjagt, ist das Instrument der Knechtschaft.

> Jean-Jacques Rousseau,
> franz.-schweizerischer Philosoph u. Schriftsteller, 1712 - 1778

Niemand gehe zu weit
und übervorteile seinen Bruder im Handel.

> Die Bibel. 1. Thessalonicher 4, 6a

Stichwortverzeichnis zur Formelsammlung

30/360, 30E/360 169

a siehe unter Aufgeldsatz
Abschreibung
  geometrisch-degressive 178
  lineare 178
  Wechsel der 178
Abzinsungsfaktor siehe unter Diskontierungsfaktor
actual 169
a_n 174
Annuitätentilgung 181
Äquivalenz 172
Aufgeld 193
Aufgeldsatz 179
Aufzinsungsfaktor 170

B(n, p) 203
Bankenformel 179
Barwert 173, 174, 183
Barwert ex Kupon 183
Bernoulli-Verteilung 203
Binomialkoeffizient 203
Binomialmodell bei Optionen 194
Binomialverteilung 203
Black/Scholes/Merton-Modell 196
Black/Scholes-Modell 196
Black76 199
Break-Even-Punkt 193

C 179, 186
caldays(t_1, t_2) 169
Cashflow-Mapping 201
Cost-of-Carry 192
cov 188
Cov 189
CRR-Modell 194

d siehe unter Diskontierungsfaktor
D siehe unter Duration
Darlehen siehe unter Tilgung
DD 186
Delta 197

Delta-Normal-Methode 200
Devisen-Forward 191
Diskontierungsfaktor 173
Dollar-Duration 186
Duration 185f, 190

Effektivverzinsung 171, 172
Endwert 174
Ersatzrente 175

Floating-Rate-Note 191
Forward 192
Forward-Diskontierungsfaktor 173
Forward-Preis 192
Forward-Rate-Agreement 198
Forward-Zinssatz 173
FRA 198
FRN 191
Future 192

Gamma 197
Gearing 193

Haltedauer 200
Hebel 193

Investmentfonds 187
i_T 181
Itô 195

Jahreslänge 169

Key-Rate-Duration 186
Konvexität 186
Korrelation 190
Kovarianz 190

Lemma von Itô 195
$LN(\mu, \sigma^2)$ 202
Lognormalverteilung 203

Mapping 201
min{x, y} 169

$N(\mu, \sigma^2)$ 202
$n(x)$ 202
$N(x)$ 202, 204f
Newton-Verfahren 173
Normalverteilung
  Definition 202
  multivariate 203
  Tabelle 204f

Omega 197
Optionspreis
  Abschätzung 193
  Binomialmodell 194
  Black/Scholes/Merton 196
  CRR 194
  Put-Call-Parität 194

Portfoliotheorie 188f
Put-Call-Parität 194
PV 173
PVBP 186

q 170
Quantil 202, 205

r 175f, 187
Ratenkredit 182
Ratentilgung 180
Regula Falsi 172
Rendite, wertgewichtete und
  zeitgewichtete 187
Rente 174f
  dynamische 175
  dynamische, unterjährige 176
  ewige 175
  konstante 174
  nachschüssige 174
  unterjährige 175
  vorschüssige 174
Rentenperiode größer Zinsperiode 177
Rentenperiode kleiner Zinsperiode 175f
Rho_c, Rho_d 197

Sekantenverfahren 172
SN 202
s_n 174
Spot-Rate-Berechnung 184

Standardnormalverteilung 204
Summenberechnung 168
Swap 199

taggenau 169
Tangentenverfahren 173
Terminpreis 192
Theta 197
Tilgung 179f
  Annuitätentilgung 181
  gesamtfällige mit Zinsansammlung
    179
  gesamtfällige ohne Zinsansammlung
    179
  Ratentilgung 180

Value-at-Risk 200f
Var siehe unter Varianz
VaR siehe unter Value-at-Risk
Varianz 188, 189
Varianz-Kovarianz-Matrix 189
Vega 197
Verdopplungszeit eines Kapitals 170
Verzinsung
  diskrete 170
  einfache 168f, 180
  exponentielle 170
  gemischte 171
  laufende 180
  stetige 171
  unterjährige 171
  vorschüssige 171
$Vola_x$, Volatilität 190

Wert, innerer 193
Wertpapier
  festverzinsliches 179f, 183f
  variabel verzinsliches 191

years(t_1, t_2) 169

Zeitwert 193
Zinsbetrag 173
Zinsen siehe unter Verzinsung
Zinseszinsformel 170
Zinsfaktor 170
Zinstage-Methode 169

Notizen

Notizen

Notizen

Notizen

Aus unserem Verlagsprogramm

W. Gohout, D. Reimer

Formelsammlung Mathematik für Wirtschaft und Technik

3., überarbeitete und erweiterte Auflage 2005, 236 Seiten, kartoniert,
ISBN 978-3-8171-1762-8,

Die Sammlung richtet sich an Studienanfänger der Wirtschaftswissenschaften und der Ingenieurwissenschaften. Sie beginnt mit Formeln zu den mathematischen Grundlagen (Logik, Mengenlehre, elementare Mathematik und Kombinatorik). Als spezielle, in den Wirtschaftswissenschaften unentbehrliche Funktionen werden Folgen und Reihen sowie einige Anwendungen in der Finanzmathematik thematisiert. Es schließen sich die Gebiete der Analysis einer und mehrerer Variablen (einschließlich Differenzen- und Differentialgleichungen) sowie der Vektor- und Matrizenrechnung (einschließlich linearer Gleichungssysteme und Eigenwertprobleme) an.

Aus unserem Verlagsprogramm

A. Pfeifer

Praktische Finanzmathematik
Mit Futures, Optionen, Swaps und anderen Derivaten
CD-ROM für Excel
5., überarbeitete Auflage 2009,
444 Seiten, kart.,
zahlreiche Beispiele,
Aufgaben mit Lösungen,
ISBN 978-3-8171-1838-0

Das Buch behandelt zunächst die Grundlagen der Finanzmathematik: die Zins- und Zinseszinsrechnung, das Äquivalenzprinzip, die Renten- und Tilgungsrechnung sowie die verschiedenen Arten der Abschreibung. Im zweiten Teil geht der Autor auf einzelne Finanzprodukte ein: die Bewertung festverzinslicher Wertpapiere und Investmentfonds, Rendite und Risiko von Portfolios, derivative Finanzprodukte wie Floating-Rate-Notes, Optionen, Futures, FRAs, Swaps, Caps, Floors und Collars. Erläutert werden auch Value-at-Risk und Mapping von Zahlungsströmen.

Besonderen Wert legt der Autor auf Anwendungen und Praxisbeispiele. Das Buch spricht neben Studenten an Fachhochschulen und Universitäten auch Praktiker sowie Lehrgangsteilnehmer in Banken, Versicherungen und im kaufmännischen Bereich an.

Die beiliegende CD-ROM enthält zahlreiche Excel-Tabellen mit Beispielen und Lösungen zu den Aufgaben im Buch. Die Dateien sind so angelegt, dass auch komplexe Beispielfälle der Finanzmathematik schnell durchgerechnet werden können.

Die Neuauflage trägt aktuellen Entwicklungen Rechnung.